MODELOS LINEARES GENERALIZADOS E APLICAÇÕES

Política editorial do Projeto Fisher

O Projeto Fisher, uma iniciativa da Associação Brasileira de Estatística (ABE), tem como finalidade publicar textos básicos de estatística em língua portuguesa.

A concepção do projeto fundamenta-se nas dificuldades encontradas por professores dos diversos programas de bacharelado em Estatística no Brasil em adotar textos para as disciplinas que ministram.

A inexistência de livros com as características mencionadas, aliada ao pequeno número de exemplares em outros idiomas em nossas bibliotecas, impede a utilização de material bibliográfico de forma sistemática pelos alunos, corroborando o hábito de acompanhamento das disciplinas exclusivamente pelas notas de aula.

Em particular, as áreas mais carentes são: amostragem, análise de dados categorizados, análise multivariada, análise de regressão, análise de sobrevivência, controle de qualidade, estatística bayesiana, inferência estatística, planejamento de experimentos etc. Embora os textos que se pretendem publicar possam servir para usuários da estatística em geral, o foco deverá estar concentrado nos alunos do bacharelado.

Nesse contexto, os livros devem ser elaborados procurando manter um alto nível de motivação, clareza de exposição, utilização de exemplos preferencialmente originais e não devem prescindir do rigor formal. Além disso, devem conter um número suficiente de exercícios e referências bibliográficas e apresentar indicações sobre implementação computacional das técnicas abordadas.

A submissão de propostas para possível publicação deverá ser acompanhada de uma carta com informações sobre o objetivo do livro, conteúdo, comparação com outros textos, pré-requisitos necessários para sua leitura e disciplina onde o material foi testado.

Associação Brasileira de Estatística (ABE)

Blucher

Gauss Moutinho Cordeiro
Clarice Garcia Borges Demétrio
Rafael de Andrade Moral

MODELOS LINEARES GENERALIZADOS E APLICAÇÕES

Modelos lineares generalizados e aplicações

Publisher Edgard Blücher
Editor Eduardo Blucher
Coordenador editorial Rafael Fulanetti
Coordenação de produção Andressa Lira
Produção editorial Mariana Naime
Diagramação Horizon Soluções Editoriais
Revisão de texto Helena Miranda
Capa Leandro Cunha
Imagem da capa Gauss Moutinho Cordeiro, Clarice Garcia Borges Demétrio e
Rafael de Andrade Moral

Blucher

Rua Pedroso Alvarenga, 1245, 4° andar
CEP 04531-934 – São Paulo – SP – Brasil
Tel.: 55 11 3078-5366
contato@blucher.com.br
www.blucher.com.br

Segundo o Novo Acordo Ortográfico, conforme 6. ed.
do *Vocabulário Ortográfico da Língua Portuguesa,*
Academia Brasileira de Letras, julho de 2021.

Dados Internacionais de Catalogação na Publicação (CIP)
Angélica Ilacqua CRB-8/7057

Cordeiro, Gauss Moutinho
Modelos lineares generalizados e aplicações / Gauss M.
Cordeiro, Clarice G. B. Demétrio e Rafael A. Moral --
São Paulo: Blucher, 2024.
256 p.

Bibliografia
ISBN 978-85-212-2012-1

1. Estatística matemática 2. Modelos lineares (Estatística)
I. Título II. Demétrio, Clarice III. Moral, Rafael

24-1234 CDD 519.5

Índice para catálogo sistemático:
1. Estatística matemática

Prefácio

Este livro é resultante de vários anos de ensino de cursos e minicursos sobre modelos lineares generalizados e tem como objetivo apresentar noções gerais desses modelos, algumas de suas extensões e aplicações. Enumerar as pessoas a quem devemos agradecimentos é uma tarefa difícil, pois são muitos aqueles que contribuíram de forma direta ou indireta para a elaboração deste material. Agradecemos ao Eduardo Bonilha, funcionário do Departamento de Ciências Exatas da ESALQ/USP, o auxílio na digitação, e a todos que nos ajudaram lendo versões anteriores, cuidadosamente, e dando sugestões muito proveitosas. Agradecemos, também, ao CNPq, à CAPES e à FAPESP por financiamentos de projetos que trouxeram contribuições importantes para a elaboração deste livro.

Finalmente, assumimos total responsabilidade pelas imperfeições e solicitamos aos leitores que nos apresentem críticas e sugestões para uma futura edição revisada.

Gauss Moutinho Cordeiro

Clarice Garcia Borges Demétrio

Rafael de Andrade Moral

Piracicaba, março de 2024.

Conteúdo

CAPÍTULO 1

Família exponencial de distribuições

1.1 INTRODUÇÃO

Muitas distribuições conhecidas podem ser colocadas em uma família paramétrica denominada **família exponencial de distribuições**. Assim, por exemplo, pertencem a essa família as distribuições normal, binomial, binomial negativa, gama, Poisson, normal inversa, multinomial, beta, logarítmica, entre outras. Essa classe de distribuições foi proposta, independentemente, por Koopman, Pitman e Darmois, nos anos de 1935 e 1936, ao estudarem as propriedades de suficiência estatística. Posteriormente, muitos outros aspectos dessa família foram estudados e tornaram-se importantes na teoria moderna da Estatística. O conceito de família exponencial foi introduzido na Estatística por Fisher, mas os modelos da família exponencial surgiram na Mecânica Estatística no final do século XIX e foram desenvolvidos por Maxwell, Boltzmann e Gibbs. A importância dessa família teve maior destaque, na área dos modelos de regressão, a partir do trabalho pioneiro de Nelder e Wedderburn (1972), que definiram os modelos lineares generalizados (MLGs). Na década de 1980, esses modelos popularizaram-se, inicialmente, no Reino Unido, e, posteriormente, nos Estados Unidos e por toda Europa ocidental.

1.2 FAMÍLIA EXPONENCIAL UNIPARAMÉTRICA

A **família exponencial uniparamétrica** é caracterizada por uma função (de probabilidade ou densidade) especificada na forma

$$f(x;\theta) = h(x)\ \exp\left[\ \eta(\theta)\, t(x) - b(\theta)\ \right], \tag{1.1}$$

em que as funções $\eta(\theta)$, $b(\theta)$, $t(x)$ e $h(x)$ têm valores em subconjuntos dos reais. As funções $\eta(\theta)$, $b(\theta)$ e $t(x)$ não são únicas. Por exemplo, $\eta(\theta)$ pode ser multiplicada por uma constante k, e $t(x)$ pode ser dividida pela mesma constante. Adicionalmente, pelo teorema da fatoração de Neyman-Fisher, a estatística $t(X)$ é suficiente para θ.

Várias distribuições importantes podem ser expressas na forma (1.1), tais como: Poisson, binomial, Rayleigh, normal, gama e normal inversa (as três últimas com a suposição de que um dos parâmetros é conhecido). Cordeiro et al. (1995) apresentaram 24 distribuições na forma (1.1). O suporte da família exponencial (1.1), isto é, $\{x; f(x;\theta) > 0\}$, não pode depender de θ. Assim, a distribuição uniforme em $(0,\theta)$ não é um modelo da família exponencial.

É fácil comprovar se uma distribuição pertence ou não à família exponencial (1.1), como é demonstrado nos três exemplos que se seguem.

Exemplo 1.1

A distribuição de Poisson $P(\theta)$ de parâmetro $\theta > 0$, usada para análise de dados na forma de contagens, tem função de probabilidade

$$f(x;\theta) = \frac{e^{-\theta}\theta^x}{x!} = \frac{1}{x!}\exp[x\log(\theta) - \theta]$$

e, portanto, é um membro da família exponencial (1.1) com $\eta(\theta) = \log(\theta)$, $b(\theta) = \theta$, $t(x) = x$ e $h(x) = 1/x!$.

Exemplo 1.2

A distribuição binomial $B(m, \theta)$, com $0 < \theta < 1$ e m, o número conhecido de ensaios independentes, é usada para análise de dados na forma de proporções e tem função de probabilidade

$$f(x;\theta) = \binom{m}{x}\theta^x(1-\theta)^{m-x} = \binom{m}{x}\exp\left[x\log\left(\frac{\theta}{1-\theta}\right) + m\log(1-\theta)\right],$$

com $\eta(\theta) = \log[\theta/(1-\theta)]$, $b(\theta) = -m\log(1-\theta)$, $t(x) = x$ e $h(x) = \binom{m}{x}$, sendo, portanto, um membro da família exponencial (1.1).

Exemplo 1.3

A distribuição de Rayleigh, usada para análise de dados contínuos positivos, tem função densidade $(x > 0, \theta > 0)$

$$f(x;\theta) = \frac{x}{\theta^2}\exp\left(-\frac{x^2}{2\theta^2}\right) = x\exp\left[-\frac{1}{2\theta^2}x^2 - 2\log(\theta)\right]$$

e, portanto, pertence à família exponencial (1.1) com $\eta(\theta) = -1/(2\theta^2)$, $b(\theta) = 2\log(\theta)$, $t(x) = x^2$ e $h(x) = x$.

A família exponencial na forma canônica é definida por (1.1), considerando que as funções $\eta(\theta)$ e $t(x)$ são iguais à função identidade, de forma que

$$f(x;\theta) = h(x)\exp[\theta x - b(\theta)]. \tag{1.2}$$

Na parametrização (1.2), θ é denominado de **parâmetro canônico**. O logaritmo da função de verossimilhança correspondente a uma única observação no modelo (1.2) é expresso como

$$\ell(\theta) = \theta x - b(\theta) + \log[h(x)]$$

e, portanto, a função escore $U = U(\theta) = d\ell(\theta)/d\theta$ resulta em $U = x - b'(\theta)$, sendo que $b'(\theta)$ é a derivada de primeira ordem de $b(\theta)$ em relação a θ.

É fácil verificar das propriedades da função escore, $\mathrm{E}(U) = 0$ e $\mathrm{Var}(U) = -\mathrm{E}\left[d^2\ell(\theta)/d\theta^2\right]$ $= -\mathrm{E}(U')$ (a última igualdade é a informação de Fisher), que

$$\mathrm{E}(X) = b'(\theta) \quad \text{e} \quad \mathrm{Var}(X) = b''(\theta), \tag{1.3}$$

sendo que $b''(\theta)$ é a derivada de segunda ordem de $b(\theta)$ em relação a θ.

O simples fato de se calcularem momentos da família exponencial (1.2) em termos de derivadas da função $b(\theta)$ (denominada função geradora de cumulantes, ver Seção 1.4) em relação ao parâmetro canônico θ é muito importante na teoria dos modelos lineares generalizados, principalmente no contexto assintótico.

1.3 COMPONENTE ALEATÓRIO

O componente aleatório de um MLG é definido a partir da família exponencial uniparamétrica na forma canônica (1.2) com um parâmetro extra de perturbação, $\phi > 0$, que é uma medida de dispersão da distribuição, como será descrito na Seção 2.3. Nelder e Wedderburn (1972), ao proporem essa modelagem, conseguiram incorporar distribuições biparaméticas no componente aleatório do modelo. Tem-se

$$f(y;\theta,\phi) = \exp\left\{\phi^{-1}[y\theta - b(\theta)] + c(y,\phi)\right\}, \tag{1.4}$$

em que $b(\cdot)$ e $c(\cdot)$ são funções conhecidas. Quando ϕ é conhecido, a família de distribuições (1.4) é idêntica à família exponencial na forma canônica (1.2). Essa família, também, é conhecida como família exponencial linear. Na Seção 1.4, será demonstrado que o valor esperado e a variância de Y com distribuição na família (1.4) são

$$\mathrm{E}(Y) = \mu = b'(\theta) \quad \text{e} \quad \mathrm{Var}(Y) = \phi\, b''(\theta).$$

Observa-se, a partir da expressão da variância, que ϕ é um **parâmetro de dispersão** do modelo e seu inverso ϕ^{-1}, uma **medida de precisão**. A função que relaciona o parâmetro canônico θ com a média μ é denotada por $\theta = q(\mu)$ (inversa da função $b'(\cdot)$). A função da média μ na variância é representada por $b''(\theta) = V(\mu)$, sendo $V(\mu)$ denominada **função de variância**. Observa-se que o parâmetro canônico pode ser obtido de $\theta = \int V^{-1}(\mu)d\mu$, pois $V(\mu) = d\mu/d\theta$. A Tabela 1.1 apresenta várias distribuições importantes na família (1.4), caracterizando as funções $b(\theta)$, $c(y, \phi)$, a média $\mu(\theta)$ em termos do parâmetro canônico θ e a função de variância $V(\mu)$. A família de distribuições (1.4) inclui distribuições que exibem assimetria e de natureza discreta ou contínua, com suportes que são restritos a intervalos do conjunto dos reais, conforme bem exemplificam as distribuições da Tabela 1.1 e com detalhes no Capítulo 2.

Convém enfatizar que se ϕ não for conhecido, a família (1.4) pode, ou não, pertencer à família exponencial biparamétrica (Seção 1.6). Para (1.4) pertencer à família exponencial biparamétrica quando ϕ é desconhecido, a função $c(y, \phi)$ deve ser decomposta como $c(y, \phi) = \phi^{-1}d(y) + d_2(\phi) + d_1(y)$, segundo Cordeiro e McCullagh (1991). Esse é o caso das distribuições normal, gama e normal inversa.

Morris (1982) demonstrou que existem apenas seis distribuições na família (1.4), cuja função de variância é uma função, no máximo, quadrática da média. Essas distribuições são normal ($V = 1$), gama ($V = \mu^2$), binomial ($V = \mu(1 - \mu)$), Poisson ($V = \mu$) e binomial negativa ($V = \mu + \mu^2/k$). A sexta, chamada secante hiperbólica generalizada ($V = 1 + \mu^2$), tem função densidade igual a

$$f(y;\theta) = \frac{1}{2}\exp[\theta y + \log(\cos\theta)]\cosh\left(\frac{\pi y}{2}\right), \quad y \in \mathbb{R}, \quad \theta > 0. \tag{1.5}$$

A distribuição secante hiperbólica generalizada (1.5) compete com a distribuição normal na análise de observações contínuas nos reais. A seguir, apresentam-se duas distribuições que pertencem à família (1.4).

Tabela 1.1 Algumas distribuições importantes na família (1.4).

Distribuição	ϕ	θ	$b(\theta)$	$c(y,\phi)$	$\mu(\theta)$	$V(\mu)$
Normal: $\mathrm{N}(\mu,\sigma^2)$	σ^2	μ	$\frac{\theta^2}{2}$	$-\frac{1}{2}\left[\frac{y^2}{\sigma^2}+\log(2\pi\sigma^2)\right]$	θ	1
Poisson: $\mathrm{P}(\mu)$	1	$\log(\mu)$	e^θ	$-\log(y!)$	e^θ	μ
Binomial: $\mathrm{B}(m,\pi)$	1	$\log\left(\frac{\mu}{m-\mu}\right)$	$m\log(1+\mathrm{e}^\theta)$	$\log\binom{m}{y}$	$\frac{m\mathrm{e}^\theta}{1+\mathrm{e}^\theta}$	$\frac{\mu}{m}(m-\mu)$
Binomial negativa: $\mathrm{BN}(\mu,k)$	1	$\log\left(\frac{\mu}{\mu+k}\right)$	$-k\log(1-\mathrm{e}^\theta)$	$\log\left[\frac{\Gamma(k+y)}{\Gamma(k)y!}\right]$	$\frac{k\mathrm{e}^\theta}{1-\mathrm{e}^\theta}$	$\mu\left(\frac{\mu}{k}+1\right)$
Gama: $\mathrm{G}(\mu,\nu)$	ν^{-1}	$-\frac{1}{\mu}$	$-\log(-\theta)$	$\nu\log(\nu y)-\log(y)-\log\Gamma(\nu)$	$-\frac{1}{\theta}$	μ^2
Normal inversa: $\mathrm{IG}(\mu,\sigma^2)$	σ^2	$-\frac{1}{2\mu^2}$	$-(-2\theta)^{1/2}$	$-\frac{1}{2}\left[\log(2\pi\sigma^2y^3)+\frac{1}{\sigma^2y}\right]$	$(-2\theta)^{-1/2}$	μ^3

Note que $\Gamma(\cdot)$ é a função gama, isto é, $\Gamma(\alpha)=\int_0^\infty x^{\alpha-1}\mathrm{e}^{-x}dx$, $\alpha>0$.

Exemplo 1.4

A distribuição normal $N(\mu, \sigma^2)$, de média $\mu \in \mathbb{R}$ e variância $\sigma^2 > 0$, tem função densidade de probabilidade (f.d.p.) expressa como

$$f(y; \mu, \sigma^2) = \frac{1}{\sqrt{2\pi\sigma^2}} \exp\left[-\frac{(y-\mu)^2}{2\sigma^2}\right].$$

Tem-se, então,

$$\begin{aligned} f(y; \mu, \sigma^2) &= \exp\left[-\frac{(y-\mu)^2}{2\sigma^2} - \frac{1}{2}\log(2\pi\sigma^2)\right] \\ &= \exp\left[\frac{1}{\sigma^2}\left(y\mu - \frac{\mu^2}{2}\right) - \frac{1}{2}\log(2\pi\sigma^2) - \frac{y^2}{2\sigma^2}\right], \end{aligned}$$

obtendo-se os elementos da primeira linha da Tabela 1.1, isto é,

$$\theta = \mu, \quad \phi = \sigma^2, \quad b(\theta) = \frac{\mu^2}{2} = \frac{\theta^2}{2} \quad \text{e} \quad c(y, \phi) = -\frac{1}{2}\left[\frac{y^2}{\sigma^2} + \log(2\pi\sigma^2)\right],$$

o que demonstra que a distribuição $N(\mu, \sigma^2)$ pertence à família (1.4).

Exemplo 1.5

A distribuição binomial tem função de probabilidade

$$f(y; \pi) = \binom{m}{y}\pi^y(1-\pi)^{m-y}, \quad \pi \in (0, 1), \quad y = 0, 1, \ldots, m.$$

Tem-se, então,

$$\begin{aligned} f(y; \pi) &= \exp\left[\log\binom{m}{y} + y\log(\pi) + (m-y)\log(1-\pi)\right] \\ &= \exp\left[y\log\left(\frac{\pi}{1-\pi}\right) + m\ \log(1-\pi) + \log\binom{m}{y}\right], \end{aligned}$$

obtendo-se os elementos da terceira linha da Tabela 1.1, isto é,

$$\phi = 1, \quad \theta = \log\left(\frac{\pi}{1-\pi}\right) = \log\left(\frac{\mu}{m-\mu}\right), \quad \text{o que implica em}$$

$$\mu = \frac{me^\theta}{(1+e^\theta)}, \quad b(\theta) = -m\ \log(1-\pi) = m\ \log\,(1+e^\theta) \quad \text{e} \quad c(y, \phi) = \log\binom{m}{y}.$$

Portanto, a distribuição binomial pertence à família exponencial (1.4). Note que a formulação usada, $\text{Bin}(m, \pi)$, é equivalente à usada por Davison (2008, p. 169, exemplo 5.6). Ao se tratar $\phi = 1$, tem-se que μ depende de m. Um artifício seria usar $\phi = 1/m$, como faz Davison (2008, p. 481, exemplo 10.2). McCullagh e Nelder (1989, p. 30) usam, como notação, $\text{Bin}(m, \pi)/m$ como distribuição pertencente à família exponencial. Porém, o algoritmo de estimação independe de qual dessas formulações é usada.

Outras distribuições importantes podem ser expressas na forma (1.4) como os modelos exponenciais de dispersão (JøRGENSEN, 1987).

1.4 FUNÇÃO GERADORA DE MOMENTOS

A função geradora de momentos (f.g.m.) da família (1.4) é igual a

$$M(t; \theta, \phi) = \text{E}\left(\text{e}^{tY}\right) = \exp\left\{\phi^{-1}\left[b(\phi t + \theta) - b(\theta)\right]\right\}. \tag{1.6}$$

Prova: a prova será feita apenas para o caso de variáveis aleatórias contínuas. No caso discreto, basta substituir a integral pelo somatório. Sabe-se que

$$\int_A f(y; \theta, \phi) dy = 1,$$

e, portanto,

$$\int_A \exp\left\{\phi^{-1}[\theta y - b(\theta)] + c(y, \phi)\right\} dy = 1,$$

obtendo-se

$$\int_A \exp\left[\phi^{-1}\theta y + c(y, \phi)\right] dy = \exp\left[\phi^{-1} b(\theta)\right]. \tag{1.7}$$

Logo,

$$\begin{aligned} M(t; \theta, \phi) &= \text{E}\left(\text{e}^{tY}\right) = \int_A \exp(ty) f(y) dy \\ &= \int_A \exp\left\{\phi^{-1}[(\phi t + \theta)y - b(\theta)] + c(y, \phi)\right\} dy \\ &= \frac{1}{\exp\left[\phi^{-1} b(\theta)\right]} \int_A \exp\left[\phi^{-1}(\phi t + \theta)y + c(y, \phi)\right] dy \end{aligned}$$

e, usando a equação (1.7), tem-se

$$M(t; \theta, \phi) = \exp\left\{\phi^{-1}\left[b(\phi t + \theta) - b(\theta)\right]\right\}.$$

A função geradora de cumulantes (f.g.c.) correspondente é, então,

$$\varphi(t;\theta,\phi) = \log[M(t;\theta,\phi)] = \phi^{-1}[b(\phi t + \theta) - b(\theta)]. \quad (1.8)$$

A f.g.c. desempenha um papel muito importante na Estatística, pois uma grande parte da teoria assintótica depende de suas propriedades. Diferenciando-se (1.8), sucessivamente, em relação a t, tem-se

$$\varphi^{(r)}(t;\theta,\phi) = \phi^{r-1}b^{(r)}(\phi t + \theta),$$

em que $b^{(r)}(\cdot)$ indica a derivada de r-ésima ordem de $b(\cdot)$ em relação a t. Para $t = 0$, obtém-se o r-ésimo cumulante da família (1.4) como

$$\kappa_r = \phi^{r-1}b^{(r)}(\theta). \quad (1.9)$$

A partir da equação (1.9), podem ser deduzidos o valor esperado κ_1 e a variância κ_2 da família (1.4) para $r = 1$ e 2, respectivamente. Tem-se que $\kappa_1 = \mu = b'(\theta)$ e $\kappa_2 = \phi\, b''(\theta) = \phi\, d\mu/d\theta$.

A expressão (1.9) mostra que existe uma relação interessante de recorrência entre os cumulantes da família (1.4), isto é, $\kappa_{r+1} = \phi\, d\kappa_r/d\theta$ para $r = 1, 2, \ldots$ Esse fato é fundamental para a obtenção de propriedades assintóticas dos estimadores de máxima verossimilhança (EMVs) nos MLGs.

Essas expressões podem ser deduzidas, de forma alternativa, usando-se as propriedades da função escore, sendo $\ell = \ell(\theta,\phi) = \log[f(y;\theta,\phi)]$ o logaritmo da função de verossimilhança correspondente a uma única observação em (1.4). Tem-se

$$U = \frac{d\ell}{d\theta} = \phi^{-1}[y - b'(\theta)] \text{ e } U' = \frac{d^2\ell}{d\theta^2} = -\phi^{-1}b''(\theta).$$

Logo,

$$\mathrm{E}(U) = \phi^{-1}\,[\mathrm{E}(Y) - b'(\theta)] = 0, \quad \text{que implica em } \mathrm{E}(Y) = b'(\theta)$$

e, assim,

$$\mathrm{Var}(U) = -\mathrm{E}(U') = \phi^{-1}b''(\theta) \text{ e } \mathrm{Var}(U) = \mathrm{E}(U^2) = \phi^{-2}\mathrm{Var}(Y).$$

Então,

$$\mathrm{Var}(Y) = \phi\, b''(\theta).$$

Exemplo 1.6

Considerando-se o Exemplo 1.4 (distribuição normal), tem-se que $\phi = \sigma^2, \theta = \mu$ e $b(\theta) = \theta^2/2$. Da equação (1.8), obtém-se a f.g.c.

$$\varphi(t) = \frac{1}{\sigma^2}\left[\frac{(\sigma^2 t + \theta)^2}{2} - \frac{\theta^2}{2}\right] = t\mu + \frac{\sigma^2 t^2}{2}.$$

Note que, diferenciando-se $\varphi(t)$ e fazendo-se $t = 0$, tem-se que $\kappa_1 = \mu$, $\kappa_2 = \sigma^2$ e $\kappa_r = 0, r \geq 3$. Assim, todos os cumulantes da distribuição normal de ordem maior do que dois são nulos.

Logo, a f.g.m. é igual a

$$M(t) = \exp\left(t\mu + \frac{\sigma^2 t^2}{2}\right).$$

Exemplo 1.7

Considerando-se o Exemplo 1.5 (distribuição binomial), tem-se que $\phi = 1, \theta = \log[\mu/(m-\mu)]$ e $b(\theta) = -m\log(1-\pi) = m\log(1+\mathrm{e}^\theta)$.

Logo, usando-se a f.g.c. (1.8), tem-se

$$\begin{aligned}\varphi(t) &= m\left[\log(1+\mathrm{e}^{t+\theta}) - \log(1+\mathrm{e}^\theta)\right]\\ &= \log\left(\frac{1+\mathrm{e}^{t+\theta}}{1+\mathrm{e}^\theta}\right)^m = \log\left(\frac{m-\mu}{m} + \frac{\mu}{m}\mathrm{e}^t\right)^m.\end{aligned}$$

Assim, a f.g.m. é

$$M(t) = \mathrm{e}^{\varphi(t)} = \left(\frac{m-\mu}{m} + \frac{\mu}{m}\mathrm{e}^t\right)^m.$$

A Tabela 1.2 apresenta as funções geradoras de momentos para as distribuições especificadas na Tabela 1.1.

Especificando-se a forma da função $\mu = q^{-1}(\theta)$, pode-se demonstrar que a distribuição em (1.4) é univocamente determinada. Assim, uma relação funcional variância-média caracteriza a distribuição na família (1.4). Entretanto, essa relação não caracteriza a distribuição na família exponencial não-linear $\pi(y;\theta,\phi) = \exp\left\{\phi^{-1}\left[t(y)\theta - b(\theta)\right] + c(y,\phi)\right\}$. Esse fato é comprovado com os três exemplos que se seguem.

Tabela 1.2 Funções geradoras de momentos para algumas distribuições.

Distribuição	Função geradora de momentos $M(t; \theta, \phi)$
Normal: $\mathrm{N}(\mu, \sigma^2)$	$\exp\left(t\mu + \dfrac{\sigma^2 t^2}{2}\right)$
Poisson: $\mathrm{P}(\mu)$	$\exp\left[\mu(\mathrm{e}^t - 1)\right]$
Binomial: $\mathrm{B}(m, \pi)$	$\left(\dfrac{m-\mu}{m} + \dfrac{\mu}{m}\mathrm{e}^t\right)^m$
Binomial negativa: $\mathrm{BN}(\mu, k)$	$\left[1 + \dfrac{\mu}{k}(1 - \mathrm{e}^t)\right]^{-k}$
Gama: $\mathrm{G}(\mu, \nu)$	$\left(1 - \dfrac{t\mu}{\nu}\right)^{-\nu}, \quad t < \dfrac{\nu}{\mu}$
Normal inversa: $\mathrm{IG}(\mu, \sigma^2)$	$\exp\left\{\dfrac{1}{\sigma^2}\left[\dfrac{1}{\mu} - \left(\dfrac{1}{\mu^2} - 2t\sigma^2\right)^{1/2}\right]\right\}, \quad t < \dfrac{1}{2\sigma^2\mu^2}$

Exemplo 1.8

Se Y tem distribuição beta com parâmetros $\phi^{-1}\mu$ e $\phi^{-1}(1-\mu)$ e f.d.p. expressa por

$$f(y; \mu, \phi) = \frac{y^{\phi^{-1}\mu - 1}(1-y)^{\phi^{-1}(1-\mu)-1}}{B[\phi^{-1}\mu, \phi^{-1}(1-\mu)]},$$

em que $B(a, b) = \int_0^\infty x^{a-1}(1-x)^{b-1}dx$ é a função beta completa, tem-se que $t(y) = \log[y/(1-y)]$, $\theta = \mu$ e $\mathrm{Var}(Y) = \phi\mu(1-\mu)/(1+\phi)$, obtendo-se uma função de variância do mesmo tipo que a do modelo binomial.

Exemplo 1.9

Se Y tem distribuição de Euler com média μ e f.d.p.

$$f(y; \mu) = \exp\{\mu \log(y) - \mu - \log[\Gamma(\mu)]\},$$

tem-se que $t(y) = \log(y)$, $\theta = \mu$ e $\mathrm{Var}(Y) = \mu$, que é do mesmo tipo que a função de variância do modelo de Poisson.

Exemplo 1.10

Se Y tem distribuição log-normal de parâmetros α e σ^2 e f.d.p.

$$f(y;\alpha,\sigma^2) = \frac{1}{y\sigma\sqrt{2\pi}}\exp\left\{-\frac{[\log(y)-\alpha]^2}{2\sigma^2}\right\},$$

então, podem-se obter $\mathrm{E}(Y) = \mu = \exp(\alpha + \sigma^2/2)$, $t(y) = \log(y)$, $\theta = \alpha/\sigma^2$ e $\mathrm{Var}(Y) = \mu^2[\exp(\sigma^2) - 1]$, que é do mesmo tipo que a função de variância do modelo gama.

1.5 ESTATÍSTICA SUFICIENTE

Uma estatística $T = T(\mathbf{Y})$ é suficiente para um parâmetro θ (que pode ser um vetor) quando resume toda informação sobre esse parâmetro contida na amostra aleatória $\mathbf{Y} = (Y_1, Y_2, \ldots, Y_n)^T$. Se T é suficiente para θ, então, a distribuição condicional de $\mathbf{Y}$ dada a estatística $T(\mathbf{Y})$ é independente de θ, isto é,

$$\mathrm{P}(\mathbf{Y} = \mathbf{y}|T = t, \theta) = \mathrm{P}(\mathbf{Y} = \mathbf{y}|T = t).$$

Segundo o critério da fatoração, uma condição necessária e suficiente para T ser suficiente para um parâmetro θ é que a função (densidade ou de probabilidade) $f_{\mathbf{Y}}(\mathbf{y};\theta)$ possa ser decomposta como

$$f_{\mathbf{Y}}(\mathbf{y};\theta) = h(\mathbf{y})g(t,\theta),$$

em que $t = T(\mathbf{y})$ e $h(\mathbf{y})$ não dependem de θ.

Sendo $Y_1, \ldots, Y_n$ uma amostra aleatória (a.a.) de uma distribuição que pertence à família (1.4). A distribuição conjunta de $Y_1, \ldots, Y_n$ é expressa por

$$\begin{aligned} f(\mathbf{y};\theta,\phi) &= \prod_{i=1}^{n} f(y_i;\theta,\phi) = \prod_{i=1}^{n} \exp\left\{\phi^{-1}\left[y_i\theta - b(\theta)\right] + c(y_i,\phi)\right\} \\ &= \exp\left\{\phi^{-1}\left[\theta\sum_{i=1}^{n} y_i - n\, b(\theta)\right]\right\}\exp\left[\sum_{i=1}^{n} c(y_i,\phi)\right]. \end{aligned}$$

Pelo teorema da fatoração de Neyman-Fisher e supondo ϕ conhecido, tem-se que $T = \sum_{i=1}^{n} Y_i$ é uma estatística suficiente para θ, pois

$$f(\mathbf{y};\theta,\phi) = g(t,\theta)\; h(y_1,\ldots,y_n),$$

em que $g(t, \theta)$ depende de θ e de $\mathbf{y}$ apenas por meio de t e $h(y_1, \ldots, y_n)$ independe de θ.

Esse fato revela que, se uma distribuição pertence à família exponencial uniparamétrica, então, existe uma estatística suficiente. Na realidade, usando-se o Teorema de Lehmann-Scheffé Mendenhall, Scheaffer e Wackerly (1981) demonstra-se que $T = \sum_{i=1}^{n} Y_i$ é uma estatística suficiente minimal.

Geralmente, a estatística suficiente de um modelo da família exponencial tem distribuição, também, pertencente à família exponencial. Por exemplo, se $Y_1, \ldots, Y_n$ são variáveis aleatórias i.i.d. com distribuição de Poisson $\mathrm{P}(\theta)$, então, a estatística suficiente $T = \sum_{i=1}^{n} Y_i$ tem, ainda, distribuição de Poisson $\mathrm{P}(n\theta)$ e, assim, é um modelo exponencial uniparamétrico.

1.6 FAMÍLIA EXPONENCIAL MULTIPARAMÉTRICA

A família exponencial multiparamétrica de dimensão k é caracterizada por uma função (de probabilidade ou densidade) da forma

$$f(\mathbf{x}; \boldsymbol{\theta}) = h(\mathbf{x}) \exp\left[\sum_{i=1}^{k} \eta_i(\boldsymbol{\theta}) t_i(\mathbf{x}) - b(\boldsymbol{\theta})\right], \qquad (1.10)$$

em que $\boldsymbol{\theta}$ é um vetor de parâmetros, usualmente, de dimensão k, e as funções $\eta_i(\boldsymbol{\theta})$, $b(\boldsymbol{\theta})$, $t_i(\mathbf{x})$ e $h(\mathbf{x})$ têm valores em subconjuntos dos reais. Obviamente, a forma (1.1) é um caso especial de (1.10). Pelo teorema da fatoração, o vetor $\mathbf{T} = [T_1(\mathbf{X}), \ldots, T_k(\mathbf{X})]^T$ é suficiente para o vetor de parâmetros $\boldsymbol{\theta}$. Quando $\eta_i(\boldsymbol{\theta}) = \theta_i$, $i = 1, \ldots, k$, obtém-se de (1.10) a família exponencial multiparamétrica na forma canônica com parâmetros canônicos $\theta_1, \cdots, \theta_k$ e estatísticas canônicas $T_1(\mathbf{X}), \ldots, T_k(\mathbf{X})$. Tem-se

$$f(\mathbf{x}; \boldsymbol{\theta}) = h(\mathbf{x}) \exp\left[\sum_{i=1}^{k} \theta_i t_i(\mathbf{x}) - b(\boldsymbol{\theta})\right]. \qquad (1.11)$$

Pode-se verificar (Exercício 12) que as distribuições normal, gama, normal inversa e beta pertencem à família exponencial biparamétrica canônica (1.11) com $k = 2$.

Gelfand e Dalal (1990) estudaram a família exponencial biparamétrica $f(x; \theta, \tau) = h(x) \exp[\theta x + \tau t(x) - b(\theta, \tau)]$, que é um caso especial de (1.10), com $k = 2$. Essa família tem despertado interesse, recentemente, como o componente aleatório dos MLGs superdispersos (DEY; GELFAND; PENG, 1997). Dois casos especiais importantes dessa família são diretamente obtidos:

(a) a família exponencial canônica uniparamétrica (1.2) surge, naturalmente, quando $\tau = 0$;
(b) o componente aleatório (1.4) dos MLGs é obtido incorporando o parâmetro de dispersão ϕ.

Exemplo 1.11

Considere a distribuição multinomial com função de probabilidade

$$f(\mathbf{x}; \boldsymbol{\pi}) = \frac{n!}{x_1! \dots x_k!} \pi_1^{x_1} \dots \pi_k^{x_k},$$

em que $\sum_{i=1}^{k} x_i = n$ e $\sum_{i=1}^{k} \pi_i = 1$. Essa distribuição pertence à família exponencial canônica (1.11) com vetor de parâmetros canônicos $\boldsymbol{\theta} = [\log(\pi_1), \dots, \log(\pi_k)]^T$ e estatística canônica $\mathbf{T} = (X_1, \dots, X_k)^T$. Entretanto, devido à restrição $\sum_{i=1}^{k} \pi_i = 1$, a representação mínima da família exponencial é obtida considerando $\boldsymbol{\theta} = [\log(\pi_1/\pi_k), \dots, \log(\pi_{k-1}/\pi_k)]^T$ e $\mathbf{T} = (X_1, \dots, X_{k-1})^T$, ambos vetores de dimensão $k-1$, resultando na família exponencial multiparamétrica de dimensão $k-1$

$$f(\mathbf{x}; \boldsymbol{\theta}) = \frac{n!}{x_1! \dots x_k!} \exp\left[\sum_{i=1}^{k-1} \theta_i x_i - b(\boldsymbol{\theta})\right], \tag{1.12}$$

com $\theta_i = \log(\pi_i/\pi_k)$, $i = 1, \dots, k-1$, e $b(\boldsymbol{\theta}) = n \log\left(1 + \sum_{i=1}^{k-1} e^{\theta_i}\right)$, pois $\pi_i = \pi_k e^{\theta_i}, \mathrm{i} = 1, \dots, \mathrm{k}-1$ e $\pi_k = \left(1 + \sum_{i=1}^{k-1} e^{\theta_i}\right)^{-1}$.

Pode-se demonstrar que os dois primeiros momentos da estatística suficiente $\mathbf{T} = [T_1(\mathbf{X}), \cdots, T_k(\mathbf{X})]^T$ na família exponencial canônica (1.11) são iguais a

$$\mathrm{E}(\mathbf{T}) = \frac{\partial b(\boldsymbol{\theta})}{\partial \boldsymbol{\theta}}, \quad \mathrm{Cov}(\mathbf{T}) = \frac{\partial^2 b(\boldsymbol{\theta})}{\partial \boldsymbol{\theta} \partial \boldsymbol{\theta}^T}. \tag{1.13}$$

As expressões (1.13) generalizam (1.3). Nas equações (1.13), o vetor $\partial b(\boldsymbol{\theta})/\partial \boldsymbol{\theta}$ de dimensão k tem um componente típico $\mathrm{E}[T_i(\mathbf{X})] = \partial b(\boldsymbol{\theta})/\partial \theta_i$ e a matriz $\partial^2 b(\boldsymbol{\theta})/\partial \boldsymbol{\theta} \partial \boldsymbol{\theta}^T$ de ordem k tem como elemento típico $\mathrm{Cov}(T_i(\mathbf{X}), T_j(\mathbf{X})) = \partial^2 b(\boldsymbol{\theta})/\partial \theta_i \partial \theta_j$. Assim, os valores esperados e as covariâncias das estatísticas suficientes do modelo (1.11) são facilmente obtidos por simples diferenciação. A demonstração das equações (1.13) é proposta no Exercício 19.

Para o modelo multinominal (1.12), usando as equações (1.13), têm-se

$$\mathrm{E}(X_i) = n\frac{\partial}{\partial\theta_i}\log\left(1+\sum_{i=1}^{k-1}\mathrm{e}^{\theta_i}\right) = \frac{n\mathrm{e}^{\theta_i}}{1+\sum_{i=1}^{k-1}\mathrm{e}^{\theta_i}} = \frac{n\frac{\pi_i}{\pi_k}}{1+\sum_{i=1}^{k-1}\frac{\pi_i}{\pi_k}} = n\pi_i,$$

para $i = j$

$$\mathrm{Var}(X_i) = n\frac{\partial^2}{\partial\theta_i^2}\log\left(1+\sum_{i=1}^{k-1}\mathrm{e}^{\theta_i}\right) = n\pi_i(1-\pi_i),$$

e para $i \neq j$

$$\mathrm{Cov}(X_i, X_j) = n\frac{\partial^2}{\partial\theta_i\partial\theta_j}\log\left(1+\sum_{i=1}^{k-1}\mathrm{e}^{\theta_i}\right) = \frac{-n\mathrm{e}^{\theta_i}\mathrm{e}^{\theta_j}}{\left(1+\sum_{i=1}^{k-1}\mathrm{e}^{\theta_i}\right)^2} = -n\pi_i\pi_j.$$

Finalmente, apresenta-se mais uma distribuição na família exponencial canônica (1.11) com $k = 2$, no exemplo que se segue.

Exemplo 1.12

Considere a distribuição Gaussiana inversa reparametrizada por $(\alpha, \beta > 0)$

$$f(x;\alpha,\beta) = \sqrt{\frac{\alpha}{2\pi}}e^{\sqrt{\alpha\beta}}x^{-3/2}\exp\left[-\frac{1}{2}(\alpha x^{-1}+\beta x)\right],\ x > 0.$$

Pode-se escrever essa f.d.p. na forma (1.11) com $\mathbf{t} = \left(-\frac{1}{2}x^{-1}, -\frac{1}{2}x\right)^T$, $\boldsymbol{\theta} = (\alpha, \beta)^T$ e $b(\boldsymbol{\theta}) = -\frac{1}{2}\log(\alpha) - \sqrt{\alpha\beta}$. Usando-se as equações (1.13), obtêm-se, por simples diferenciação,

$$\mathrm{E}(X) = \sqrt{\frac{\alpha}{\beta}},\quad \mathrm{E}(X^{-1}) = \alpha^{-1} + \sqrt{\frac{\beta}{\alpha}}$$

e

$$\mathrm{Cov}(X, X^{-1}) = \begin{pmatrix} \alpha^{1/2}\beta^{-3/2} & -(\alpha\beta)^{-1/2} \\ -(\alpha\beta)^{-1/2} & 2\alpha^{-2}+\alpha^{-3/2}\beta^{1/2} \end{pmatrix}.$$

1.7 EXERCÍCIOS

1. Verifique se as distribuições que se seguem pertencem à família (1.4). Obtenha $\varphi(t)$, $M(t)$, E(Y), Var(Y) e V(μ).

   (a) Poisson: $Y \sim \text{P}(\mu)$, $\mu > 0$

   $$f(y;\mu) = \frac{\text{e}^{-\mu}\mu^y}{y!}, \quad y = 0, 1, 2, \ldots;$$

   (b) Binomial negativa (k fixo): $Y \sim \text{BN}(\mu,k)$, $k > 0$, $\mu > 0$

   $$f(y;\mu,k) = \frac{\Gamma(k+y)}{\Gamma(k)y!}\frac{\mu^y k^k}{(\mu+k)^{k+y}}, \quad y = 0, 1, 2, \ldots;$$

   (c) Gama: $Y \sim \text{G}(\mu, \nu)$, $\nu > 0$, $\mu > 0$

   $$f(y;\mu,\nu) = \frac{\left(\frac{\nu}{\mu}\right)^{\nu}}{\Gamma(\nu)} y^{\nu-1} \exp\left(-\frac{y\nu}{\mu}\right), \quad y > 0;$$

   (d) Normal inversa (ou inversa Gaussiana): $Y \sim \text{IG}(\mu, \sigma^2)$, $\sigma^2 > 0$, $\mu > 0$

   $$f(y;\mu,\sigma^2) = \left(\frac{1}{2\pi\sigma^2 y^3}\right)^{1/2} \exp\left[-\frac{(y-\mu)^2}{2\mu^2\sigma^2 y}\right], \quad y > 0.$$

2. Seja X uma v.a. com distribuição gama G(ν) de um parâmetro $\nu > 0$, com f.d.p.

   $$f(x;\nu) = \frac{x^{\nu-1}\text{e}^{-x}}{\Gamma(\nu)}, \quad x > 0.$$

   Sendo $\text{E}(X) = \nu$, mostre que usando-se a transformação $Y = \frac{X}{\nu}\mu$ obtém-se a f.d.p. usada no item (c) do Exercício 1.

3. Seja Y uma v.a. com distribuição de Poisson truncada (RIDOUT; DEMÉTRIO, 1992) com parâmetro $\lambda > 0$, isto é, com função de probabilidade expressa por

   $$f(y;\lambda) = \frac{\text{e}^{-\lambda}\lambda^y}{y!(1-\text{e}^{-\lambda})} = \frac{\lambda^y}{y!(\text{e}^{\lambda}-1)}, \quad y = 1, 2, \ldots.$$

Mostre que:

(a) essa distribuição pertence à família exponencial na forma canônica;

(b) $E(Y) = \mu = \dfrac{\lambda}{1 - e^{-\lambda}}$;

(c) $\text{Var}(Y) = \dfrac{\lambda}{1 - e^{-\lambda}}\left(1 - \dfrac{\lambda e^{-\lambda}}{1 - e^{-\lambda}}\right) = \mu(1 + \lambda - \mu)$;

(d) $M(t) = \dfrac{\exp(\lambda e^t) - 1}{e^\lambda - 1}$.

4. Seja Y uma v.a. com distribuição binomial truncada (VIEIRA; HINDE; DEMÉTRIO, 2000) com probabilidade de sucesso $0 < \pi < 1$ e com função de probabilidade expressa por

$$f(y; \pi) = \frac{\binom{m}{y}\pi^y(1 - \pi)^{(m-y)}}{1 - (1 - \pi)^m}, \quad y = 1, \ldots, m.$$

Mostre que:

(a) essa distribuição pertence à família exponencial na forma canônica;

(b) $E(Y) = \mu = \dfrac{m\pi}{1 - (1 - \pi)^m}$;

(c) $\text{Var}(Y) = \mu[1 + \pi(m - 1) - \mu]$;

(d) $M(t) = \dfrac{(1 - \pi + \pi e^t)^m - (1 - \pi)^m}{1 - (1 - \pi)^m}$.

5. De acordo com Smyth (1989), uma distribuição contínua pertence à família exponencial se sua f.d.p. pode ser expressa na forma

$$f(y; \theta, \phi) = \exp\left\{\frac{w}{\phi}[y\theta - b(\theta)] + c(y, \phi)\right\}, \quad (1.14)$$

sendo $b(\cdot)$ e $c(\cdot)$ funções conhecidas, $\phi > 0$, denominado parâmetro de dispersão, e w, um peso *a priori*. Se a constante ϕ é desconhecida, então, a expressão (1.14) define uma família exponencial com dois parâmetros apenas se

$$c(y,\phi) = -\frac{w}{\phi}g(y) - \frac{1}{2}s\left(-\frac{w}{\phi}\right) + t(y),$$

sendo $g(\cdot)$, $s(\cdot)$ e $t(\cdot)$ funções conhecidas e, nesse caso, $g'(\cdot)$ deve ser a inversa de $b'(\cdot)$ tal que $\theta = g'(\mu)$. Mostre que isso ocorre para as distribuições normal, normal inversa e gama.

6. Seja $Y \mid P \sim \mathrm{B}(m, P)$ e $P \sim \mathrm{Beta}(\alpha, \beta)$, $\alpha > 0, \beta > 0, 0 < p < 1$, isto é,

$$f(y \mid p) = \binom{m}{y} p^y (1-p)^{m-y} \quad \text{e} \quad f(p) = \frac{p^{\alpha-1}(1-p)^{\beta-1}}{\mathrm{B}(\alpha,\beta)},$$

sendo $\mathrm{B}(\alpha,\beta) = \dfrac{\Gamma(\alpha)\Gamma(\beta)}{\Gamma(\alpha+\beta)}$ (HINDE; DEMÉTRIO, 1998a). Mostre que:

(a) incondicionalmente, Y tem distribuição beta-binomial com f.d.p. expressa por

$$f(y) = \binom{m}{y} \frac{\mathrm{B}(\alpha+y, m+\beta-y)}{\mathrm{B}(\alpha,\beta)};$$

(b) $\mathrm{E}(Y) = m\dfrac{\alpha}{\alpha+\beta} = m\pi$ e $\mathrm{Var}(Y) = m\pi(1-\pi)[1+\rho(m-1)]$, sendo $\rho = \dfrac{1}{\alpha+\beta+1}$;

(c) a distribuição beta-binomial não pertence à família (1.4).

7. Seja $Y_i \mid Z_i = z_i \sim \mathrm{P}(z_i)$, $i = 1, \ldots, n$, isto é,

$$\mathrm{P}(Y_i = y_i \mid Z_i = z_i) = \frac{\mathrm{e}^{-z_i} z_i^{y_i}}{y_i!}, \quad y_i = 0, 1, 2, \ldots .$$

Então, se:

(a) $Z_i \sim \mathrm{G}(k, \lambda_i)$, $z_i > 0$, isto é, com f.d.p. expressa por

$$f(z_i; k, \lambda_i) = \frac{\left(\frac{\lambda_i}{k}\right)^{\lambda_i}}{\Gamma(\lambda_i)} z_i^{\lambda_i - 1} \exp\left(-\frac{z_i \lambda_i}{k}\right),$$

mostre que para k fixo, incondicionalmente, Y_i tem distribuição binomial negativa, que pertence à família exponencial, com $\mathrm{E}(Y_i) = k\lambda_i^{-1} = \mu_i$ e $\mathrm{Var}(Y_i) = \mu_i + k^{-1}\mu_i^2$;

(b) $Z_i \sim \mathrm{G}(k_i, \lambda)$, $z_i > 0$, isto é, com f.d.p. expressa por

$$f(z_i; k_i, \lambda) = \frac{\left(\frac{\lambda}{k_i}\right)^{\lambda}}{\Gamma(\lambda)} z_i^{\lambda-1} \exp\left(-\frac{z_i\lambda}{k_i}\right),$$

mostre que para λ fixo, incondicionalmente, Y_i tem distribuição binomial negativa, que não pertence à família exponencial, com $\mathrm{E}(Y_i) = k_i\lambda^{-1} = \mu_i$ e $\mathrm{Var}(Y_i) = \mu_i + \lambda^{-1}\mu_i = \phi\mu_i$, sendo $\phi = 1 + \lambda^{-1}$.

8. Uma forma geral para representar a função de probabilidade da distribuição binomial negativa (RIDOUT; HINDE; DEMÉTRIO, 2001) é expressa por

$$\mathrm{P}(Y = y) = \frac{\Gamma\left(y + \frac{\mu^c}{\nu}\right)}{\Gamma\left(\frac{\mu^c}{\nu}\right) y!} \left(1 + \frac{\mu^{c-1}}{\nu}\right)^{-y} \left(1 + \nu\mu^{1-c}\right)^{-\frac{\mu^c}{\nu}}, \quad y = 0, 1, 2, \ldots$$

(a) mostre que $\mathrm{E}(Y) = \mu$ e $\mathrm{Var}(Y) = \mu + \nu\mu^{2-c}$. Obtenha $\mathrm{E}(Y)$ e $\mathrm{Var}(Y)$ para os casos mais comuns ($c = 0$ e $c = 1$) da distribuição binomial negativa;

(b) mostre que $\mathrm{P}(Y = y)$ pertence à família (1.4) apenas se $c = 0$.

9. Uma distribuição para explicar o excesso de zeros em dados de contagens é a distribuição de Poisson inflacionada de zeros, com função de probabilidade igual a

$$\mathrm{P}(Y = y) = \begin{cases} \omega + (1 - \omega)\mathrm{e}^{-\lambda} & y = 0 \\ (1 - \omega)\dfrac{\mathrm{e}^{-\lambda}\lambda^y}{y!} & y = 1, 2, \ldots \end{cases}$$

Mostre que $\mathrm{E}(Y) = (1 - \omega)\lambda = \mu$ e $\mathrm{Var}(Y) = \mu + \left(\frac{\omega}{1 - \omega}\right)\mu^2$ (RIDOUT; DEMÉTRIO; HINDE, 1998).

10. Uma distribuição alternativa para explicar o excesso de zeros em dados na forma de contagens é a distribuição binomial negativa inflacionada de zeros (RIDOUT; DEMÉTRIO; HINDE, 1998), com função de probabilidade expressa por

$$P(Y=y)=\begin{cases}\omega+(1-\omega)\,(1+\alpha\lambda^{c})^{-\frac{\lambda^{1-c}}{\alpha}}, & y=0\\[2ex] (1-\omega)\dfrac{\Gamma\left(y+\dfrac{\lambda^{1-c}}{\alpha}\right)}{y!\,\Gamma\left(\dfrac{\lambda^{1-c}}{\alpha}\right)}(1+\alpha\lambda^{c})^{-\frac{\lambda^{1-c}}{\alpha}}\left(1+\dfrac{\lambda^{-c}}{\alpha}\right)^{-y}, & y=1,2,\ldots\end{cases}$$

Mostre que $E(Y)=(1-\omega)\lambda$ e $\mathrm{Var}(Y)=(1-\omega)\lambda(1+\omega\lambda+\alpha\lambda^{c})$.

11. Obtenha as funções geradoras de momentos e de cumulantes da distribuição secante hiperbólica generalizada definida pela f.d.p. (1.5).

12. Mostre que as distribuições normal, gama, normal inversa e beta pertencem à família exponencial canônica biparamétrica (1.11) com $k=2$ e identifique $t_1(\mathbf{x})$, $t_2(\mathbf{x})$, $h(\mathbf{x})$ e $b(\boldsymbol{\theta})$.

13. No Exercício 12, use as equações (1.13) para calcular $E(\mathbf{T})$ e $\mathrm{Cov}(\mathbf{T})$, sendo $\mathbf{T}=[T_1(\mathbf{x}),T_2(\mathbf{x})]^T$.

14. A partir das equações (1.13), obtenha $E[T(\mathbf{X})]$ e $\mathrm{Var}[T(\mathbf{X})]$ para as 24 distribuições apresentadas por Cordeiro et al. (1995) na família exponencial uniparamétrica (1.1).

15. Demonstre as fórmulas de $E(\mathbf{X})$, $E(\mathbf{X}^{-1})$ e $\mathrm{Cov}(\mathbf{X},\mathbf{X}^{-1})$ citadas no Exemplo 1.12.

16. Seja $f(x;\theta)=h(x)\exp[g(x;\theta)]$ uma distribuição uniparamétrica arbitrária. Demonstre que uma condição necessária para ela não pertencer à família exponencial (1.1) é que, dados quatro pontos amostrais x_1, x_2, x_3 e x_4, o quociente $\dfrac{g(x_1,\theta)-g(x_2,\theta)}{g(x_3,\theta)-g(x_4,\theta)}$ é uma função que depende de θ.

17. Usando o Exercício 16, mostre que a distribuição de Cauchy $f(x;\theta)=\dfrac{1}{\pi\left[1+(x-\theta)^2\right]}$ não é um membro da família exponencial uniparamétrica (1.1).

18. Demonstre que para a família exponencial biparamétrica $f(x;\theta,\tau) = h(x)\exp[\theta x + \tau t(x) - b(\theta,\tau)]$, tem-se: $E(X) = b^{(1,0)}$, $\text{Var}(X) = b^{(2,0)}$, $E[T(X)] = b^{(0,1)}$ e $\text{Cov}[X,T(X)] = b^{(1,1)}$, sendo que $b^{(r,s)} = \dfrac{\partial^{(r+s)} b(\theta,\tau)}{\partial\theta^r \partial\tau^s}$.

19. Considere a família exponencial multiparamétrica na forma canônica (1.11). Demonstre que os dois primeiros momentos do vetor $\mathbf{T}$ de estatísticas suficientes são expressos pelas equações (1.13).

20. Suponha que Y_1 e Y_2 têm distribuições de Poisson independentes com médias μ e $\rho\mu$, respectivamente. Mostre que

    (a) $Y_+ = Y_1 + Y_2$ tem distribuição de Poisson com média $\mu(1+\rho)$;

    (b) $Y_1 | Y_+ = m$ tem distribuição binomial $B(m, (1+\rho)^{-1})$.

21. Seja X uma variável aleatória binomial $B(m,\theta)$.

    (a) Se $m \longrightarrow \infty$ e $\theta \longrightarrow 0$ de modo que $m\theta = \mu$ permanece constante, demonstre que $P(X = k) \longrightarrow e^{-\mu}\mu^k/k!$. Esse limite é a base da aproximação da distribuição de Poisson para a distribuição binomial.

    (b) Demonstre, pela aproximação normal, que

$$P(X = k) \approx \frac{1}{\sqrt{2\pi m\theta(1-\theta)}} \exp\left[-\frac{(k - m\theta)^2}{2m\theta(1-\theta)}\right].$$

22. Obtenha uma expressão geral para o momento central de ordem r da família de distribuições (1.4), a partir da expressão geral (1.9) dos cumulantes.

23. Seja uma distribuição na família exponencial natural com f.d.p. ($y > 0$)

$$f(y;\theta) = c(y)\exp[\theta y - b(\theta)]$$

e média $\mu = \tau(\theta)$. Demonstre que $g(y;\theta) = yf(y;\theta)/\tau(\theta)$ é uma nova f.d.p. e calcule suas funções geradoras de momentos e de cumulantes.

24. A distribuição logarítmica é definida pela função de probabilidade

$$f(y;\rho) = -\frac{\rho^y}{y\log(1-\rho)}$$

para $y = 1, 2, \ldots$ e $0 < \rho < 1$. Demonstre que essa distribuição pertence à família exponencial e que

$$\mathrm{E}(Y) = \frac{\rho}{b(\rho)(1-\rho)} \quad \text{e} \quad \mathrm{Var}(Y) = \frac{\rho[1 - \frac{\rho}{b(\rho)}]}{b(\rho)(1-\rho)^2},$$

sendo $b(\rho) = -\log(1-\rho)$.

25. Demonstre as fórmulas de recorrência para os momentos ordinários (μ'_r) e centrais (μ_r) da distribuição binomial:

$$\mu'_{r+1} = \mu(1-\mu)\left[\frac{m\mu'_r}{(1-\mu)} + \frac{d\mu'_r}{d\mu}\right] \quad \text{e} \quad \mu_{r+1} = \mu(1-\mu)\left[mr\mu_{r-1} + \frac{d\mu_r}{d\mu}\right].$$

26. Se Y tem distribuição exponencial de média unitária, demonstre que a função geradora de momentos de $Y = \log(X)$ é igual a $M(t) = \Gamma(1+t)$ e que sua f.d.p. é $f(y) = \exp(y - \mathrm{e}^y)$.

27. Use a expansão de Taylor para verificar que se $\mathrm{E}(X) = \mu$ e $\mathrm{Var}(X) = \sigma^2$, então, para qualquer função bem comportada $G(X)$, tem-se, para σ suficientemente pequeno, $\mathrm{Var}[G(X)] = G'(\mu)^2\sigma^2$. Mostre que, se $X \sim \mathrm{B}(m, \pi)$, pode-se estimar $\mathrm{Var}\{\log[X/(m-X)]\}$ por $1/x + 1/(m-x)$, sendo x o valor observado de X.

28. Demonstre que os cumulantes de uma variável aleatória X satisfazem $\kappa_1(a+bX) = a + b\kappa_1(X)$ e $\kappa_r(a+bX) = b^r\kappa_r(X)$ para $r \geq 2$, sendo a e b constantes.

CAPÍTULO 2

Modelo Linear Generalizado

2.1 INTRODUÇÃO

A seleção de modelos é uma parte importante de toda pesquisa em modelagem estatística. Envolve encontrar um modelo que seja o mais simples possível e que descreva bem o processo gerador dos valores observados que surgem em diversas áreas do conhecimento, como agricultura, demografia, ecologia, economia, engenharia, geologia, medicina, ciência política, sociologia e zootecnia, entre outras.

Nelder e Wedderburn (1972) mostraram que um conjunto de técnicas estatísticas, comumente estudadas separadamente, podem ser formuladas, de uma maneira unificada, como uma classe de modelos de regressão. A essa teoria unificadora de modelagem estatística, uma extensão dos modelos clássicos de regressão, denominaram **modelos lineares generalizados** (MLGs). Esses modelos envolvem uma variável resposta univariada, variáveis explanatórias e uma amostra aleatória de n observações independentes, sendo que:

(i) a variável resposta, **componente aleatório** do modelo, tem distribuição pertencente à família de distribuições (1.4) que engloba as distribuições normal, gama e normal inversa para dados contínuos; binomial para proporções; Poisson e binomial negativa para contagens;
(ii) as variáveis explanatórias entram na forma de uma estrutura linear, constituindo o **componente sistemático** do modelo;
(iii) a ligação entre os componentes aleatório e sistemático é feita por meio de uma função adequada como, por exemplo, logarítmica para os modelos log-lineares, denominada **função de ligação**.

O componente sistemático é estabelecido durante o planejamento (fundamental para a obtenção de conclusões confiáveis) do experimento, resultando em modelos de regressão (linear simples, múltipla etc.), de análise de variância (delineamentos inteiramente casualizados, casualizados em blocos, quadrados latinos com estrutura de tratamentos fatorial, parcelas subdivididas etc.) e de análise de covariância. O componente aleatório é especificado assim que são definidas as medidas a serem realizadas, que podem ser contínuas ou discretas, exigindo o ajuste de diferentes distribuições. A partir de um mesmo experimento, podem ser obtidas medidas de diferentes tipos, como, dados de altura de plantas, número de lesões por planta e proporção de plantas doentes.

No modelo clássico de regressão, tem-se

$$\mathbf{Y} = \boldsymbol{\mu} + \boldsymbol{\epsilon},$$

sendo $\mathbf{Y}$ o vetor, de dimensões $n \times 1$, da variável resposta, $\boldsymbol{\mu} = \mathrm{E}(\mathbf{Y}) = \mathbf{X}\boldsymbol{\beta}$, o componente sistemático, $\boldsymbol{X}$ a matriz do modelo, de dimensões $n \times p$, $\boldsymbol{\beta} = (\beta_1, \cdots, \beta_p)^T$, o vetor dos parâmetros desconhecidos, $\boldsymbol{\epsilon} = (\epsilon_1, \cdots, \epsilon_n)^T$, o componente aleatório com $\epsilon_i \sim \mathrm{N}(0, \sigma^2)$, $i = 1, \ldots, n$. Nesse caso, tem-se que a distribuição normal $\mathrm{N}(\boldsymbol{\mu}, \sigma^2\mathbf{I})$ de $\mathbf{Y}$ define o componente aleatório e o vetor de médias $\boldsymbol{\mu}$ da distribuição normal é igual ao preditor linear que representa o componente sistemático. Essa é a forma mais simples de ligação entre esses dois componentes, sendo denominada de função de ligação **identidade**.

Em muitos casos, porém, essa estrutura aditiva entre o componente sistemático e o componente aleatório não é verificada. Além disso, não há razão para se restringir à estrutura simples especificada pela função de ligação identidade, nem à distribuição normal para o componente aleatório e à suposição de homogeneidade de variâncias.

Outros modelos foram surgindo e os desenvolvimentos que conduziram a essa visão geral da modelagem estatística remontam a quase dois séculos. Entre os métodos estatísticos para a análise de dados univariados, que são casos especiais dos MLGs, citam-se:

(a) modelo clássico de regressão múltipla (Legendre, Gauss, início do século XIX) e modelo de análise de variância para experimentos planejados (Fisher, 1920 a 1935) com o erro tendo distribuição normal;
(b) modelo complemento log-log para ensaios de diluição, envolvendo a distribuição binomial (FISHER, 1922);
(c) modelo probito (BLISS, 1935) para o estudo de proporções, envolvendo a distribuição binomial;
(d) modelo logístico (BERKSON, 1944; DYKE; PATTERSON, 1952; RASCH, 1960; COX, 1970) para o estudo de proporções, envolvendo a distribuição binomial;
(e) modelos log-lineares para análise de dados na forma de contagens em tabelas de contingência, envolvendo as distribuições de Poisson e multinomial (BIRCH, 1963; HABERMAN, 1970);
(f) modelo logístico para tabelas multidimensionais de proporções;
(g) modelos de testes de vida, envolvendo a distribuição exponencial (FEIGL; ZELEN, 1965; ZIPPIN; ARMITAGE, 1966; GASSER, 1967);
(h) polinômios inversos para ensaios de adubação, envolvendo a distribuição normal na escala logarítmica e linearidade na escala inversa (NELDER, 1966);
(i) modelo de análise de variância com efeitos aleatórios;
(j) modelo estrutural para análise de dados com distribuição gama;
(l) modelo de regressão não-simétrica.

Além dessas técnicas usuais, outros modelos podem ser definidos no contexto dos MLGs como os modelos de Box e Cox (1964) e alguns modelos de séries temporais. Devido ao grande número de métodos estatísticos que engloba, a teoria dos MLGs vem desempenhando um papel importante na Estatística moderna, tanto para especialistas, quanto para não-especialistas. Esses modelos podem ainda representar um meio unificado de ensino da Estatística, em qualquer curso de graduação ou pós-graduação.

Algumas referências para o estudo dos MLGs e extensões são: Cordeiro (1986), McCullagh e Nelder (1989), Firth (1991), Morgan (1992), Francis, Green e Payne (1993), Fahrmeir e Tutz (1994), McCulloch e Searle (2000), Demétrio (2001), Collet (2002), Paula (2004), Molenberghs e Verbeke (2005), Lee, Nelder e Pawitan (2006), Hardin e Hilbe (2007), Dobson e Barnett (2008) e Aitkin et al. (2009).

2.2 EXEMPLOS DE MOTIVAÇÃO

A seguir, serão apresentados alguns dos modelos que apareceram na literatura, independentemente uns dos outros, e que, conforme será mostrado, podem ser agrupados de acordo com algumas propriedades comuns, o que permite um método unificado para a estimação dos parâmetros.

2.2.1 Ensaios do tipo dose-resposta

Ensaios do tipo dose-resposta são aqueles em que uma determinada droga é administrada em k diferentes doses, $d_1, \ldots, d_k$, respectivamente, a $m_1, \ldots, m_k$ indivíduos. Suponha que cada indivíduo responde, ou não, à droga, tal que a resposta é quantal (tudo ou nada, isto é, 1 ou 0). Após um período especificado de tempo, $y_1, \ldots, y_k$ indivíduos respondem à droga. Por exemplo, quando um inseticida é aplicado a um determinado número de insetos, eles respondem (morrem) ou não (sobrevivem) à dose aplicada. Quando uma droga benéfica é administrada a um grupo de pacientes, eles podem melhorar (sucesso) ou não (fracasso). Dados resultantes desse tipo de ensaio podem ser considerados provenientes de uma distribuição binomial com probabilidade π_i, que é a probabilidade de ocorrência (sucesso) do evento sob estudo, ou seja, o número de sucessos Y_i tem distribuição binomial $\mathrm{B}(m_i, \pi_i)$.

Os objetivos desse tipo de experimento são, em geral, modelar a probabilidade de sucesso π_i como função de variáveis explanatórias e, então, determinar doses efetivas (DL_p, doses que causam mudança de estado em $100p\%$ dos indivíduos, por exemplo, DL_{50}, DL_{90}), comparar potências de diferentes produtos etc.

Exemplo 2.1

Toxicidade de rotenona

Os dados da Tabela 2.1 referem-se a um ensaio de toxicidade de rotenona (MARTIN, 1942), no delineamento completamente casualizado, em que doses (d_i) do inseticida foram aplicadas a m_i insetos (*Macrosiphoniella sanborni*, pulgão do crisântemo) e, após um certo tempo, foi observado o número (y_i) de insetos mortos.

Tabela 2.1 Número de insetos mortos (y_i) de m_i insetos que receberam a dose d_i de rotenona e a proporção de insetos mortos $p_i = y_i/m_i$.

Dose (d_i)	m_i	y_i	p_i
0,0	49	0	0,00
2,6	50	6	0,12
3,8	48	16	0,33
5,1	46	24	0,52
7,7	49	42	0,86
10,2	50	44	0,88

O interesse do pesquisador estava na determinação das doses letais que matam 50% (DL_{50}) e 90% (DL_{90}) dos insetos, para recomendação de aplicação do inseticida no campo. Pode-se observar que o gráfico (Figura 2.1) de dispersão das proporções ($p_i = y_i/m_i$) de insetos mortos versus as doses (d_i) tem um aspecto sigmoidal, o que orienta a escolha do modelo para π_i.

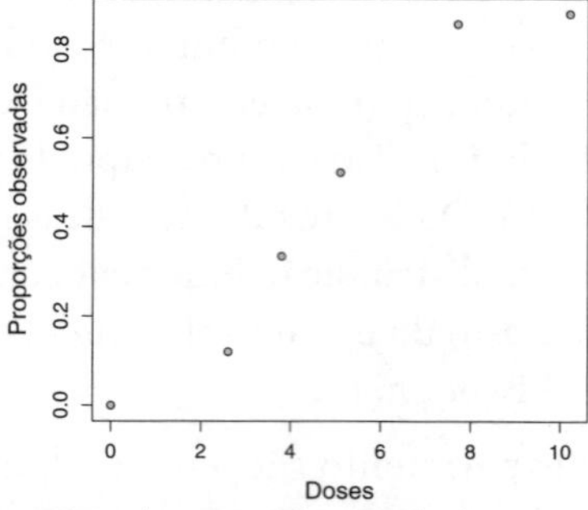

Figura 2.1 Gráfico de dispersão das proporções (p_i) versus doses (d_i) de rotenona, referentes à Tabela 2.1.

Dois aspectos devem ser considerados nos ensaios de dose-resposta. Um é a intensidade do estímulo que pode ser a dose de uma droga (inseticida, fungicida, herbicida, medicamento) e o outro é o indivíduo (um inseto, um esporo, uma planta, um paciente). O estímulo é aplicado a uma intensidade especificada em unidades de concentração e, como resultado, uma resposta do indivíduo é obtida. Quando a resposta é binária (0 ou 1), sua ocorrência, ou não, dependerá da intensidade do estímulo aplicado. Para todo indivíduo haverá um certo nível de intensidade abaixo do qual a resposta não ocorre e acima do qual ela ocorre; nas terminologias farmacológica e toxicológica, esse valor é denominado tolerância (ASHTON, 1972). Essa tolerância varia de um indivíduo para outro da população e, então, há uma distribuição de tolerâncias à qual pode-se associar uma variável aleatória U com f.d.p. representada por curvas, simétricas ou assimétricas, dos tipos apresentados na Figura 2.2.

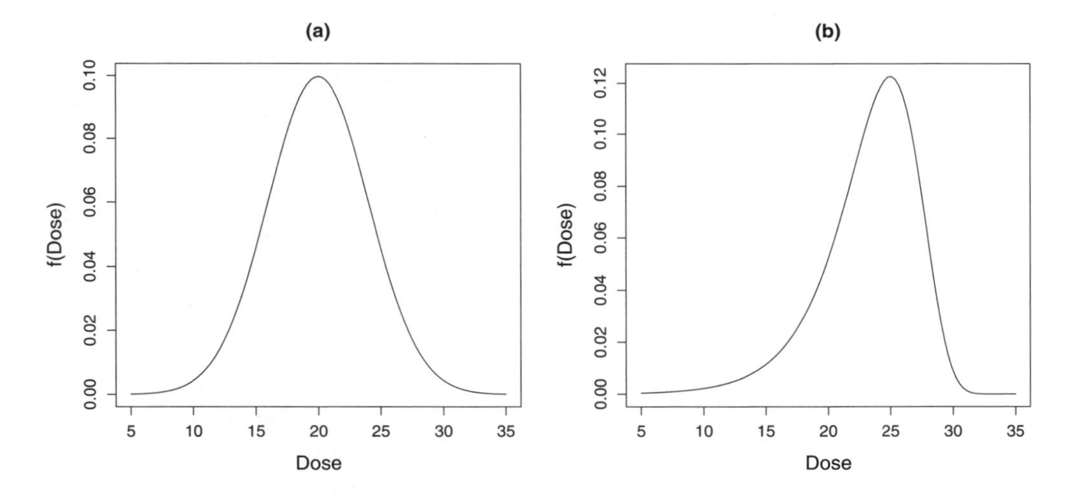

Figura 2.2 Dois tipos de curvas para distribuições de tolerância, (a) simétrica e (b) assimétrica.

Se a dose d é dada para a população toda e $f(u)$ é a função densidade para a distribuição das tolerâncias, todo indivíduo cuja tolerância é menor do que d responderá à droga, e a probabilidade de que um indivíduo escolhido ao acaso responda à dose, conforme a Figura 2.3(a), é expressa por

$$\pi = \mathrm{P}(U \leq d) = \mathrm{F}(d) = \int_{-\infty}^{d} f(u)du. \tag{2.1}$$

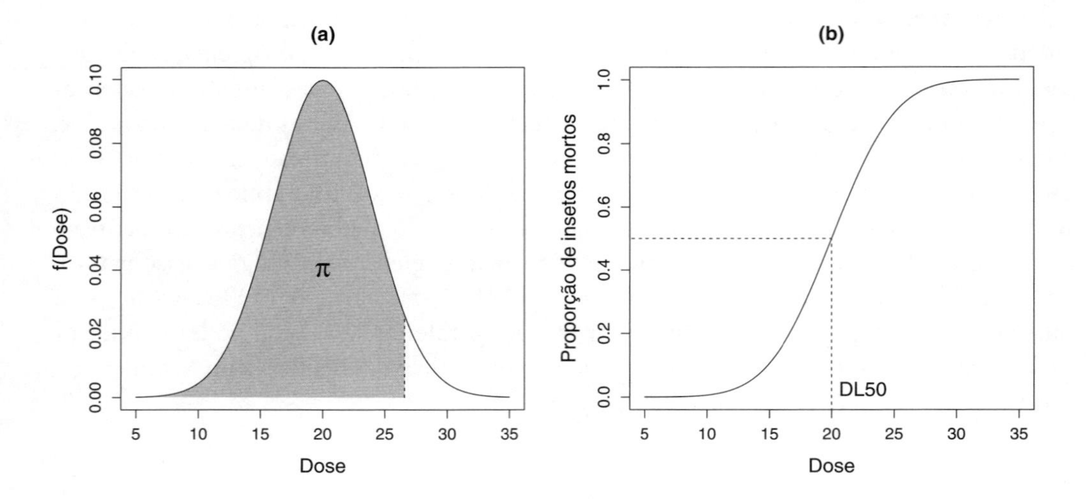

Figura 2.3 (a) Área sob a curva de tolerância e (b) correspondente distribuição acumulada.

A probabilidade de ocorrer uma resposta (sucesso) é tipicamente nula para valores pequenos de d, unitária para valores grandes de d (pois, então, um sucesso é certo) e é uma função estritamente crescente de d. Essa curva tem as propriedades matemáticas de uma função de distribuição contínua acumulada e exibe a forma sigmoidal típica da Figura 2.3(b).

Observa-se que nenhum indivíduo responde se a dose é muito pequena e que todos os indivíduos respondem se a dose é muito grande. Essas suposições nem sempre são razoáveis. Pode haver indivíduos que respondem, naturalmente, sem a droga (morte natural) e outros que são imunes à droga, o que pode causar um excesso de zeros (RIDOUT; DEMÉTRIO; HINDE, 1998) e uma variabilidade maior do que a esperada (superdispersão) (HINDE; DEMÉTRIO, 1998a; HINDE; DEMÉTRIO, 1998b; DEMÉTRIO; HINDE; MORAL, 2014).

O problema, então, consiste em encontrar uma curva sigmoidal que se ajuste bem aos dados e, a partir dela, calcular DL_{50} e DL_{90}. Isso pode ser realizado com o uso de modelos não-lineares nos parâmetros. Então, a ideia é se fazer uma transformação tal que essa curva sigmoidal se transforme em uma reta e, assim, procedimentos comuns de regressão podem ser usados para se estimarem os parâmetros. Na Figura 2.4, são apresentadas as distribuições mais comumente usadas e suas correspondentes curvas sigmoidais, cujas expressões e respectivas transformações lineares são apresentadas, a seguir.

a) **Modelo probito** (“**Prob**ability **unit**”)

Nesse caso, considera-se que U tem distribuição normal de média $\mu \in \mathbb{R}$ e variância $\sigma^2 > 0$, isto é,

$$f_U(u; \mu, \sigma^2) = \frac{1}{\sqrt{2\pi\sigma^2}} \exp\left[-\frac{(u-\mu)^2}{2\sigma^2}\right],$$

e, portanto, com $Z = \dfrac{U-\mu}{\sigma} \sim \mathrm{N}(0,1)$. Então,

$$\pi_i = \mathrm{P}(U \leq d_i) = \mathrm{P}\left(Z \leq -\frac{\mu}{\sigma} + \frac{1}{\sigma}d_i\right) = \mathrm{P}(Z \leq \beta_1 + \beta_2 d_i),$$

para $\beta_1 = -\mu/\sigma$ e $\beta_2 = 1/\sigma$. Logo,

$$\pi_i = \Phi(\beta_1 + \beta_2 d_i)$$

é uma função não-linear em um conjunto linear de parâmetros, em que $\Phi(\cdot)$ representa a função de distribuição normal padrão. É linearizada por

$$\mathrm{probit}(\pi_i) = \Phi^{-1}(\pi_i) = \beta_1 + \beta_2 d_i.$$

b) **Modelo logístico** (“**Log**istic **unit**”)

Nesse caso, considera-se que U tem distribuição logística com parâmetros $\mu \in \mathbb{R}$ e $\tau > 0$, que é similar à distribuição normal em forma, mas com caudas um pouco mais longas. Tem f.d.p. expressa por

$$f_U(u; \mu, \tau) = \frac{1}{\tau} \frac{\exp\left(\dfrac{u-\mu}{\tau}\right)}{\left[1 + \exp\left(\dfrac{u-\mu}{\tau}\right)\right]^2},$$

com média $\mathrm{E}(U) = \mu$ e variância $\sigma^2 = \mathrm{Var}(U) = \pi^2\tau^2/3$. Fazendo-se $\beta_1 = -\mu/\tau$ e $\beta_2 = 1/\tau$, tem-se

$$f_U(u; \beta_1, \beta_2) = \frac{\beta_2 e^{\beta_1 + \beta_2 u}}{\left(1 + e^{\beta_1 + \beta_2 u}\right)^2}.$$

Logo,

$$\pi_i = \mathrm{P}(U \leq d_i) = \mathrm{F}(d_i) = \frac{e^{\beta_1 + \beta_2 d_i}}{1 + e^{\beta_1 + \beta_2 d_i}}$$

é uma função não-linear em um conjunto linear de parâmetros, sendo linearizada por

$$\text{logit}(\pi_i) = \log\left(\frac{\pi_i}{1-\pi_i}\right) = \beta_1 + \beta_2 d_i.$$

c) **Modelo complemento log-log**

Nesse caso, considera-se que U tem distribuição de Gumbel (de valor extremo) com parâmetros α e τ, que é uma distribuição assimétrica, ao contrário das duas anteriores, que são simétricas. Tem f.d.p. expressa por

$$f_U(u;\alpha,\tau) = \frac{1}{\tau}\exp\left(\frac{u-\alpha}{\tau}\right)\exp\left[-\exp\left(\frac{u-\alpha}{\tau}\right)\right], \quad \alpha \in \mathbb{R}, \quad \tau > 0,$$

com média $\mathrm{E}(U) = \alpha + \gamma\tau$ e variância $\sigma^2 = \mathrm{Var}(U) = \pi^2\tau^2/6$, sendo $\gamma \approx 0,577216$ o número de Euler definido por $\gamma = -\psi(1) = \lim_{n\to\infty}(\sum_{i=1}^n i^{-1} - \log n)$, em que $\psi(p) = d\log\Gamma(p)/dp$ é a função digama. Fazendo-se $\beta_1 = -\alpha/\tau$ e $\beta_2 = 1/\tau$, tem-se

$$f_U(u;\beta_1,\beta_2) = \beta_2\exp\left(\beta_1 + \beta_2 u - \mathrm{e}^{\beta_1+\beta_2 u}\right).$$

Logo,

$$\pi_i = \mathrm{P}(U \leq d_i) = \mathrm{F}(d_i) = 1 - \exp\left[-\exp(\beta_1 + \beta_2 d_i)\right]$$

é uma função não-linear em um conjunto linear de parâmetros, sendo linearizada por

$$\log[-\log(1-\pi_i)] = \beta_1 + \beta_2 d_i.$$

Nos exemplos (a), (b) e (c), verifica-se que:

(i) a distribuição dos Y_i (binomial) é um membro da família exponencial, com $\mathrm{E}(Y_i) = \mu_i = m_i\pi_i$;

(ii) as variáveis explanatórias entram na forma de uma soma linear de seus efeitos sistemáticos, ou seja,

$$\eta_i = \sum_{j=1}^{2} x_{ij}\beta_j = \boldsymbol{x}_i^T\boldsymbol{\beta},$$

sendo $\boldsymbol{x}_i^T = (1, d_i)$, $\boldsymbol{\beta} = (\beta_1, \beta_2)^T$ e η_i o preditor linear;

(iii) a média μ_i é funcionalmente relacionada ao preditor linear, isto é,

$$\eta_i = g\left(\frac{\mu_i}{m_i}\right) = g(\pi_i),$$

que, nos casos analisados, são:

- modelo probito: $\eta_i = g(\pi_i) = \Phi^{-1}(\pi_i)$;
- modelo logístico: $\eta_i = g(\pi_i) = \log\left(\frac{\pi_i}{1-\pi_i}\right)$;
- modelo complemento log-log: $\eta_i = g(\pi_i) = \log[-\log(1-\pi_i)]$.

Portanto, esses modelos são baseados na família exponencial uniparamétrica (1.4) com médias que são não lineares em um conjunto de parâmetros lineares, isto é,

- modelo probito: $\mu_i = m_i\ \Phi(\beta_1 + \beta_2 d_i)$;
- modelo logístico: $\mu_i = m_i \frac{e^{\beta_1+\beta_2 d_i}}{1+e^{\beta_1+\beta_2 d_i}}$;
- modelo complemento log-log: $\mu_i = m_i\{1-\exp[-\exp(\beta_1+\beta_2 d_i)]\}$.

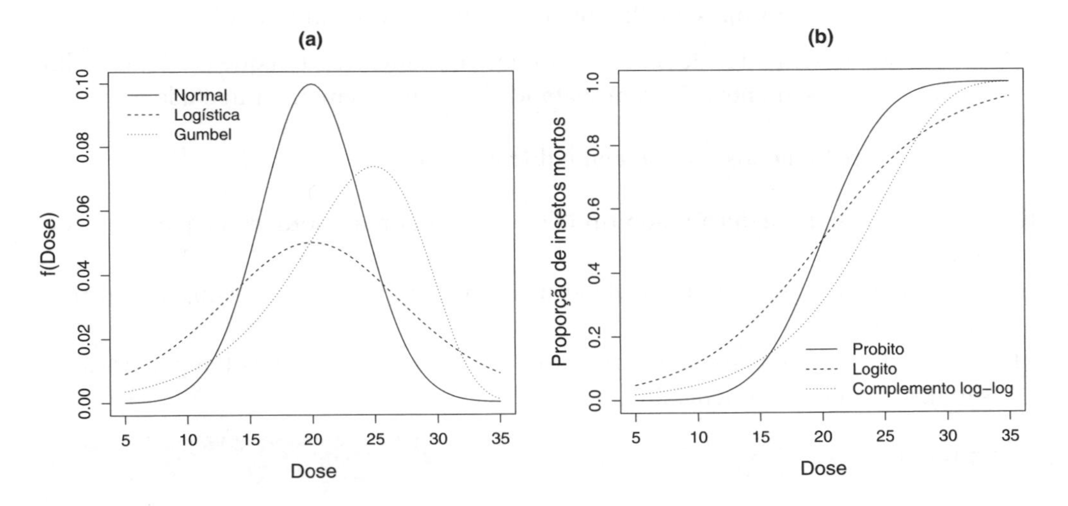

Figura 2.4 (a) Curvas para distribuições de tolerância e (b) correspondentes curvas sigmoidais.

2.2.2 Ensaios de diluição

O uso dos ensaios de diluição é uma prática comum para se estimar a concentração λ de um organismo (número por unidade de volume, de área, de peso etc.) em uma amostra. Quando a contagem direta não é possível, mas a presença ou ausência do organismo em sub-amostras pode ser detectada (RIDOUT; FENLON, 1998), pode-se, também, estimar λ. Em geral, registrar a presença, ou ausência, é mais econômico do que fazer a contagem. Por exemplo, pode-se detectar se uma determinada bactéria está presente, ou não, em um líquido por meio de um teste de cor, ou se um fungo está presente, ou não, em uma amostra de solo plantando-se uma planta susceptível nesse solo e verificando se a planta apresenta sintomas da doença. Esse método está baseado na suposição de que o número de indivíduos presentes segue uma distribuição de Poisson, o que é uma suposição forte e torna-se importante verificar se é verdadeira. Por exemplo, a distribuição espacial de um fungo no solo está longe de ser aleatória e pode ser que o número de indivíduos em diferentes amostras desse solo não tenha a distribuição de Poisson.

Nos ensaios de diluição, a solução original é diluída progressivamente e na i-ésima diluição são realizadas as contagens (Exemplo 2.2) ou, então, são testadas $m_i, i = 1, 2, \ldots, k$, sub-amostras das quais Y_i apresenta resultado positivo para a presença do organismo (Exemplo 2.3). Seja v_i o volume da amostra original que está presente em cada uma das sub-amostras na i-ésima diluição. Em geral, mas nem sempre, são usadas diluições iguais, de modo que os v_i ficam em progressão geométrica.

Esse método de diluição em série é muito usado em diversas áreas da Biologia. Podem ser tratados, de forma semelhante, os problemas de estimação de:

(a) proporção de sementes doentes em um lote de sementes, em que n é o tamanho da amostra de sementes, θ é a probabilidade de uma semente infectada e

$$\pi = \text{P} \text{ (pelo menos uma semente doente)} = 1 - (1 - \theta)^n = 1 - \text{e}^{n \log(1-\theta)};$$

(b) proporção de um determinado tipo de célula em uma população em estudos de imunologia;

(c) probabilidade de uma partícula de vírus matar um inseto, nos ensaios de controle biológico;

(d) taxa média de falha de um determinado componente quando os tempos de falha são distribuídos exponencialmente.

Exemplo 2.2

Os dados da Tabela 2.2 são referentes a contagens de partículas de vírus para cinco diluições diferentes, tendo sido usadas quatro repetições para as quatro primeiras diluições e cinco repetições para a última diluição. O objetivo do experimento foi estimar o número de partículas de vírus por unidade de volume.

Tabela 2.2 Números de partículas de vírus para cinco diluições diferentes.

Diluição	Contagens				
0,3162	13	14	17	22	
0,1778	9	14	6	14	
0,1000	4	4	3	5	
0,0562	3	2	1	3	
0,0316	2	1	3	2	2

Fonte: Ridout (1990), notas de aula.

Exemplo 2.3

Os dados da Tabela 2.3 são de um ensaio de diluição realizado para determinar o número de esporos de *Bacillus mesentericus* por grama (g) de farinha de batata (FISHER; YATES, 1970). Uma suspensão líquida foi preparada e sujeita a sucessivas diluições para que resultassem soluções com 4, 2, ..., 1/128g de farinha por 100ml de solução. Para cada diluição, consideraram-se cinco amostras de 1ml e foi contado o número de amostras com esporos.

Tabela 2.3 Números de amostras (Y) que contêm esporos em cinco amostras para diferentes quantidades (g) de farinha de batata em cada diluição.

g/100 ml	4	2	1	1/2	1/4	1/8	1/16	1/32	1/64	1/128
y	5	5	5	5	4	3	2	2	0	0

O parâmetro de interesse é λ, a concentração de organismos por unidade de volume (ν_i). Se os organismos estão aleatoriamente distribuídos, o número de organismos em uma sub-amostra da i-ésima diluição segue a distribuição de Poisson com média $\lambda\nu_i$, isto é,

$$\mu_i = \lambda\nu_i.$$

Assim, se forem realizadas contagens dos indivíduos após a diluição, tem-se que essa expressão pode ser linearizada, usando-se a função logarítmica, ou seja,

$$\eta_i = \log\,(\mu_i) = \log\,(\lambda) + \log\,(\nu_i) = \beta_1 + offset, \quad (2.2)$$

sendo que $\log(\nu_i)$ entra na regressão como variável *offset*, que é um valor conhecido no componente sistemático do modelo.

Quando se observa o número de amostras em que o indivíduo está presente, tem-se $Y_i \sim B(m_i, \pi_i)$, desde que as sub-amostras de cada diluição sejam independentes, sendo que a probabilidade π_i de que o organismo esteja presente na sub-amostra i é expressa como $\pi_i = P(\text{pelo menos um organismo presente}) = 1 - \exp(-\lambda \nu_i)$. Logo,

$$\eta_i = \log\left[-\log\left(1 - \pi_i\right)\right] = \log\left(\lambda\right) + \log\left(\nu_i\right) = \beta_1 + \textit{offset}. \tag{2.3}$$

Tem-se, em (2.2) e (2.3), que $\beta_1 = \log(\lambda)$ e $\log(\nu_i)$ é a variável *offset*. Além disso, em (2.2) tem-se a função de ligação logarítmica para o modelo de Poisson enquanto que em (2.3) tem-se a função de ligação complemento log-log para o modelo binomial.

Nesses dois exemplos, verifica-se, novamente, que:

(i) a distribuição dos Y_i (Poisson ou binomial) é um membro da família exponencial uniparamétrica (1.4), com $E(Y_i) = \mu_i$ (Poisson) ou $E(Y_i) = \mu_i = m_i\pi_i$ (binomial);

(ii) as variáveis explanatórias entram na forma de uma soma linear de seus efeitos, ou seja,

$$\eta_i = \sum_{j=1}^{2} x_{ij}\beta_j = \boldsymbol{x}_i^T \boldsymbol{\beta},$$

sendo $\boldsymbol{x}_i = (1, d_i)^T$, $\boldsymbol{\beta} = (\beta_1, \beta_2)^T$ e η_i o preditor linear.

iii) a média μ_i é funcionalmente relacionada ao preditor linear, isto é,

$$\eta_i = g(\mu_i) \quad \text{ou} \quad \eta_i = g\left(\frac{\mu_i}{m_i}\right) = g(\pi_i),$$

que nos casos analisados foram:

- modelo log-linear: $\eta_i = g(\mu_i) = \log(\mu_i)$;

- modelo complemento log-log: $\eta_i = g(\pi_i) = \log[-\log(1 - \pi_i)]$.

Portanto, esses modelos são baseados na família exponencial uniparamétrica (1.4), cujas médias são não-lineares em um conjunto de parâmetros lineares, isto é,

- modelo log-linear: $\mu_i = e^{\beta_1 + \textit{offset}}$;

- modelo complemento log-log: $\mu_i = m_i\{1 - \exp[-\exp(\beta_1 + \textit{offset})]\}$,

sendo $\beta_2 = 1$ e $\log(\nu_i) = \textit{offset}$.

2.2.3 Tabelas de contingência

Dados na forma de contagens são provenientes dos números de eventos (por exemplo, número de brotos por explante), ou então, da frequência de ocorrências em várias categorias que originam as tabelas de contingência. Na análise de tabelas de contingência em que as observações consistem de contagens ou frequências nas caselas pelo cruzamento das variáveis resposta e explanatórias, a distribuição de Poisson é especialmente útil. A seguir, são apresentados alguns exemplos.

Exemplo 2.4

Os dados da Tabela 2.4 referem-se a coletas de insetos em armadilhas adesivas de duas cores, durante as quais os indivíduos coletados de uma determinada espécie foram sexados, tendo como objetivo verificar se havia influência da cor da armadilha sobre a atração de machos e fêmeas dessa espécie.

Tabela 2.4 Números de insetos coletados em armadilhas adesivas e sexados.

Armadilha	Machos	Fêmeas	Totais
Alaranjada	246	17	263
Amarela	458	32	490
Totais	704	49	753

Fonte: Neto et al. (1976).

Tem-se que o número de insetos que chegam às armadilhas, seja do sexo feminino ou masculino, é um número aleatório, caracterizando uma observação de uma variável com distribuição de Poisson. A hipótese de interesse é a hipótese de independência, isto é, o sexo do inseto não afeta a escolha pela cor da armadilha, condicionado ao total observado.

Exemplo 2.5

Em um programa de melhoramento vegetal, um pesquisador coletou um total de 900 plantas de uma progênie da espécie X e classificou-as de acordo com duas respostas: tipo de ciclo (tardio ou precoce) e viriscência (normal ou viriscente), obtendo os resultados apresentados na Tabela 2.5.

Tabela 2.5 Contagens de plantas segregando para dois caracteres: ciclo e viriscência, numa progênie da espécie X.

Ciclo	Normal	Viriscente	Totais
Precoce	453	30	483
Tardio	294	123	417
Totais	747	153	900

Note que, aqui, o total de plantas coletadas foi previamente fixado. O interesse, como no exemplo anterior, é estudar se não existe associação entre as duas respostas (hipótese de independência).

Exemplo 2.6

Os dados da Tabela 2.6 referem-se a um ensaio de controle da broca do tomate, usando-se quatro tratamentos.

Tabela 2.6 Números de tomates sadios e com broca.

Inseticidas	Frutos		Totais
	Sadios	Com broca	
Diazinon	1690	115	1805
Phosdrin	1578	73	1651
Sevin	2061	53	2114
Testemunha	1691	224	1915
Totais	7020	465	7485

Fonte: Neto et al. (1976).

Tem-se aqui, também, um caso em que o número total de frutos com broca é uma variável aleatória e, portanto, pode ser estudada pela distribuição de Poisson. A hipótese a ser testada é a da homogeneidade, isto é, se a proporção de frutos sadios é a mesma para todos os inseticidas, condicionada aos totais observados de tratamentos.

Assim, considerando-se uma tabela de contingência bidimensional e a hipótese de independência, se y_{ij} ($i = 1, \ldots, a$ e $j = 1, \ldots, b$), representa o número de observações numa classificação cruzada de dois fatores com a e b níveis, respectivamente, então,

$$\mu_{ij} = \text{E}(Y_{ij}) = m\pi_{i.}\pi_{.j},$$

em que $m = \sum_{i=1}^{a}\sum_{j=1}^{b} y_{ij}$ e $\pi_{i.} = \sum_{j=1}^{b} \pi_{ij}$ e $\pi_{.j} = \sum_{i=1}^{a} \pi_{ij}$ são as probabilidades marginais de uma observação pertencer às classes i e j, respectivamente. Pode-se, então, supor que Y_{ij} tem distribuição de Poisson com média μ_{ij}.

Além disso, tomando-se o logaritmo de μ_{ij}, tem-se

$$\eta_{ij} = \log(\mu_{ij}) = \log(m) + \log(\pi_{i.}) + \log(\pi_{.j}) = \mu + \alpha_i + \beta_j.$$

Novamente, tem-se:

(i) a distribuição de Y_{ij} (Poisson) é um membro da família exponencial, com $\text{E}(Y_{ij}) = \mu_{ij}$;

(ii) as variáveis explanatórias entram na forma de uma soma linear de seus efeitos, ou seja,

$$\boldsymbol{\eta} = \mathbf{X}\boldsymbol{\beta},$$

sendo $\boldsymbol{\eta} = (\eta_{11}, \ldots, \eta_{1b}, \ldots, \eta_{a1}, \ldots, \eta_{ab})^T$ o preditor linear, $\mathbf{X}$ uma matriz, de dimensões $ab \times (a+b+1)$, de variáveis "dummy" e $\boldsymbol{\beta} = (\mu, \alpha_1, \ldots, \alpha_a, \beta_1, \ldots, \beta_b)^T$;

(iii) a média é funcionalmente relacionada ao preditor linear, isto é,

$$\eta_{ij} = g(\mu_{ij}) = \log(\mu_{ij}).$$

Portanto, tem-se que esses modelos são baseados na família exponencial uniparamétrica (1.4), cujas médias são não-lineares em um conjunto de parâmetros lineares, ou seja, $\boldsymbol{\mu} = \exp(\boldsymbol{\eta}) = \exp(\mathbf{X}^T\boldsymbol{\beta})$.

De forma geral, verifica-se que as hipóteses mais comuns para dados dispostos em tabelas de contingência podem ser expressas como modelos multiplicativos para as frequências esperadas das caselas (MCCULLAGH; NELDER, 1989; AGRESTI, 2002; PAULINO; SINGER, 2006), cuja média μ é obtida como um produto de outras médias marginais. Assim, uma transformação logarítmica do valor esperado lineariza essa parte do modelo.

2.3 DEFINIÇÃO

Os MLGs podem ser usados quando se tem uma única variável aleatória Y associada a um conjunto de variáveis explanatórias $x_1, \ldots, x_p$. Para uma amostra de n observações $(y_i, \boldsymbol{x}_i)$, em que $\boldsymbol{x}_i = (x_{i1}, \ldots, x_{ip})^T$ é o vetor coluna de valores de variáveis explanatórias, o MLG envolve os três componentes:

(i) **Componente aleatório**: representado por um conjunto de variáveis aleatórias independentes $Y_1, \ldots, Y_n$ obtidas de uma mesma distribuição que faz parte da família exponencial de distribuições (1.4) com médias $\mu_1, \ldots, \mu_n$, ou seja,

$$\mathrm{E}(Y_i) = \mu_i, \quad i = 1, \ldots, n,$$

sendo $\phi > 0$ um parâmetro de dispersão e θ_i o parâmetro denominado canônico. Então, a função densidade ou de probabilidade de Y_i é expressa por

$$f(y_i; \theta_i, \phi) = \exp\left\{\phi^{-1}\left[y_i\theta_i - b(\theta_i)\right] + c(y_i, \phi)\right\}, \tag{2.4}$$

sendo $b(\cdot)$ e $c(\cdot)$ funções conhecidas. Conforme foi explicado na Seção 1.4,

$$\mathrm{E}(Y_i) = \mu_i = b'(\theta_i) \text{ e } \mathrm{Var}(Y_i) = \phi b''(\theta_i) = \phi V_i,$$

em que $V_i = V(\mu_i) = d\mu_i/d\theta_i$ é denominada de função de variância que depende unicamente da média μ_i. O parâmetro natural θ_i pode ser expresso como

$$\theta_i = \int V_i^{-1} d\mu_i = q(\mu_i), \tag{2.5}$$

sendo $q(\mu_i)$ uma função conhecida da média μ_i. Supondo uma relação funcional para a função de variância $V(\mu)$, o parâmetro canônico é obtido da equação (2.5) e a distribuição é univocamente determinada na família exponencial (2.4). A importância da família (2.4) na teoria dos MLGs é que ela permite analisar dados que exibem assimetria, dados de natureza discreta ou contínua e dados que são restritos a um intervalo do conjunto dos reais, como o intervalo (0,1).

(ii) **Componente sistemático**: as variáveis explanatórias entram na forma de uma soma linear de seus efeitos

$$\eta_i = \sum_{r=1}^{p} x_{ir}\beta_r = \boldsymbol{x}_i^T \boldsymbol{\beta} \text{ ou } \boldsymbol{\eta} = \boldsymbol{X}\boldsymbol{\beta}, \tag{2.6}$$

sendo $\boldsymbol{X} = (\boldsymbol{x}_1, \ldots, \boldsymbol{x}_n)^T$ a matriz do modelo, $\boldsymbol{\beta} = (\beta_1, \ldots, \beta_p)^T$ o vetor de parâmetros desconhecidos e $\boldsymbol{\eta} = (\eta_1, \ldots, \eta_n)^T$ o preditor linear. Se um parâmetro tem valor conhecido, o termo correspondente na estrutura linear é denominado *offset*, como verificado nos ensaios de diluição (Seção 2.2).

(iii) **Função de ligação**: uma função que relaciona o componente aleatório ao componente sistemático, ou seja, vincula a média ao preditor linear, isto é,

$$\eta_i = g(\mu_i), \tag{2.7}$$

sendo $g(\cdot)$ uma função monótona e diferenciável.

Assim, verifica-se que, para a especificação do modelo, os parâmetros θ_i da família de distribuições (2.4) não são de interesse direto (pois há um para cada observação), mas sim um conjunto menor de parâmetros $\beta_1, \ldots, \beta_p$ tais que uma combinação linear dos β_r seja igual a alguma função do valor esperado de Y_i. Como o parâmetro natural θ_i é uma função unívoca da média μ_i, pode-se expressar a função de ligação em termos desse parâmetro, isto é, $\eta_i = g(q^{-1}(\theta_i))$.

Portanto, uma decisão importante na escolha do MLG é definir os termos do trinômio: (i) distribuição da variável resposta; (ii) matriz do modelo e (iii) função de ligação. Nesses termos, um MLG é definido por uma distribuição da família (2.4), uma estrutura linear (2.6) e uma função de ligação (2.7). Por exemplo, quando $\theta = \mu$ e a função de ligação é linear, obtém-se o modelo clássico de regressão como um caso particular. Os modelos log-lineares são deduzidos supondo $\theta = \log(\mu)$ com função de ligação logarítmica $\log(\mu) = \eta$. Torna-se clara, agora, a palavra "generalizado", significando uma distribuição mais ampla do que a normal para a variável resposta, e uma função não-linear em um conjunto linear de parâmetros conectando a média dessa variável com a parte determinística do modelo.

Observa-se que na definição de um MLG por (2.4), (2.6) e (2.7) não existe, em geral, aditividade entre a média μ e o erro aleatório ϵ inerente ao experimento, como ocorre no modelo clássico de regressão descrito na Seção 2.1. Define-se uma distribuição pertencente à família exponencial (FE) para a variável resposta Y e não uma distribuição para o erro aleatório ϵ. O modelo linear clássico pode ser representado como um caso particular do modelo linear generalizado, em que $Y_i \sim \mathrm{N}(\mu_i, \sigma^2)$, com $\eta_i = \mu_i = \mathbf{x}_i^T \boldsymbol{\beta}$ e $\phi = \sigma^2$. Já, de um modo geral, pode-se escrever o modelo linear generalizado como $Y_i \sim \mathrm{FE}(\mu_i, \phi)$, com $\eta_i = g(\mu_i) = \mathbf{x}_i^T \boldsymbol{\beta}$. Adicionalmente, o MLG pode ser estendido modelando-se o parâmetro de dispersão (NELDER; PREGIBON, 1987; STASINOPOULOS et al., 2017).

A escolha da distribuição em (2.4) depende, usualmente, da natureza (discreta ou contínua) dos dados e do seu intervalo de variação (conjunto dos reais, reais positivos ou um intervalo como (0,1)). Na escolha da matriz do modelo $\mathbf{X} = \{x_{ir}\}$, de dimensões $n \times p$ e suposta de posto completo, x_{ir} pode representar a presença ou ausência de um nível de um fator classificado em categorias, ou pode ser o valor de uma covariável. A forma da matriz do modelo representa, matematicamente, o delineamento do experimento. A escolha da função de ligação depende do problema em particular e, pelo menos em teoria, cada observação pode ter uma função de ligação diferente.

Se a função de ligação é escolhida de modo que $g(\mu_i) = \theta_i = \eta_i$, o preditor linear modela diretamente o parâmetro canônico θ_i, sendo denominada **função de ligação canônica**. Os modelos correspondentes são denominados **canônicos**. Isso resulta, frequentemente, em uma escala adequada para a modelagem com interpretação prática para os parâmetros de regressão, além de vantagens teóricas em termos da existência de um conjunto de estatísticas suficientes para o vetor de parâmetros $\boldsymbol{\beta}$ e alguma simplificação no algoritmo de estimação. O vetor de estatísticas suficientes para $\boldsymbol{\beta}$ é $\mathbf{T} = \mathbf{X}^T\mathbf{Y}$, com componentes $T_r = \sum_{i=1}^n x_{ir}Y_i$, $r = 1, \ldots, p$. As funções de ligação canônicas para as principais distribuições estão apresentadas na Tabela 2.7.

Tabela 2.7 Funções de ligação canônicas.

Distribuição	Função de ligação canônica
Normal	Identidade: $\eta = \mu$
Poisson	Logarítmica: $\eta = \log(\mu)$
Binomial	Logística: $\eta = \log\left(\frac{\pi}{1-\pi}\right) = \log\left(\frac{\mu}{m-\mu}\right)$
Gama	Recíproca: $\eta = \frac{1}{\mu}$
Normal inversa	Recíproca do quadrado: $\eta = \frac{1}{\mu^2}$

Deve ser enfatizado que, para as funções de ligação canônicas, há coincidência das matrizes de informação observada e informação de Fisher. Como a matriz de informação de Fisher é positiva definida, assegura-se a concavidade do logaritmo da função de verossimilhança. Consequentemente, garante-se suficiência (ver Seção 3.1) e unicidade dos estimadores de máxima verossimilhança (EMVs). Tem-se, ainda, como vantagem, a facilidade de cálculo e, em alguns casos, interpretação simples. Em princípio, pode-se trabalhar com as funções de ligação canônicas quando não existirem indicativos de outra preferível. Entretanto, não existe razão para se considerarem sempre os efeitos sistemáticos como aditivos na escala especificada pela função de ligação canônica.

Para o modelo clássico de regressão, a função de ligação canônica é a identidade, pois o preditor linear é igual à média. Essa função de ligação é adequada no sentido em que ambos, η e μ, têm valores na reta real. Entretanto, certas restrições surgem quando se trabalha, por exemplo, com a distribuição de Poisson em que $\mu > 0$ e, portanto, a função de ligação identidade não deve ser usada, pois $\hat{\mu}$ poderá ter valores negativos, dependendo dos valores obtidos para $\hat{\boldsymbol{\beta}}$. Além disso, dados de contagens dispostos em tabelas de contingência, sob a suposição de independência, conduzem, naturalmente, a efeitos multiplicativos cuja linearização pode ser obtida por meio da função de ligação logarítmica, isto é, $\eta = \log(\mu)$ e, portanto, $\mu = e^{\eta}$ (conforme descrito nos ensaios de diluição da Seção 2.2).

Outras funções de ligação, além da logística ($\eta = \log[\mu/(m-\mu)]$), apropriadas para o modelo binomial, que também transformam o intervalo $(0, 1)$ em $(-\infty, +\infty)$ (Exercício 1), são: probito $\eta = \Phi^{-1}(\mu/m)$, sendo $\Phi(\cdot)$ a função de distribuição acumulada (f.d.a.) da distribuição normal padrão e a complemento log-log $\eta = \log[-\log(1-\mu/m)]$, em que m é o número de ensaios independentes.

Aranda-Ordaz (1981) propôs a família de funções de ligação para análise de dados na forma de proporções expressa por

$$\eta = \log\left[\frac{(1-\pi)^{-\lambda}-1}{\lambda}\right],$$

sendo λ uma constante desconhecida que tem como casos especiais as funções de ligação logística para $\lambda = 1$ e complemento log-log quando $\lambda \longrightarrow 0$.

Uma família importante de funções de ligação, principalmente para dados com média positiva, é a família potência (Exercício 2), especificada por

$$\begin{cases} \dfrac{\mu^\lambda - 1}{\lambda} & \lambda \neq 0 \\ \log \mu & \lambda = 0 \end{cases}$$

ou, então,

$$\begin{cases} \mu^\lambda & \lambda \neq 0 \\ \log \mu & \lambda = 0 \end{cases},$$

sendo λ uma constante real desconhecida. Casos importantes da família potência são as funções de ligação identidade, recíproca, raiz quadrada e logarítmica, correspondentes a $\lambda = 1, -1, 1/2$ e 0, respectivamente.

2.4 EXERCÍCIOS

1. Para o modelo binomial, as funções de ligação mais comuns são: logística, probito e complemento log-log. Compare os valores do preditor linear para essas funções de ligação no intervalo $(0, 1)$.

2. Mostre que $\lim\limits_{\lambda\to 0} \dfrac{\mu^\lambda - 1}{\lambda} = \log(\mu)$.

3. Considere a família de funções de ligação definida por Aranda-Ordaz (1981)

$$\eta = \log\left[\frac{(1-\pi)^{-\lambda}-1}{\lambda}\right], \quad 0 < \pi < 1 \text{ e } \lambda \text{ uma constante.}$$

Mostre que a função de ligação logística é obtida para $\lambda = 1$ e que, quando $\lambda \longrightarrow 0$, tem-se a função de ligação complemento log-log.

4. Compare os gráficos de $\eta = \log\left[\frac{(1-\mu)^{-\lambda}-1}{\lambda}\right]$ *versus* μ para $\lambda = -1$, $-0.5, 0, 0.5, 1$ e 2.

5. Explique como um modelo de Box-Cox poderia ser formulado no contexto dos MLGs.

6. Demonstre que, se Y tem uma distribuição binomial $\mathrm{B}(m, \pi)$, então para m grande $\mathrm{Var}(\text{arcsen}\sqrt{Y/m})$ é, aproximadamente, $1/(4m)$, com o ângulo expresso em radianos. Em que situações uma estrutura linear associada a essa transformação poderá ser adequada?

7. Suponha que Y tem distribuição binomial $\mathrm{B}(m, \pi)$ e que $g(Y/m)$ é uma função arbitrária. Calcule o coeficiente de assimetria assintótico de $g(Y/m)$. Demonstre que se anula quando $g(\pi) = \int_0^\pi t^{-1/3}(1-t)^{-1/3}dt$ e, portanto, a variável aleatória é definida por $[g(Y/m) - g(\alpha)]/[\pi^{1/6}(1-\pi)^{1/6}m^{-1/2}]$, em que $\alpha = \pi - (1-2\pi)/(6m)$, tem distribuição próxima da normal reduzida (COX; SNELL, 1968).

8. Sejam Y_1 e Y_2 variáveis aleatórias binomiais de parâmetros π_1 e π_2 em dois grupos de tamanhos m_1 e m_2, respectivamente. O número de sucessos Y_1 no primeiro grupo, dado que o número total de sucessos nos dois grupos é r, tem distribuição hipergeométrica generalizada de parâmetros π_1, π_2, m_1, m_2 e r. Demonstre que essa distribuição é um membro da família (2.4) com parâmetro $\theta = \log\{\pi_1(1-\pi_2)/[\pi_2(1-\pi_1)]\}$, $\phi = 1$ e $\pi = D_1(\theta)/D_0(\theta)$, em que $D_i(\theta) = \sum_x x^i\binom{m_1}{x}\binom{m_2}{r-x}\exp(\theta x)$ para $i = 0, 1$. Calcule a expressão do r-ésimo cumulante dessa distribuição.

9. Se Y tem distribuição de Poisson $\mathrm{P}(\mu)$, demonstre:

   (a) que o coeficiente de assimetria $Y^{2/3}$ é de ordem μ^{-1}, enquanto aqueles de Y e $Y^{1/2}$ são de ordem $\mu^{-1/2}$;
   (b) que o logaritmo da função de verossimilhança para uma única observação é, aproximadamente, quadrático na escala $\mu^{1/3}$;
   (c) a fórmula do r-ésimo momento fatorial $\mathrm{E}[Y(Y-1)\ldots(Y-r+1)] = \mu^r$;
   (d) a fórmula de recorrência entre os momentos centrais $\mu_{r+1} = r\mu\mu_{r-1} + \mu d\mu_r/d\mu$;
   (e) que $2\sqrt{Y}$ tem, aproximadamente, distribuição normal $\mathrm{N}(0, 1)$.

10. Se Y tem distribuição gama $G(\mu, \phi)$, demonstre que:

    (a) quando $\phi < 1$, a função densidade é zero na origem e tem uma única moda no ponto $\mu(1 - \phi)$;
    (b) o logaritmo da função de verossimilhança para uma única observação é, aproximadamente, quadrático na escala $\mu^{-1/3}$;
    (c) a variável transformada $3[(Y/\mu)^{1/3} - 1]$ é, aproximadamente, normal.

11. Se Y tem distribuição binomial $B(m, \pi)$, demonstre que a média e a variância de $\log[(Y+0,5)/(m-Y+0,5)]$ são iguais a $\log[\pi/(1-\pi)]+O(m^{-2})$ e $E\left[(Y+0,5)^{-1} + (m-Y+0,5)^{-1}\right] + O(m^{-3})$, respectivamente.

12. Se Y tem distribuição de Poisson $P(\mu)$, obtenha uma expansão para $\text{Var}[(Y+c)^{1/2}]$ em potências de μ^{-1}, e mostre que o coeficiente de μ^{-1} é zero quando $c = 3/8$. Ache uma expansão similar para $\text{Var}[Y^{1/2} + (Y+1)^{1/2}]$.

13. Qual é a distribuição da tolerância correspondente à função de ligação $g(x) = \text{arcsen}\left(\sqrt{x}\right)$?

14. Se Y tem distribuição binomial $B(m, \pi)$, demonstre que os momentos da estatística $Z = \pm\{2Y\log(Y/\mu) + 2(m-Y)\log[(m-Y)/(m-\mu)]\}^{1/2} + \{(1-2\pi)/[m\pi(1-\pi)]\}^{1/2}/6$ diferem dos correspondentes da distribuição normal reduzida $N(0,1)$ com erro $O(m^{-1})$. Essa transformação induz simetria e estabiliza a variância simultaneamente (MCCULLAGH; NELDER, 1989).

15. Se Y tem distribuição binomial $B(m, \pi)$, demonstre a expressão aproximada $P(Y \leq y) = \Phi(y_1)$, em que $y_1 = 2m^{1/2}\{\text{arcsen}[(y+3/8)/(m+3/4)]^{1/2} - \text{arcsen}(\pi^{1/2})\}$.

16. Suponha que $Y \sim B(m, \pi)$, sendo $\pi = e^{\lambda}(1+e^{\lambda})^{-1}$. Mostre que $m-Y$ tem distribuição binomial com parâmetro induzido correspondente $\lambda' = -\lambda$.

17. Demonstre que, para a variável aleatória Y com distribuição de Poisson, tem-se:

    (a) $E(Y^{1/2}) \approx \mu^{1/2}$ e $\text{Var}(Y^{1/2}) \approx \dfrac{1}{4}$;

(b) $E(Y^{1/2}) = \mu^{1/2}\left(1 - \frac{1}{8\mu}\right) + O(\mu^{-3/2})$ e $\text{Var}(Y^{1/2}) = \frac{1}{4}\left(1 + \frac{3}{8\mu}\right) + O(\mu^{-3/2})$;

(c) $E(Y^{2/3}) \approx \mu^{2/3}\left(1 - \frac{1}{9\mu}\right)$ e $\text{Var}(Y^{2/3}) \approx \frac{4\mu^{1/3}}{9}\left(1 + \frac{1}{6\mu}\right)$.

18. Se Y tem distribuição de Poisson com média μ, mostre que:

(a) $P(Y \leq y) = P(\chi^2_{2(y+1)} > 2\mu)$;

(b) $P(Y \leq y) = \Phi(z) - \phi(z)\left(\frac{z^2 - 1}{6\sqrt{\mu}} + \frac{z^5 - 7z^3 + 3z}{72\mu}\right) + O(\mu^{-3/2})$, em que $z = (y + 0.5 - \mu)\mu^{-1/2}$ e $\Phi(\cdot)$ e $\phi(\cdot)$ são, respectivamente, a f.d.a. e a f.d.p. da distribuição normal reduzida.

CAPÍTULO 3

Estimação

3.1 ESTATÍSTICAS SUFICIENTES

Seja um MLG definido pelas expressões (2.4), (2.6) e (2.7) e suponha que as observações a serem analisadas sejam representadas pelo vetor $\mathbf{y} = (y_1, \cdots, y_n)^T$. O logaritmo da função de verossimilhança como função apenas de $\boldsymbol{\beta}$ (considerando-se o parâmetro de dispersão ϕ conhecido), especificado $\mathbf{y}$, é definido por $\ell(\boldsymbol{\beta}) = \ell(\boldsymbol{\beta}; \mathbf{y})$ e, usando-se a expressão (2.4), tem-se

$$\ell(\boldsymbol{\beta}) = \sum_{i=1}^{n} \ell_i(\theta_i, \phi; y_i) = \phi^{-1} \sum_{i=1}^{n} [y_i\theta_i - b(\theta_i)] + \sum_{i=1}^{n} c(y_i, \phi), \quad (3.1)$$

em que $\theta_i = q(\mu_i)$, $\mu_i = g^{-1}(\eta_i)$ e $\eta_i = \sum_{r=1}^{p} x_{ir}\beta_r$.

A estimação do parâmetro de dispersão ϕ será objeto de estudo na Seção 4.4. Existem n parâmetros canônicos $\theta_1, \ldots, \theta_n$ e n médias $\mu_1, \ldots, \mu_n$ que são desconhecidos, mas que são funções de p parâmetros lineares $\beta_1, \ldots, \beta_p$ do modelo. Deve-se, primeiramente, estimar o vetor $\boldsymbol{\beta}$ de parâmetros para depois calcular as estimativas do vetor $\boldsymbol{\mu}$ de médias e do vetor $\boldsymbol{\theta}$ de parâmetros pelas relações funcionais $\mu_i = g^{-1}(\mathbf{x}_i^T\boldsymbol{\beta})$ e $\theta_i = q(\mu_i)$.

Se o intervalo de variação dos dados não depende de parâmetros, pode-se demonstrar, para os modelos contínuos (COX; HINKLEY, 1986, Capítulo 9), que todas as derivadas de $\int \exp[\ell(\boldsymbol{\beta})]dy = 1$ podem ser computadas dentro do sinal de integração e que o ponto $\hat{\boldsymbol{\beta}}$ correspondente ao máximo do logaritmo da função de verossimilhança (3.1) está próximo do vetor $\boldsymbol{\beta}$ de parâmetros verdadeiros com probabilidade próxima de um à medida em que n aumenta. Para os modelos discretos, a integração é substituída pelo somatório. Esse fato ocorre em problemas denominados **regulares** (COX; HINKLEY, 1986).

Um caso importante dos MLGs surge quando o vetor $\boldsymbol{\theta}$ de parâmetros canônicos da família (2.4) e o vetor $\boldsymbol{\eta}$ de preditores lineares em (2.6) são iguais, conduzindo às funções de ligação canônicas. Tem-se $\theta_i = \eta_i = \sum_{r=1}^{p} x_{ir}\beta_r$, para $i = 1, \ldots, n$. As estatísticas $S_r = \sum_{i=1}^{n} x_{ir}Y_i$ para $r = 1, \ldots, p$ são suficientes para os parâmetros $\beta_1, \ldots, \beta_p$ e têm dimensão mínima p. Sejam $s_r = \sum_{i=1}^n x_{ir} y_i$ as realizações de S_r, $r = 1, \ldots, p$. Então, a equação (3.1) pode ser escrita na forma

$$\ell(\boldsymbol{\beta}) = \phi^{-1}\left[\sum_{r=1}^{p} s_r \beta_r - \sum_{i=1}^{n} b(\theta_i)\right] + \sum_{i=1}^{n} c(y_i, \phi)$$

e, portanto, $\ell(\boldsymbol{\beta})$ tem a seguinte decomposição

$$\ell(\boldsymbol{\beta}) = \ell_1(\mathbf{s}, \boldsymbol{\beta}) + \ell_2(\mathbf{y}),$$

em que $\ell_1(\mathbf{s}, \boldsymbol{\beta}) = \phi^{-1} \sum_{r=1}^p s_r \beta_r - \phi^{-1} \sum_{i=1}^n b\left(\sum_{r=1}^p x_{ir} \beta_r\right)$ e $\ell_2(\mathbf{y}) = \sum_{i=1}^n c(y_i, \phi)$.

Pelo teorema da fatoração, $\mathbf{S} = (S_1, \cdots, S_p)^T$ é suficiente de dimensão mínima p para $\boldsymbol{\beta} = (\beta_1, \cdots, \beta_p)^T$ e, portanto, ocorre uma redução na dimensão das estatísticas suficientes de n (o número de observações) para p (o número de parâmetros a serem estimados). As estatísticas $S_1, \ldots, S_p$ correspondem à maior redução que os dados podem ter, sem qualquer perda de informação relevante para se fazer inferência sobre o vetor $\boldsymbol{\beta}$ de parâmetros desconhecidos.

Conforme descrito na Seção 2.3, as funções de ligação que produzem estatísticas suficientes de dimensão mínima p para as diversas distribuições são denominadas *canônicas*. A Tabela 2.7 mostra que essas funções de ligação para os modelos normal, Poisson, binomial, gama e normal inverso são $\eta = \mu$, $\eta = \log(\mu)$, $\eta = \log[\mu/(m - \mu)]$, $\eta = \mu^{-1}$ e $\eta = \mu^{-2}$, respectivamente.

3.2 O ALGORITMO DE ESTIMAÇÃO

A decisão importante na aplicação do MLG é a escolha do trinômio: distribuição da variável resposta, matriz do modelo ($\mathbf{X}$) e função de ligação. A seleção pode resultar de simples exame dos dados ou de alguma experiência anterior. Inicialmente, considera-se esse trinômio fixo para se obter uma descrição adequada dos dados por meio das estimativas dos parâmetros do modelo. Vários métodos podem ser usados para estimar o vetor $\boldsymbol{\beta}$ dos parâmetros, inclusive o qui-quadrado mínimo, o bayesiano e a estimação-M. A última inclui o método de máxima verossimilhança (MV) que tem muitas propriedades ótimas, como consistência e eficiência assintótica.

Considerando-se o método de MV para estimar os parâmetros lineares $\beta_1, \ldots, \beta_p$ do modelo, o vetor escore é formado pelas derivadas parciais de primeira ordem do logaritmo da função de verossimilhança. Da expressão (3.1) pode-se calcular, pela regra da cadeia, o vetor escore $\mathbf{U}(\boldsymbol{\beta}) = \partial\ell(\boldsymbol{\beta})/\partial\boldsymbol{\beta}$ de dimensão p, com elemento típico $U_r = \dfrac{\partial\ell(\boldsymbol{\beta})}{\partial\beta_r} = \displaystyle\sum_{i=1}^{n} \frac{d\ell_i}{d\theta_i}\frac{d\theta_i}{d\mu_i}\frac{d\mu_i}{d\eta_i}\frac{\partial\eta_i}{\partial\beta_r}$, pois

$$
\begin{array}{l}
\ell(\boldsymbol{\beta}) = f(\theta_1, \ldots, \theta_i, \ldots, \theta_n) \\
\qquad\qquad\qquad \downarrow \\
\qquad\qquad\qquad \theta_i = \int V_i^{-1} d\mu_i = q(\mu_i) \\
\qquad\qquad\qquad\qquad\qquad\qquad \downarrow \\
\qquad\qquad\qquad\qquad\qquad\qquad \mu_i = g^{-1}(\eta_i) = h(\eta_i) \\
\qquad\qquad\qquad\qquad\qquad\qquad\qquad\qquad\qquad \downarrow \\
\qquad\qquad\qquad\qquad\qquad\qquad\qquad\qquad\qquad \eta_i = \sum_{r=1}^{p} x_{ir}\beta_r
\end{array}
$$

e, sabendo-se que $\mu_i = b'(\theta_i)$ e $d\mu_i/d\theta_i = V_i$, tem-se

$$U_r = \phi^{-1} \sum_{i=1}^{n} (y_i - \mu_i) \frac{1}{V_i} \frac{d\mu_i}{d\eta_i} x_{ir} \tag{3.2}$$

para $r = 1, \ldots, p$.

A estimativa de máxima verossimilhança (EMV) $\hat{\boldsymbol{\beta}}$ do vetor de parâmetros $\boldsymbol{\beta}$ é calculada igualando-se U_r a zero para $r = 1, \ldots, p$. Em geral, as equações $U_r = 0$, $r = 1, \ldots, p$, não são lineares e têm que ser resolvidas numericamente por processos iterativos do tipo Newton-Raphson.

O método iterativo de Newton-Raphson para a solução de uma equação $f(x) = 0$ é baseado na aproximação de Taylor para a função $f(x)$ na vizinhança do ponto x_0, ou seja,

$$f(x) = f(x_0) + (x - x_0)f'(x_0) = 0,$$

obtendo-se

$$x = x_0 - \frac{f(x_0)}{f'(x_0)}$$

ou, de uma forma mais geral,

$$x^{(m+1)} = x^{(m)} - \frac{f(x^{(m)})}{f'(x^{(m)})},$$

sendo $x^{(m+1)}$ o valor de x no passo $(m + 1)$, $x^{(m)}$ o valor de x no passo m, $f(x^{(m)})$ a função $f(x)$ avaliada em $x^{(m)}$ e $f'(x^{(m)})$ a derivada da função $f(x)$ avaliada em $x^{(m)}$.

Considerando-se que se deseja obter a solução do sistema de equações $\mathbf{U} = \mathbf{U}(\boldsymbol{\beta}) = \partial\ell(\boldsymbol{\beta})/\partial\boldsymbol{\beta} = \mathbf{0}$ e, usando-se a versão multivariada do método de Newton-Raphson, tem-se

$$\boldsymbol{\beta}^{(m+1)} = \boldsymbol{\beta}^{(m)} + (\mathbf{J}^{(m)})^{-1}\mathbf{U}^{(m)},$$

sendo $\boldsymbol{\beta}^{(m)}$ e $\boldsymbol{\beta}^{(m+1)}$ os vetores de parâmetros estimados nos passos m e $(m + 1)$, respectivamente, $\mathbf{U}^{(m)}$ o vetor escore avaliado no passo m, e $(\mathbf{J}^{(m)})^{-1}$ a inversa da negativa da matriz de derivadas parciais de segunda ordem de $\ell(\boldsymbol{\beta})$, com elementos $-\partial^2\ell(\boldsymbol{\beta})/\partial\beta_r\partial\beta_s$, avaliada no passo m.

Quando as derivadas parciais de segunda ordem são avaliadas facilmente, o método de Newton-Raphson é bastante útil. Entretanto, isso nem sempre ocorre e, no caso dos MLGs, usa-se o método escore de Fisher que, em geral, é mais simples (coincidindo com o método de Newton-Raphson no caso das funções de ligação canônicas). Esse método envolve a substituição da matriz de derivadas parciais de segunda ordem pela matriz de valores esperados das derivadas parciais, isto é, a substituição da matriz de informação observada, **J**, pela matriz de informação esperada de Fisher, **K** que é a matriz de variâncias e covariâncias dos U_r. Logo,

$$\boldsymbol{\beta}^{(m+1)} = \boldsymbol{\beta}^{(m)} + (\mathbf{K}^{(m)})^{-1}\mathbf{U}^{(m)}, \tag{3.3}$$

sendo que **K** tem elementos típicos expressos por

$$\kappa_{r,s} = -\mathrm{E}\left[\frac{\partial^2\ell(\boldsymbol{\beta})}{\partial\beta_r\partial\beta_s}\right] = \mathrm{E}\left[\frac{\partial\ell(\boldsymbol{\beta})}{\partial\beta_r}\frac{\partial\ell(\boldsymbol{\beta})}{\partial\beta_s}\right].$$

Multiplicando-se ambos os membros de (3.3) por $\mathbf{K}^{(m)}$, tem-se

$$\mathbf{K}^{(m)}\boldsymbol{\beta}^{(m+1)} = \mathbf{K}^{(m)}\boldsymbol{\beta}^{(m)} + \mathbf{U}^{(m)}. \tag{3.4}$$

Usando-se (3.2), o elemento típico $\kappa_{r,s}$ de **K** é expresso por

$$\kappa_{r,s} = \mathrm{E}(U_rU_s) = \phi^{-2}\sum_{i=1}^{n}\mathrm{E}(Y_i-\mu_i)^2\frac{1}{V_i^2}\left(\frac{d\mu_i}{d\eta_i}\right)^2 x_{ir}x_{is}$$

e como $\mathrm{Var}(Y_i) = \mathrm{E}(Y_i-\mu_i)^2 = \phi V_i$, obtém-se

$$\kappa_{r,s} = \phi^{-1}\sum_{i=1}^{n} w_i x_{ir}x_{is},$$

sendo $w_i = V_i^{-1}\,(d\mu_i/d\eta_i)^2$ denominada função peso. Logo, a matriz de informação de Fisher para $\boldsymbol{\beta}$ tem a forma

$$\mathbf{K} = \phi^{-1}\mathbf{X}^T\mathbf{W}\mathbf{X},$$

sendo $\mathbf{W} = \mathrm{diag}\{w_1,\ldots,w_n\}$ uma matriz diagonal de pesos que capta a informação sobre a distribuição e a função de ligação usadas e poderá incluir, também, uma matriz de pesos a priori. No caso das funções de ligação canônicas, tem-se $w_i = V_i$, pois $V_i =$

$V(\mu_i) = d\mu_i/d\eta_i$. Nota-se que a informação é inversamente proporcional ao parâmetro de dispersão.

O vetor escore $\mathbf{U} = \mathbf{U}(\boldsymbol{\beta})$ com componentes em (3.2) pode, então, ser expresso na forma

$$\mathbf{U} = \phi^{-1}\mathbf{X}^T\mathbf{W}\mathbf{G}(\mathbf{y} - \boldsymbol{\mu}),$$

em que $\mathbf{G} = \text{diag}\,\{d\eta_1/d\mu_1, \cdots, d\eta_n/d\mu_n\} = \text{diag}\{g'(\mu_1), \cdots, g'(\mu_n)\}$. Assim, a matriz diagonal $\mathbf{G}$ é formada pelas derivadas de primeira ordem da função de ligação. Além disso, pode-se notar que $\mathbf{W} = (\mathbf{G}^{-1})^2\mathbf{V}^{-1}$, em que $\mathbf{V} = \text{diag}\{V(\mu_1), \ldots, V(\mu_n)\}$.

Substituindo $\mathbf{K}$ e $\mathbf{U}$ em (3.4) e eliminando ϕ, tem-se

$$\mathbf{X}^T\mathbf{W}^{(m)}\mathbf{X}\boldsymbol{\beta}^{(m+1)} = \mathbf{X}^T\mathbf{W}^{(m)}\mathbf{X}\boldsymbol{\beta}^{(m)} + \mathbf{X}^T\mathbf{W}^{(m)}\mathbf{G}^{(m)}(\mathbf{y} - \boldsymbol{\mu}^{(m)}),$$

ou, ainda,

$$\mathbf{X}^T\mathbf{W}^{(m)}\mathbf{X}\boldsymbol{\beta}^{(m+1)} = \mathbf{X}^T\mathbf{W}^{(m)}[\boldsymbol{\eta}^{(m)} + \mathbf{G}^{(m)}(\mathbf{y} - \boldsymbol{\mu}^{(m)})].$$

Define-se a variável dependente ajustada $\mathbf{z} = \boldsymbol{\eta} + \mathbf{G}(\mathbf{y} - \boldsymbol{\mu})$. Logo,

$$\mathbf{X}^T\mathbf{W}^{(m)}\mathbf{X}\boldsymbol{\beta}^{(m+1)} = \mathbf{X}^T\mathbf{W}^{(m)}\mathbf{z}^{(m)}$$

ou

$$\boldsymbol{\beta}^{(m+1)} = (\mathbf{X}^T\mathbf{W}^{(m)}\mathbf{X})^{-1}\mathbf{X}^T\mathbf{W}^{(m)}\mathbf{z}^{(m)}, \tag{3.5}$$

como demonstrado por Nelder e Wedderburn (1972). Eles generalizaram procedimentos iterativos obtidos para casos especiais dos MLGs: probito (FISHER, 1935), log-lineares (HABERMAN, 1970) e logístico-lineares (COX, 1972).

É importante enfatizar que a equação iterativa (3.5) não depende do parâmetro de dispersão ϕ. A equação matricial (3.5) é válida para qualquer MLG e mostra que a solução das equações de MV equivale a calcular repetidamente uma regressão linear ponderada de uma variável dependente ajustada $\mathbf{z}$ sobre a matriz $\mathbf{X}$ usando uma matriz de pesos $\mathbf{W}$ que se modifica no processo iterativo. As funções de variância e de ligação entram no processo iterativo por meio de $\mathbf{W}$ e $\mathbf{z}$. Tem-se, ainda, que

$$\text{Var}(\mathbf{z}) = \mathbf{G}\text{Var}(\mathbf{Y})\mathbf{G} = \phi\mathbf{W}^{-1}, \tag{3.6}$$

isto é, os z_i não são correlacionados.

A variável dependente ajustada depende da derivada de primeira ordem da função de ligação. Quando a função de ligação é linear ($\boldsymbol{\eta} = \boldsymbol{\mu}$), isto é, a identidade, tem-se

$\mathbf{W} = \mathbf{V}^{-1}$, sendo $\mathbf{V} = \text{diag}\{V_1, \cdots, V_n\}$, $\mathbf{G} = \mathbf{I}$ e $\mathbf{z} = \mathbf{y}$, ou seja, a variável dependente ajustada reduz-se ao vetor de observações. Para o modelo normal linear ($\mathbf{V} = \mathbf{I}$, $\boldsymbol{\mu} = \boldsymbol{\eta}$), $\mathbf{W}$ é igual à matriz identidade de dimensão n, $\mathbf{z} = \mathbf{y}$ e verifica-se da equação (3.5) que a estimativa $\hat{\boldsymbol{\beta}}$ reduz-se à fórmula esperada $\hat{\boldsymbol{\beta}} = (\mathbf{X}^T\mathbf{X})^{-1}\mathbf{X}^T\mathbf{y}$. Esse é o único modelo em que $\hat{\boldsymbol{\beta}}$ é obtido em forma fechada, sem ser necessário um procedimento iterativo.

O método usual para iniciar o processo iterativo é especificar uma estimativa inicial e, sucessivamente, alterá-la até que a convergência seja alcançada; e, portanto, $\boldsymbol{\beta}^{(m+1)}$ aproxima-se de $\hat{\boldsymbol{\beta}}$ quando m cresce. Nota-se, contudo, que cada observação pode ser considerada como uma estimativa do seu valor médio, isto é, $\mu_i^{(1)} = y_i$ e, assim, calcula-se

$$\eta_i^{(1)} = g(\mu_i^{(1)}) = g(y_i) \text{ e } w_i^{(1)} = \frac{1}{V(y_i)[g'(y_i)]^2}.$$

Usando-se $\boldsymbol{\eta}^{(1)}$ como variável resposta, $\mathbf{X}$, a matriz do modelo, e $\mathbf{W}^{(1)}$, a matriz diagonal de pesos com elementos $w_i^{(1)}$, obtém-se o vetor

$$\boldsymbol{\beta}^{(2)} = (\mathbf{X}^T\mathbf{W}^{(1)}\mathbf{X})^{-1}\mathbf{X}^T\mathbf{W}^{(1)}\boldsymbol{\eta}^{(1)}.$$

O algoritmo de estimação, para $m = 2, \ldots, k$, sendo $k - 1$ o número necessário de iterações para atingir a convergência, pode ser resumido nos seguintes passos:

(1) calcular as estimativas

$$\eta_i^{(m)} = \sum_{r=1}^{p} x_{ir}\beta_r^{(m)} \text{ e } \mu_i^{(m)} = g^{-1}(\eta_i^{(m)});$$

(2) calcular a variável dependente ajustada

$$z_i^{(m)} = \eta_i^{(m)} + (y_i - \mu_i^{(m)})g'(\mu_i^{(m)})$$

e os pesos

$$w_i^{(m)} = \frac{1}{V(\mu_i^{(m)})[g'(\mu_i^{(m)})]^2};$$

(3) calcular

$$\boldsymbol{\beta}^{(m+1)} = (\mathbf{X}^T\mathbf{W}^{(m)}\mathbf{X})^{-1}\mathbf{X}^T\mathbf{W}^{(m)}\mathbf{z}^{(m)},$$

voltar ao passo (1) com $\boldsymbol{\beta}^{(m)} = \boldsymbol{\beta}^{(m+1)}$ e repetir o processo até atingir a convergência, definindo-se, então, $\hat{\boldsymbol{\beta}} = \boldsymbol{\beta}^{(m+1)}$.

Dentre os muitos existentes, um critério para verificar a convergência do algoritmo iterativo poderia ser

$$\sum_{r=1}^{p}\left(\frac{\beta_r^{(m+1)} - \beta_r^{(m)}}{\beta_r^{(m)}}\right)^2 < \xi,$$

considerando-se que ξ é um número positivo suficientemente pequeno. Entretanto, o critério do desvio é o mais usado e consiste em verificar se $|\text{desvio}^{(m+1)} - \text{desvio}^{(m)}| < \xi$, sendo desvio definido na Seção 4.2. O número de iterações até a convergência depende inteiramente do valor inicial arbitrado para $\hat{\boldsymbol{\beta}}$, embora, geralmente, o algoritmo seja robusto e convirja rapidamente (menos de 10 iterações são suficientes), podendo divergir para amostras pequenas. A desvantagem do método tradicional de Newton-Raphson com o uso da matriz observada de derivadas de segunda ordem é que, normalmente, para determinados valores iniciais, não converge. Vários software estatísticos usam o Algoritmo Iterativo (3.5) para calcular as EMVs $\hat{\beta}_1, \ldots, \hat{\beta}_p$ dos parâmetros lineares do MLG, entre os quais, R, S-Plus, SAS, Genstat e Matlab. Como um exemplo, desenvolve-se esse algoritmo para o exemplo 2.1, passo a passo, no Apêndice B.1, usando-se o R (R Core Team, 2021).

Deve-se ser cauteloso se a função $g(\cdot)$ não é definida para alguns valores y_i. Por exemplo, se a função de ligação for especificada por

$$\eta = g(\mu) = \log(\mu)$$

e forem observados valores $y_i = 0$, o processo não pode ser iniciado. Um método geral para contornar esse problema é substituir y por $y + c$ tal que $\text{E}[g(Y + c)]$ seja o mais próxima possível de $g(\mu)$. Para o modelo de Poisson com função de ligação logarítmica, adota-se $c = 1/2$. Para o modelo logístico, adota-se $c = (1 - 2\pi)/2$ e $\pi = \mu/m$, sendo m o índice da distribuição binomial. De uma forma geral, da expansão de Taylor até segunda ordem para $g(y + c)$ em relação a $g(\mu)$, tem-se

$$g(y + c) \approx g(\mu) + (y + c - \mu)g'(\mu) + (y + c - \mu)^2 \frac{g''(\mu)}{2},$$

cujo valor esperado é igual a

$$\text{E}[g(Y + c)] \approx g(\mu) + cg'(\mu) + \text{Var}(Y)\frac{g''(\mu)}{2},$$

que implica em

$$c \approx -\frac{1}{2}\text{Var}(Y)\frac{g''(\mu)}{g'(\mu)}.$$

3.3 ESTIMAÇÃO EM MODELOS ESPECIAIS

Para as funções de ligação canônicas ($w = V = d\mu/d\eta$) que produzem os modelos denominados canônicos, as equações de MV têm a seguinte forma, facilmente deduzidas de (3.2):

$$\sum_{i=1}^{n} x_{ir} y_i = \sum_{i=1}^{n} x_{ir} \hat{\mu}_i,$$

para $r = 1, \ldots, p$. Em notação matricial, tem-se

$$\mathbf{X}^T \mathbf{y} = \mathbf{X}^T \hat{\boldsymbol{\mu}}. \tag{3.7}$$

Nesse caso, as EMVs dos $\beta' s$ são únicas. Sendo $\mathbf{S} = (S_1, \cdots, S_p)^T$ o vetor de estatísticas suficientes definidas por $S_r = \sum_{i=1}^n x_{ir} Y_i$, conforme descrito na Seção 3.1, e os seus valores amostrais $\mathrm{s} = (s_1, \cdots, s_p)^T$, as equações (3.7) podem ser expressas por

$$\mathrm{E}(\mathbf{S}; \hat{\boldsymbol{\mu}}) = \mathbf{s},$$

mostrando que as EMVs das médias $\mu_1, \ldots, \mu_n$ nos modelos canônicos são calculadas igualando-se as estatísticas suficientes minimais aos seus valores esperados.

Se a matriz modelo corresponde a uma estrutura fatorial, consistindo somente de zeros e uns, o modelo pode ser especificado pelas margens, que são as estatísticas minimais, cujos valores esperados devem-se igualar aos totais marginais.

As equações (3.7) são válidas para os seguintes modelos canônicos: clássico de regressão, log-linear, logístico linear, gama com função de ligação recíproca e normal inverso com função de ligação recíproca ao quadrado. Para os modelos canônicos, o ajuste é realizado pelo Algoritmo (3.5) com $\mathbf{W} = \mathrm{diag}\{V_i\}$, $\mathbf{G} = \mathrm{diag}\{V_i^{-1}\}$ e variável dependente ajustada com componente típica expressa por $z_i = \eta_i + (y_i - \mu_i)/V_i$.

Nos modelos com respostas binárias, a variável resposta tem distribuição binomial $B(m_i, \pi_i)$ e o logaritmo da função de verossimilhança em (3.1) pode ser reescrito como

$$\ell(\boldsymbol{\beta}) = \sum_{i=1}^n \left[y_i \log\left(\frac{\mu_i}{m_i - \mu_i}\right) + m_i \log\left(\frac{m_i - \mu_i}{m_i}\right)\right] + \sum_{i=1}^n \log\binom{m_i}{y_i},$$

em que $\mu_i = m_i \pi_i$. É importante notar que se $y_i = 0$, tem-se como componente típico dessa função $\ell_i(\boldsymbol{\beta}) = m_i \log[(m_i - \mu_i)/m_i]$ e se $y_i = m_i$, $\ell_i(\boldsymbol{\beta}) = m_i \log(\mu_i/m_i)$.

Para o modelo logístico linear, obtém-se $\eta_i = g(\mu_i) = \log[\mu_i/(m_i - \mu_i)]$. As iterações em (3.5) são realizadas com matriz de pesos $\mathbf{W} = \mathrm{diag}\,\{\mu_i(m_i - \mu_i)/m_i\}$, $\mathbf{G} = \mathrm{diag}\,\{m_i/[\mu_i(m_i - \mu_i)]\}$ e variável dependente ajustada $\mathbf{z}$ com componentes iguais a $z_i = \eta_i + [m_i(y_i - \mu_i)]/[\mu_i(m_i - \mu_i)]$. O Algoritmo (3.5), em geral, converge, exceto quando ocorrem médias ajustadas próximas a zero ou ao índice m_i.

Nos modelos log-lineares para análise de observações na forma de contagens, a variável resposta tem distribuição de Poisson $P(\mu_i)$ com função de ligação logarítmica e, portanto, $\eta_i = \log(\mu_i) = \mathbf{x}_i^T \boldsymbol{\beta}$, $i = 1, \ldots, n$. Nesse caso, as iterações em (3.5) são realizadas com matriz de pesos $\mathbf{W} = \mathrm{diag}\{\mu_i\}$, $\mathbf{G} = \mathrm{diag}\{\mu_i^{-1}\}$ e variável dependente ajustada $\mathbf{z}$ com componentes iguais a $z_i = \eta_i + (y_i - \mu_i)/\mu_i$. Esse caso especial do Algoritmo (3.5) foi apresentado, primeiramente, por Haberman (1978).

Para analisar dados contínuos, três modelos são, usualmente, adotados com função de variância potência $V(\mu) = \mu^\delta$ para $\delta = 0$ (normal), $\delta = 2$ (gama) e $\delta = 3$ (normal inversa). Para a função de variância potência, a matriz $\mathbf{W}$ no Algoritmo (3.5) é igual a $\mathbf{W} = \text{diag}\left\{\mu_i^{-\delta}(d\mu_i/d\eta_i)^2\right\}$, sendo δ qualquer número real especificado. Outras funções de variância podem ser adotadas no Algoritmo (3.5), como aquelas dos modelos de quase-verossimilhança (WEDDERBURN, 1974). Como exemplo, têm-se $V(\mu) = \mu^2(1-\mu)^2$, $V(\mu) = \mu + \delta\mu^2$ (binomial negativo) ou $V(\mu) = 1 + \mu^2$ (secante hiperbólica generalizada, Seção 1.3).

O Algoritmo (3.5) pode ser usado para ajustar inúmeros outros modelos, como aqueles baseados na família exponencial (1.1) que estão descritos em Cordeiro et al. (1995), bastando identificar as funções de variância e de ligação.

3.4 RESULTADOS ADICIONAIS NA ESTIMAÇÃO

A partir da obtenção da EMV $\hat{\boldsymbol{\beta}}$ em (3.5), podem-se calcular as EMVs dos preditores lineares $\hat{\boldsymbol{\eta}} = \mathbf{X}\hat{\boldsymbol{\beta}}$ e das médias $\hat{\boldsymbol{\mu}} = g^{-1}(\hat{\boldsymbol{\eta}})$. A EMV do vetor $\boldsymbol{\theta}$ de parâmetros canônicos é, simplesmente, igual a $\hat{\boldsymbol{\theta}} = q(\hat{\boldsymbol{\mu}})$.

A inversa da matriz de informação estimada em $\hat{\boldsymbol{\beta}}$ representa a estrutura de covariância assintótica de $\hat{\boldsymbol{\beta}}$, isto é, a matriz de covariância de $\hat{\boldsymbol{\beta}}$ quando $n \to \infty$. Logo, a matriz de covariância de $\hat{\boldsymbol{\beta}}$ é estimada por

$$\widehat{\text{Cov}}(\hat{\boldsymbol{\beta}}) = \phi(\mathbf{X}^T\widehat{\mathbf{W}}\mathbf{X})^{-1}, \tag{3.8}$$

em que $\widehat{\mathbf{W}}$ é a matriz de pesos $\mathbf{W}$ avaliada em $\hat{\boldsymbol{\beta}}$. Intervalos de confiança assintóticos para os parâmetros $\beta's$ podem ser deduzidos da aproximação (3.8). Observa-se que o parâmetro de dispersão ϕ é um fator multiplicativo na matriz de covariâncias assintóticas de $\hat{\boldsymbol{\beta}}$.

A estrutura da covariância assintótica dos EMVs dos preditores lineares em $\hat{\boldsymbol{\eta}} = \mathbf{X}\hat{\boldsymbol{\beta}}$ é determinada diretamente de $\text{Cov}(\hat{\boldsymbol{\eta}}) = \mathbf{X}\text{Cov}(\hat{\boldsymbol{\beta}})\mathbf{X}^T$. Logo,

$$\widehat{\text{Cov}}(\hat{\boldsymbol{\eta}}) = \phi\mathbf{X}(\mathbf{X}^T\widehat{\mathbf{W}}\mathbf{X})^{-1}\mathbf{X}^T. \tag{3.9}$$

A matriz $\mathbf{Z} = \{z_{ij}\} = \mathbf{X}(\mathbf{X}^T\mathbf{W}\mathbf{X})^{-1}\mathbf{X}^T$ da expressão (3.9) desempenha um papel importante na teoria assintótica dos MLGs (CORDEIRO, 1983; CORDEIRO; MCCULLAGH, 1991). Essa matriz surge no cálculo do valor esperado da função desvio (Seção 4.2) até termos de ordem $O(n^{-1})$ e no valor esperado da estimativa $\hat{\boldsymbol{\eta}}$ até essa ordem.

A estrutura de covariância assintótica dos EMVs das médias em $\hat{\boldsymbol{\mu}}$ pode ser calculada expandindo $\hat{\boldsymbol{\mu}} = g^{-1}(\hat{\boldsymbol{\eta}})$ em série de Taylor. Tem-se

$$\hat{\boldsymbol{\mu}} = g^{-1}(\boldsymbol{\eta}) + \frac{dg^{-1}(\boldsymbol{\eta})}{d\boldsymbol{\eta}}(\hat{\boldsymbol{\eta}} - \boldsymbol{\eta})$$

e, portanto,

$$\text{Cov}(\hat{\boldsymbol{\mu}}) = \mathbf{G}^{-1}\text{Cov}(\hat{\boldsymbol{\eta}})\mathbf{G}^{-1}, \tag{3.10}$$

em que a matriz diagonal $\mathbf{G} = \text{diag}\{d\eta_i/d\mu_i\}$ foi definida na Seção 3.2. Essa matriz é estimada por

$$\widehat{\text{Cov}}(\hat{\boldsymbol{\mu}}) = \phi\widehat{\mathbf{G}}^{-1}\mathbf{X}(\mathbf{X}^T\widehat{\mathbf{W}}\mathbf{X})^{-1}\mathbf{X}^T\widehat{\mathbf{G}}^{-1}.$$

As matrizes $\text{Cov}(\hat{\boldsymbol{\eta}})$ e $\text{Cov}(\hat{\boldsymbol{\mu}})$ em (3.9) e (3.10) são de ordem $O(n^{-1})$.

Os erros-padrão estimados $\hat{z}_{ii}^{1/2}$ de $\hat{\eta}_i$ e os coeficientes de correlação estimados,

$$\widehat{\text{Corr}}(\hat{\eta}_i, \hat{\eta}_j) = \frac{\hat{z}_{ij}}{(\hat{z}_{ii}\hat{z}_{jj})^{1/2}},$$

dos EMVs dos preditores lineares $\eta_1, \ldots, \eta_n$ são resultados aproximados que dependem fortemente do tamanho da amostra. Entretanto, são guias úteis de informação sobre a confiabilidade e a interdependência das estimativas dos preditores lineares e podem, também, ser usados para obter intervalos de confiança aproximados para esses parâmetros. Para alguns MLGs, é possível achar uma forma fechada para a inversa da matriz de informação e, consequentemente, para as estruturas de covariância assintótica das estimativas $\hat{\boldsymbol{\beta}}$, $\hat{\boldsymbol{\eta}}$ e $\hat{\boldsymbol{\mu}}$.

Frequentemente, nos modelos de análise de variância, considera-se que os dados são originados de populações com variâncias iguais. Em termos dos MLGs, isso implica o uso de uma função de ligação $g(\cdot)$, tal que $\mathbf{W}$ não depende da média $\boldsymbol{\mu}$ e, portanto, que a matriz de informação seja constante. Nesse caso, pelo menos assintoticamente, a matriz de covariâncias das estimativas dos parâmetros lineares é estabilizada.

Essa função de ligação é denominada *estabilizadora* e implica a constância da matriz de pesos do algoritmo de estimação. Pode ser obtida como solução da equação diferencial $d\mu/d\eta = k d\eta/d\theta$, sendo k uma constante arbitrária. Por exemplo, para os modelos gama e Poisson, as soluções dessa equação são o logaritmo e a raiz quadrada, respectivamente. Para as funções de ligação estabilizadoras, é mais fácil obter uma forma fechada para a matriz de informação, que depende inteiramente da matriz modelo, isto é, da delineação do experimento.

Em muitas situações, os parâmetros de interesse não são aqueles básicos dos MLGs. Seja $\boldsymbol{\gamma} = (\gamma_1, \cdots, \gamma_q)^T$ um vetor de parâmetros, em que $\gamma_i = h_i(\beta)$, sendo as funções $h_i(\cdot)$, $i = 1, \ldots, q$, conhecidas. Supõe-se que essas funções, em geral não lineares, são suficientemente bem comportadas. Seja a matriz $q \times p$ de derivadas $\mathbf{D} = \{\partial h_i/\partial\beta_j\}$. As estimativas $\hat{\gamma}_1, \ldots, \hat{\gamma}_q$ podem ser calculadas diretamente de $\hat{\gamma}_i = h_i(\hat{\boldsymbol{\beta}})$, para $i = 1, \ldots, q$. A matriz de covariâncias assintóticas de $\hat{\boldsymbol{\gamma}}$ é igual a $\phi\,\mathbf{D}(\mathbf{X}^T\mathbf{W}\mathbf{X})^{-1}\mathbf{D}^T$ e deve ser estimada no ponto $\hat{\boldsymbol{\beta}}$.

Considere, por exemplo, que após o ajuste de um MLG, tenha-se interesse em estudar as estimativas dos parâmetros γ definidos por um modelo de regressão assintótico em três parâmetros β_0, β_1 e β_2

$$\gamma_r = \beta_0 - \beta_1 \beta_2^{z_r}, \quad r = 1, \ldots, q.$$

A matriz D de dimensões $q \times 3$ é, portanto, igual a

$$D = \begin{bmatrix} 1 & -\beta_2^{z_1} & -\beta_1 \beta_2^{z_1} \log \beta_2 \\ \cdots & \cdots & \cdots \\ 1 & -\beta_2^{z_q} & -\beta_1 \beta_2^{z_q} \log \beta_2 \end{bmatrix}.$$

3.5 SELEÇÃO DO MODELO

A seleção de um modelo compreende a escolha para a distribuição de probabilidade da variável resposta, das variáveis explanatórias que entram no preditor linear (matriz do modelo) e da função de ligação. Para se escolher a distribuição pertencente à família exponencial (2.4), devem-se examinar cuidadosamente os dados, principalmente quanto à assimetria, à natureza contínua ou discreta (por exemplo, contagens) e ao intervalo de variação. A escolha de uma função de ligação compatível com a distribuição proposta deve resultar de uma combinação entre considerações a priori, análise exploratória dos dados e facilidade de interpretação do modelo. A escolha das variáveis que farão parte do preditor linear depende do delineamento experimental ou planejamento amostral. Deve-se sempre observar a estrutura dos dados, por meio de análises exploratórias gráficas, antes de propor modelos iniciais.

Em geral, o algoritmo de ajuste deve ser aplicado não a um MLG isolado, mas a vários modelos de um conjunto bem amplo que deve ser, realmente, relevante para a natureza das observações que se deseja analisar. Se o processo é aplicado a um único modelo, não levando em conta possíveis modelos alternativos, existe o risco de não se obter um dos modelos mais adequados aos dados. Esse conjunto de modelos pode ser formulado de várias maneiras:

(a) definindo uma família de funções de ligação;
(b) considerando diferentes opções para a escala de medição;
(c) adicionando (ou retirando) vetores colunas independentes a partir de uma matriz básica original.

Na Tabela 3.1, apresenta-se a combinação distribuição da variável resposta/função de ligação para alguns casos especiais dos MLGs, descritos na Seção 2.1. Casos mais gerais serão discutidos na Seção 5.6. Algumas funções de ligação podem levar à estabilização da variância, de modo que dependendo da escolha da matriz de delinamento, pode-se obter ortogonalidade entre os coeficientes de regressão (MYERS; MONTGOMERY; VINING, 2010, Seção 8.2.4).

Tabela 3.1 Combinação da distribuição da variável resposta e da função de ligação para alguns casos especiais de MLGs, descritos na Seção 2.1.

Função	Distribuição				
de ligação	Normal	Poisson	Binomial	Gama	Normal Inversa
Identidade	(a)	–	–	(i)	–
Logarítmica	–	(e)	–	–	–
Inversa	(h)	–	–	(g)(j)	–
Inversa do quadrado	–	–	–	–	(l)
Logística	–	–	(d)(f)	–	–
Probito	–	–	(c)	–	–
Complemento log-log	–	–	(b)	–	–

Observação: Para os casos (g), (j) e (l) são escolhidas as funções de ligação mais usuais (canônicas) que correspondem a $\theta = \eta$.

Nos MLGs, o fator escala não é tão crucial como no modelo clássico de regressão, pois constância da variância e normalidade não são essenciais para a distribuição da variável resposta e, ainda, pode-se achar uma estrutura aditiva aproximada de termos para representar a média da distribuição, usando uma função de ligação apropriada diferente da escala de medição dos dados. Entretanto, não são raros os casos em que os dados devem ser primeiramente transformados para se obter um MLG produzindo um bom ajuste.

Devem-se analisar não somente os dados brutos, mas procurar modelos alternativos aplicados aos dados transformados $z = h(y)$. O problema crucial é a escolha da função de escala $h(\cdot)$. No modelo clássico de regressão, essa escolha visa a combinar, aproximadamente, normalidade e constância da variância do erro aleatório, bem como aditividade dos efeitos sistemáticos. Entretanto, não existe nenhuma garantia que tal escala $h(\cdot)$ exista, nem mesmo que produza algumas das propriedades desejadas.

Uma etapa importante na seleção do modelo consiste em definir o conjunto de variáveis explanatórias a serem incluídas na estrutura linear. Considere um certo número de possíveis variáveis explanatórias $\mathbf{x}^{(1)}, \ldots, \mathbf{x}^{(m)}$, em que cada vetor coluna $\mathbf{x}^{(r)}$ é de dimensão n, definindo um conjunto amplo de 2^m modelos. O objetivo é selecionar um modelo de $p \leq m$ variáveis explanatórias, cujos valores ajustados expliquem adequadamente os dados. Se m for muito grande, torna-se impraticável o exame de todos esses 2^m modelos, mesmo considerando os avanços da tecnologia computacional.

Um processo simples de seleção é de natureza sequencial, adicionando (ou eliminando) variáveis explanatórias (uma de cada vez) a partir de um modelo original até se obterem modelos adequados. Esse método sequencial tem várias desvantagens, tais como:

(a) modelos potencialmente úteis podem não ser descobertos, se o procedimento é finalizado numa etapa anterior, para o qual nenhuma variável explanatória isolada mostrou-se razoável de ser explorada;

(b) modelos similares (ou mesmo melhores) baseados em subconjuntos de variáveis explanatórias, distantes das variáveis em exame, podem não ser considerados.

Devido aos avanços recentes da estatística computacional, os métodos sequenciais ("stepwise methods") foram substituídos por procedimentos ótimos de busca de modelos. O procedimento de busca examina, sistematicamente, somente os modelos mais promissores de determinada dimensão k e, baseado em algum critério, apresenta os resultados de ajuste dos melhores modelos de k variáveis explanatórias, com k variando no processo de 1 até o tamanho p do subconjunto final de modelos considerados bons. Na seleção do modelo, sempre será feito um balanço entre o grau de complexidade e a qualidade de ajuste do modelo.

3.6 CONSIDERAÇÕES SOBRE A FUNÇÃO DE VEROSSIMILHANÇA

Expandindo a função suporte $\ell = \ell(\boldsymbol{\beta})$, descrita na Seção 3.2, em série multivariada de Taylor ao redor de $\hat{\boldsymbol{\beta}}$ e notando que $\mathbf{U}(\hat{\boldsymbol{\beta}}) = 0$, obtém-se, aproximadamente,

$$\hat{\ell} - \ell \doteq \frac{1}{2}(\boldsymbol{\beta} - \hat{\boldsymbol{\beta}})^T \hat{\mathbf{J}} (\boldsymbol{\beta} - \hat{\boldsymbol{\beta}}), \tag{3.11}$$

em que $\hat{\ell} = \ell(\hat{\boldsymbol{\beta}})$ e $\hat{\mathbf{J}}$ é a informação observada (Seção 3.2) em $\hat{\boldsymbol{\beta}}$. Essa equação aproximada revela que a diferença entre o suporte máximo e o suporte num ponto arbitrário, que pode ser considerada como a quantidade de informação dos dados sobre $\boldsymbol{\beta}$, é proporcional a $\hat{\mathbf{J}}$ (isto é, à informação observada no ponto $\hat{\boldsymbol{\beta}}$). O determinante de $\hat{\mathbf{J}}$ ($|\hat{\mathbf{J}}|$) pode ser interpretado, geometricamente, como a curvatura esférica da superfície suporte no seu máximo. A forma quadrática do lado direito de (3.11) aproxima a superfície suporte por um paraboloide, passando pelo seu ponto de máximo, com a mesma curvatura esférica da superfície nesse ponto. O recíproco de $|\hat{\mathbf{J}}|$ mede a variabilidade de $\boldsymbol{\beta}$ ao redor da EMV $\hat{\boldsymbol{\beta}}$. Como esperado, quanto maior a informação sobre $\boldsymbol{\beta}$ menor será a dispersão de $\boldsymbol{\beta}$ ao redor de $\hat{\boldsymbol{\beta}}$.

A interpretação geométrica desses conceitos é melhor compreendida no caso uniparamétrico, pois (3.11) reduz-se à equação de uma parábola $\ell \doteq \hat{\ell} - \frac{1}{2}(\beta - \hat{\beta})^2 \hat{J}$. Uma inspeção gráfica mostrará que essa parábola é uma aproximação para a curva suporte, coincidindo no ponto máximo e tendo a mesma curvatura dessa curva em $\hat{\beta}$, revelando ainda que quanto maior a curvatura, menor a variação de β em torno de $\hat{\beta}$.

A equação (3.11) implica que a função de verossimilhança $L = L(\boldsymbol{\beta})$ num ponto qualquer $\boldsymbol{\beta}$ segue, aproximadamente, a expressão

$$L \doteq \hat{L} \exp\left[-\frac{1}{2}(\boldsymbol{\beta} - \hat{\boldsymbol{\beta}})^T \hat{\mathbf{J}}(\boldsymbol{\beta} - \hat{\boldsymbol{\beta}})\right], \quad (3.12)$$

em que $\hat{L}$ é a função de verossimilhança avaliada em $\hat{\boldsymbol{\beta}}$, que representa a forma da curva normal multivariada com média $\hat{\boldsymbol{\beta}}$ e estrutura de covariância igual a $\hat{\mathbf{J}}^{-1}$. Usando-se essa aproximação, pode-se, então, considerar o vetor de parâmetros como se fosse um vetor de variáveis aleatórias tendo distribuição normal multivariada com média igual à EMV $\hat{\boldsymbol{\beta}}$ e estrutura de covariância $\hat{\mathbf{J}}^{-1}$. Quando a função suporte for quadrática, a função de verossimilhança L terá a forma da distribuição normal multivariada. A forma de L se aproximará mais da distribuição normal quando n tender para infinito.

O lado direito de (3.12) é bem interpretado no contexto bayesiano. Considere qualquer função densidade a priori não-nula para $\boldsymbol{\beta}$, por exemplo, $\pi(\boldsymbol{\beta})$. Pelo teorema de Bayes, pode-se escrever a função densidade a posteriori de $\boldsymbol{\beta}$ como proporcional a $\pi(\boldsymbol{\beta})L$. Quando $n \longrightarrow \infty$, pois $\pi(\boldsymbol{\beta})$ não depende de n, a função densidade a posteriori de $\boldsymbol{\beta}$ segue da equação (3.12) com uma constante de proporcionalidade adequada, e, então, pode ser aproximada pela distribuição normal multivariada $\mathrm{N}(\hat{\boldsymbol{\beta}}, \hat{\mathbf{J}}^{-1})$. A demonstração matemática desse resultado não se insere nos objetivos desse texto. No caso uniparamétrico, a variabilidade de β fica restrita ao intervalo $|\beta - \hat{\beta}| \leq 3\hat{J}^{-1/2}$ com probabilidade próxima de um.

A fórmula (3.12) mostra a decomposição da função de verossimilhança, pelo menos para n grande, revelando, pelo teorema da fatoração, a suficiência assintótica da EMV. Conclui-se que, embora as EMVs não sejam necessariamente suficientes para os parâmetros do modelo, essa suficiência será alcançada quando a dimensão do vetor de observações tender para infinito.

Algumas propriedades da matriz de informação são apresentadas a seguir. Seja $\mathbf{K}_{\mathbf{y}}(\boldsymbol{\beta})$ a informação sobre um vetor paramétrico $\boldsymbol{\beta}$ contida nos dados $\mathbf{y}$ obtidos de certo experimento. A informação é aditiva para amostras $\mathbf{y}$ e $\mathbf{z}$ independentes, isto é, $\mathbf{K}_{\mathbf{y+z}}(\boldsymbol{\beta}) = \mathbf{K}_{\mathbf{y}}(\boldsymbol{\beta}) + \mathbf{K}_{\mathbf{z}}(\boldsymbol{\beta})$. Como $\hat{\mathbf{U}} = \mathbf{U}(\hat{\boldsymbol{\beta}}) = 0$, segue-se a relação aproximada (por expansão multivariada de Taylor)

$$\hat{\boldsymbol{\beta}} - \boldsymbol{\beta} \doteq \mathbf{J}^{-1}\mathbf{U} \quad (3.13)$$

entre a EMV $\hat{\boldsymbol{\beta}}$, a função escore $\mathbf{U} = \mathbf{U}(\boldsymbol{\beta})$ e a informação observada $\mathbf{J} = \mathbf{J}(\boldsymbol{\beta})$ avaliadas no ponto $\boldsymbol{\beta}$ próximo de $\hat{\boldsymbol{\beta}}$.

O método de Newton-Raphson, introduzido na Seção 3.2, de cálculo da EMV consiste em usar a equação (3.13) iterativamente. Obtém-se uma nova estimativa $\boldsymbol{\beta}^{(m+1)}$ a partir de uma estimativa anterior $\boldsymbol{\beta}^{(m)}$ por meio de

$$\boldsymbol{\beta}^{(m+1)} = \boldsymbol{\beta}^{(m)} + \mathbf{J}^{(m)^{-1}}\mathbf{U}^{(m)}, \tag{3.14}$$

em que quantidades avaliadas na m-ésima iteração do procedimento iterativo são indicadas com o superescrito (m). O processo é, então, repetido a partir de $\boldsymbol{\beta}^{(m+1)}$ até a distância entre $\boldsymbol{\beta}^{(m+1)}$ e $\boldsymbol{\beta}^{(m)}$ se tornar desprezível ou menor do que uma quantidade pequena especificada. Geometricamente, uma iteração do método equivale a ajustar um parabolóide à superfície suporte em $\boldsymbol{\beta}^{(m)}$, tendo o mesmo gradiente e curvatura da superfície nesse ponto, e, então, obter o ponto máximo do parabolóide que corresponderá à estimativa atualizada $\boldsymbol{\beta}^{(m+1)}$. Quando $\boldsymbol{\beta}$ é um escalar, a equação (3.14) reduz-se a $\beta^{(m+1)} = \beta^{(m)} - U^{(m)}/U'^{(m)}$, sendo $U' = dU/d\beta$, que representa o método das tangentes bastante usado para calcular a solução de uma equação não-linear $\hat{U} = 0$.

A sequência $\{\boldsymbol{\beta}^{(m)}; m \geq 1\}$ gerada depende, fundamentalmente, do vetor inicial $\boldsymbol{\beta}^{(1)}$, dos valores amostrais e do modelo estatístico e, em determinadas situações, em que n é pequeno, pode revelar irregularidades específicas nos valores amostrais obtidos do experimento e, portanto, pode não convergir e mesmo divergir da EMV $\hat{\boldsymbol{\beta}}$. Mesmo quando há convergência, se a função de verossimilhança tem múltiplas raízes, não há garantia de que o procedimento convirja para a raiz correspondente ao maior valor absoluto da função de verossimilhança. No caso uniparamétrico, se a estimativa inicial $\beta^{(1)}$ for escolhida próxima de $\hat{\beta}$ e se $J^{(m)}$ para $m \geq 1$ for limitada por um número real positivo, existirá uma chance apreciável que essa sequência convirja para $\hat{\beta}$.

A expressão (3.13) tem uma forma alternativa equivalente, assintoticamente, pois pela lei dos grandes números $\mathbf{J}$ deve convergir para $\mathbf{K}$ quando $n \longrightarrow \infty$. Assim, substituindo a informação observada em (3.13) pela esperada, obtém-se a aproximação de primeira ordem

$$\hat{\boldsymbol{\beta}} - \boldsymbol{\beta} \doteq \mathbf{K}^{-1}\mathbf{U}. \tag{3.15}$$

O procedimento iterativo baseado em (3.15) é denominado *método escore* de Fisher para parâmetros, isto é, $\boldsymbol{\beta}^{(m+1)} = \boldsymbol{\beta}^{(m)} + \mathbf{K}^{(m)^{-1}}\mathbf{U}^{(m)}$, como foi explicitado na equação (3.3). O aspecto mais trabalhoso dos dois esquemas iterativos é o procedimento de inversão das matrizes $\mathbf{J}$ e $\mathbf{K}$. Ambos os procedimentos são muito sensíveis em relação à estimativa inicial $\boldsymbol{\beta}^{(1)}$. Se o vetor $\boldsymbol{\beta}^{(1)}$ for uma estimativa consistente, ambos os métodos convergirão em apenas um passo para uma estimativa eficiente, assintoticamente.

Existe evidência empírica que o método de Fisher é melhor em termos de convergência do que o método de Newton-Raphson. Ainda, tem a vantagem de incorporar (por meio da matriz de informação) as características específicas do modelo estatístico. Ademais, em muitas situações, é mais fácil determinar a inversa de $\mathbf{K}$ em forma fechada do que a inversa de $\mathbf{J}$, sendo a primeira menos sensível às variações de $\boldsymbol{\beta}$ do que a segunda. Nesse sentido, $\mathbf{K}$ pode ser considerada em alguns modelos, aproximadamente, constante em todo o processo iterativo, requerendo que a inversão seja realizada apenas uma vez. Uma vantagem adicional do método escore é que $\mathbf{K}^{-1}$ é usada para calcular aproximações de primeira ordem para as variâncias e covariâncias das estimativas $\hat{\beta}_1, \ldots, \hat{\beta}_p$.

Os procedimentos iterativos descritos são casos especiais de uma classe de algoritmos iterativos para maximizar o logaritmo da função de verossimilhança $\ell(\boldsymbol{\beta})$. Essa classe tem a forma

$$\boldsymbol{\beta}^{(m+1)} = \boldsymbol{\beta}^{(m)} - s^{(m)}\mathbf{Q}^{(m)}\mathbf{U}^{(m)}, \tag{3.16}$$

em que $s^{(m)}$ é um escalar, $\mathbf{Q}^{(m)}$ é uma matriz quadrada que determina a direção da mudança de $\boldsymbol{\beta}^{(m)}$ para $\boldsymbol{\beta}^{(m+1)}$ e $\mathbf{U}^{(m)}$ é o vetor gradiente do logaritmo da função de verossimilhança $\ell(\boldsymbol{\beta})$, com todas essas quantidades variando no processo iterativo. Os algoritmos iniciam num ponto $\boldsymbol{\beta}^{(1)}$ e procedem, por meio da equação (3.16), para calcular aproximações sucessivas para a EMV $\hat{\boldsymbol{\beta}}$. Vários algoritmos nessa classe são descritos por Judge et al. (1985). Nos procedimentos iterativos de Newton-Raphson e escore de Fisher, $s^{(m)}$ é igual a um, e a matriz de direção $\mathbf{Q}^{(m)}$ é igual à inversa da matriz Hessiana ($\left[\mathbf{J}^{(m)}\right]^{-1}$) e à inversa do valor esperado dessa matriz ($\left[\mathbf{K}^{(m)}\right]^{-1}$), respectivamente. Esses dois procedimentos devem ser iniciados a partir de uma estimativa consistente com o objetivo de se garantir convergência para $\hat{\boldsymbol{\beta}}$. A escolha do melhor algoritmo em (3.16) é função da geometria do modelo em consideração e, em geral, não existe um algoritmo superior aos demais em qualquer espectro amplo de problemas de estimação.

3.7 EXERCÍCIOS

1. Defina o algoritmo de estimação especificado em (3.5) para os modelos canônicos relativos às distribuições descritas na Seção 1.3 (Tabela 1.1), calculando $\mathbf{W}$, $\mathbf{G}$ e $\mathbf{z}$.

2. Defina o algoritmo de estimação especificado em (3.5), calculando $\mathbf{W}$, $\mathbf{G}$ e $\mathbf{z}$ para os modelos normal, gama, normal inverso e Poisson com função de ligação potência $\eta = \mu^\lambda$, λ conhecido (CORDEIRO, 1986). Para o modelo normal, considere, ainda, o caso da função de ligação logarítmica $\eta = \log(\mu)$.

3. Defina o algoritmo (3.5), calculando $\mathbf{W}$, $\mathbf{G}$ e $\mathbf{z}$, para o modelo binomial com função de ligação $\eta = \log\{[(1-\mu)^{-\lambda}-1]\lambda^{-1}\}$, λ conhecido. Deduza, ainda, as formas do algoritmo para os modelos (c) e (d), definidos na Tabela 3.1.

4. Considere a estrutura linear $\eta_i = \beta x_i$, $i = 1, \ldots, n$, com um único parâmetro β desconhecido e função de ligação $\eta = (\mu^\lambda - 1)\lambda^{-1}$, λ conhecido. Calcule a EMV de β para os modelos normal, Poisson, gama, normal inverso e binomial negativo. Faça o mesmo para o modelo binomial com função de ligação especificada no Exercício 3. Deduza ainda as estimativas no caso de $x_1 = x_2 = \cdots = x_n$.

5. Para os modelos e funções de ligação citados no Exercício 4, calcule as EMVs de α e β, considerando a estrutura linear $\eta_i = \alpha + \beta x_i$, $i = 1, \ldots, n$. Deduza, ainda, a estrutura de covariância aproximada dessas estimativas.

6. Caracterize as distribuições log-normal e log-gama no contexto dos MLGs, definindo o algoritmo de ajuste desses modelos com a função de ligação potência $\eta = \mu^\lambda$, λ conhecido.

7. Formule o procedimento iterativo de cálculo das estimativas de mínimos quadrados dos parâmetros $\beta's$ nos MLGs, que equivale a minimizar $(\mathbf{y} - \boldsymbol{\mu})^T\mathbf{V}^{-1}(\mathbf{y} - \boldsymbol{\mu})$, em que $\mathbf{V} = \text{diag}\{V_1, \cdots, V_n\}$, com relação a $\boldsymbol{\beta}$. Como aplicação, obtenha essas estimativas nos Exercícios 4 e 5.

8. Deduza a forma da matriz de informação para o modelo log-linear associado a uma tabela de contingência com dois fatores sem interação, sendo uma observação por cela. Faça o mesmo para o modelo de Poisson com função de ligação raiz quadrada. Qual a grande vantagem desse último modelo?

9. Calcule a forma da matriz de informação para os parâmetros β no modelo de classificação de um fator A com p níveis $g(\mu_i) = \eta_i = \beta + \beta_i^A$, com $\beta_+^A = 0$, considerando a variável resposta como normal, gama, normal inversa e Poisson. Determine as matrizes de covariância assintótica dos estimadores $\hat{\boldsymbol{\beta}}$, $\hat{\boldsymbol{\eta}}$ e $\hat{\boldsymbol{\mu}}$. Deduza as expressões desses estimadores.

10. Como o modelo binomial do Exercício 3 poderia ser ajustado se λ fosse desconhecido? E os modelos do Exercício 4, ainda λ desconhecido?

11. Sejam variáveis aleatórias Y_i com distribuições de Poisson $P(\mu_i)$, $i = 1, \ldots, n$, supostas independentes. Define-se $f(\cdot)$ como uma função diferenciável tal que $[f(\mu + x\mu^{1/2}) - f(\mu)]/\mu^{1/2}f'(\mu) = x + O(\mu^{-1/2})$, para todo x com $\mu \longrightarrow \infty$. Demonstre que a variável aleatória $[f(Y_i) - f(\mu_i)]/[\mu_i^{1/2}f'(\mu_i)]$ converge em distribuição para a distribuição normal $N(0, 1)$ quando $\mu_i \longrightarrow \infty$. Prove que a parte do logaritmo da função de verossimilhança que só depende dos μ_i tende, assintoticamente, para $-2^{-1}\sum_{i=1}^{n}[f(y_i) - f(\mu_i)]^2/[y_i f'(y_i)]^2$ quando $\mu_i \longrightarrow \infty$, $i = 1, \ldots, n$, em que $y_1, \cdots, y_n$ são as realizações dos Y.

12. A probabilidade de sucesso $\pi = \mu/m$ de uma distribuição binomial $B(m, \pi)$ depende de uma variável x de acordo com a relação $\pi = F(\alpha+\beta x)$, em que $F(\cdot)$ é uma função de distribuição acumulada especificada. Considera-se que para os valores $x_1, \ldots, x_n$ de x, $m_1, \ldots, m_n$ ensaios independentes foram realizados, sendo obtidas as proporções de sucessos $p_1, \ldots, p_n$, respectivamente. Compare as estimativas $\hat{\alpha}$ e $\hat{\beta}$ para as escolhas de $F(\cdot)$: probito, logística, arcsen $\sqrt{\cdot}$ e complemento log-log.

13. Considere a f.d.p. $f(y) = \exp(-\sum_{i=1}^{r} \alpha_i y^i)$ com parâmetros $\alpha_1, \ldots, \alpha_r$ desconhecidos. Demonstre que as EMVs e dos momentos desses parâmetros coincidem.

14. Considere um modelo log-gama com componente sistemático $\log(\mu_i) = \alpha + \mathbf{x}_i^T\boldsymbol{\beta}$ e parâmetro de dispersão ϕ. Mostre que

$$E[\log(Y_i)] = \alpha^* + \mathbf{x}_i^T\boldsymbol{\beta}$$

e

$$\text{Var}[\log(Y_i)] = \psi'(\phi^{-1}),$$

em que $\alpha^* = \alpha + \psi(\phi^{-1}) + \log(\phi)$. Seja $\tilde{\boldsymbol{\beta}}$ o estimador de mínimos quadrados de $\boldsymbol{\beta}$ calculado do ajuste de um modelo de regressão linear aos dados transformados $\log(y_i)$, $i = 1, \ldots, n$. Mostre que $\tilde{\boldsymbol{\beta}}$ é um estimador consistente de $\boldsymbol{\beta}$.

15. Demonstre que a covariância assintótica do EMV $\hat{\boldsymbol{\beta}}$ de um modelo log-linear é igual a $\text{Cov}(\hat{\boldsymbol{\beta}}) = (\mathbf{XWX})^{-1}$, sendo $\mathbf{W} = \text{diag}\{\mu_1, \cdots, \mu_n\}$.

16. Proponha um algoritmo iterativo para calcular a EMV do parâmetro $\alpha(>0)$ na função de variância $V = \mu + \alpha\mu^2$ de um modelo binomial negativo, supondo $\log(\boldsymbol{\mu}) = \boldsymbol{\eta} = \mathbf{X}\boldsymbol{\beta}$.

17. Mostre que no modelo binomial negativo definido no exercício 16:

    (a) os parâmetros α e β são ortogonais;

    (b) $\text{Cov}(\hat{\boldsymbol{\beta}}) = \left(\sum_{i=1}^n \frac{\mu_i}{1+\alpha\mu_i}\mathbf{x}_i\mathbf{x}_i^T\right)^{-1}$ em que $\mathbf{x}_i$, $i = 1, \ldots, n$, são as linhas da matriz $\mathbf{X}$ do modelo;

    (c) $\text{Var}(\hat{\alpha}) = \left\{\sum_{i=1}^n \alpha^{-4}\left[\log(1+\alpha\mu_i) - \sum_{j=0}^{y_i-1}\frac{1}{j+\alpha^{-1}}\right]^2 + \sum_{i=1}^n \frac{\mu_i}{\alpha^2(1+\alpha\mu_i)}\right\}^{-1}$.

18. O estimador de mínimos quadrados não-lineares de um MLG com função de ligação logarítmica minimiza $\sum_{i=1}^n \left[y_i - \exp(\mathbf{x}_i^T\boldsymbol{\beta})\right]^2$.

    (a) Mostre como calcular esse estimador iterativamente.

    (b) Calcule a variância assintótica desse estimador.

CAPÍTULO 4

Métodos de Inferência

4.1 DISTRIBUIÇÃO DOS ESTIMADORES DOS PARÂMETROS

No modelo clássico de regressão, em que a variável resposta tem distribuição normal e a função de ligação é a identidade, as distribuições dos estimadores dos parâmetros e das estatísticas usadas para verificar a qualidade do ajuste do modelo aos dados podem ser determinadas exatamente. Em geral, porém, a obtenção de distribuições exatas nos MLGs é muito complicada e resultados assintóticos são, rotineiramente, usados. Esses resultados, porém, dependem de algumas condições de regularidade e do número de observações independentes, mas, em particular, para os MLGs essas condições são válidas (FAHRMEIR; KAUFMANN, 1985).

A ideia básica é que, se $\hat{\theta}$ é um estimador consistente para um parâmetro θ e $\text{Var}(\hat{\theta})$ é a variância desse estimador, então, para amostras grandes, tem-se:

(i) $\hat{\theta}$ é assintoticamente não viesado (isto é, $\text{E}[\hat{\theta}] \longrightarrow \theta$ quando $n \longrightarrow \infty$);

(ii) a estatística

$$Z_n = \frac{\hat{\theta} - \theta}{\sqrt{\text{Var}(\hat{\theta})}} \longrightarrow Z \text{ quando } n \longrightarrow \infty, \quad \text{sendo que } Z \sim \text{N}(0, 1)$$

ou, de forma equivalente,

$$Z_n^2 = \frac{(\hat{\theta} - \theta)^2}{\text{Var}(\hat{\theta})} \longrightarrow Z^2 \text{ quando } n \longrightarrow \infty, \quad \text{sendo que } Z^2 \sim \chi^2_1.$$

Se $\hat{\boldsymbol{\theta}}$ é um estimador consistente de um vetor $\boldsymbol{\theta}$ de p parâmetros, tem-se, assintoticamente, que

$$(\hat{\boldsymbol{\theta}} - \boldsymbol{\theta})^T \mathbf{V}^{-1} (\hat{\boldsymbol{\theta}} - \boldsymbol{\theta}) \sim \chi^2_p,$$

sendo $\mathbf{V}$ a matriz de variâncias e covariâncias de $\hat{\boldsymbol{\theta}}$, suposta não-singular. Se $\mathbf{V}$ é singular, usa-se uma matriz inversa generalizada ou, então, uma reparametrização de forma a se obter uma nova matriz de variâncias e covariâncias não singular.

Seja um MLG definido por uma distribuição em (2.4), uma estrutura linear (2.6) e uma função de ligação (2.7). É fato conhecido que os EMVs têm poucas propriedades que são satisfeitas para todos os tamanhos de amostras, como suficiência e invariância. As propriedades assintóticas de segunda-ordem de $\hat{\boldsymbol{\beta}}$, como o viés de ordem $O(n^{-1})$ e a sua matriz de covariância de ordem $O(n^{-2})$, foram estudadas por Cordeiro e McCullagh (1991) e Cordeiro (2004a), Cordeiro (2004b), Cordeiro (2004c), respectivamente.

Define-se o vetor escore $\mathbf{U}(\boldsymbol{\beta}) = \partial\ell(\boldsymbol{\beta})/\partial\boldsymbol{\beta}$ como na Seção 3.2. Como, em problemas regulares (COX; HINKLEY, 1986, Capítulo 9), o vetor escore tem valor esperado zero e estrutura de covariância igual à matriz de informação $\mathbf{K}$, tem-se da equação (3.2) que $\mathrm{E}[\mathbf{U}(\boldsymbol{\beta})] = \mathbf{0}$ e

$$\mathrm{Cov}[\mathbf{U}(\boldsymbol{\beta})] = \mathrm{E}[\mathbf{U}(\boldsymbol{\beta})\mathbf{U}(\boldsymbol{\beta})^T] = \mathrm{E}\left[\frac{-\partial^2\ell(\boldsymbol{\beta})}{\partial\boldsymbol{\beta}^T\partial\boldsymbol{\beta}}\right] = \mathbf{K}. \tag{4.1}$$

Conforme demonstrado na Seção 3.2, a matriz de informação para $\boldsymbol{\beta}$ nos MLGs é expressa por $\mathbf{K} = \phi^{-1}\mathbf{X}^T\mathbf{W}\mathbf{X}$.

O teorema central do limite aplicado a $\mathbf{U}(\boldsymbol{\beta})$ (que equivale a uma soma de variáveis aleatórias independentes) implica que a distribuição assintótica de $\mathbf{U}(\boldsymbol{\beta})$ é normal p-variada, isto é, $\mathrm{N}_p(\mathbf{0}, \mathbf{K})$. Para amostras grandes, a estatística escore definida pela forma quadrática $S_R = \mathbf{U}(\boldsymbol{\beta})^T\mathbf{K}^{-1}\mathbf{U}(\boldsymbol{\beta})$ tem, aproximadamente, distribuição χ^2_p, supondo ser verdadeiro o modelo, com o vetor de parâmetros $\boldsymbol{\beta}$ especificado.

De forma resumida têm-se, a seguir, algumas propriedades do estimador $\hat{\boldsymbol{\beta}}$:

i) O estimador $\hat{\boldsymbol{\beta}}$ é assintoticamente não viesado, isto é, para amostras grandes $\mathrm{E}(\hat{\boldsymbol{\beta}}) = \boldsymbol{\beta}$. Suponha que o logaritmo da função de verossimilhança tem um único máximo em $\hat{\boldsymbol{\beta}}$ que está próximo do verdadeiro valor de $\boldsymbol{\beta}$. A expansão em série multivariada de Taylor do vetor escore $\mathbf{U}(\hat{\boldsymbol{\beta}})$ em relação a $\boldsymbol{\beta}$, até termos de primeira ordem, substituindo-se a matriz de derivadas parciais de segunda ordem por $-\mathbf{K}$, implica em

$$\mathbf{U}(\hat{\boldsymbol{\beta}}) = \mathbf{U}(\boldsymbol{\beta}) - \mathbf{K}(\hat{\boldsymbol{\beta}} - \boldsymbol{\beta}) = \mathbf{0},$$

pois $\hat{\boldsymbol{\beta}}$ é a solução do sistema de equações $\mathbf{U}(\hat{\boldsymbol{\beta}}) = \mathbf{0}$. As variáveis aleatórias $\mathbf{U}(\boldsymbol{\beta})$ e $\mathbf{K}(\hat{\boldsymbol{\beta}} - \boldsymbol{\beta})$ diferem por quantidades estocásticas de ordem $O_p(1)$. Portanto, tem-se até ordem $n^{-1/2}$ em probabilidade

$$\hat{\boldsymbol{\beta}} - \boldsymbol{\beta} = \mathbf{K}^{-1}\mathbf{U}(\boldsymbol{\beta}), \tag{4.2}$$

supondo que $\mathbf{K}$ seja não singular.

A expressão aproximada (4.2) é de grande importância para a determinação de propriedades do EMV $\hat{\boldsymbol{\beta}}$. As variáveis aleatórias $\hat{\boldsymbol{\beta}} - \boldsymbol{\beta}$ e $\mathbf{K}^{-1}\mathbf{U}(\boldsymbol{\beta})$ diferem por variáveis aleatórias de ordem n^{-1} em probabilidade. Tem-se, então, que

$$\mathrm{E}(\hat{\boldsymbol{\beta}} - \boldsymbol{\beta}) = \mathbf{K}^{-1}\mathrm{E}[\mathbf{U}(\boldsymbol{\beta})] = \mathbf{0} \Rightarrow \mathrm{E}(\hat{\boldsymbol{\beta}}) = \boldsymbol{\beta},$$

pois $E[\mathbf{U}(\boldsymbol{\beta})] = \mathbf{0}$ e, portanto, $\hat{\boldsymbol{\beta}}$ é um estimador não viesado para $\boldsymbol{\beta}$ (pelo menos assintoticamente). Na realidade, $E(\hat{\boldsymbol{\beta}}) = \boldsymbol{\beta}+O(n^{-1})$, sendo que o termo de ordem $O(n^{-1})$ foi calculado por Cordeiro e McCullagh (1991). Cordeiro e Barroso (2007) obtiveram o termo de ordem $O(n^{-2})$ da expansão de $E(\hat{\boldsymbol{\beta}})$.

ii) Denotando-se $\mathbf{U} = \mathbf{U}(\boldsymbol{\beta})$ e usando (4.1) e (4.2), tem-se que a matriz de variâncias e covariâncias de $\hat{\boldsymbol{\beta}}$, para amostras grandes, é expressa por

$$\text{Cov}(\hat{\boldsymbol{\beta}}) = E[(\hat{\boldsymbol{\beta}} - \boldsymbol{\beta})(\hat{\boldsymbol{\beta}} - \boldsymbol{\beta})^T] = \mathbf{K}^{-1}E(\mathbf{U}\mathbf{U}^T)\mathbf{K}^{-1^T} = \mathbf{K}^{-1}\mathbf{K}\mathbf{K}^{-1} = \mathbf{K}^{-1},$$

pois $\mathbf{K}^{-1}$ é simétrica. Na realidade, $\text{Cov}(\hat{\boldsymbol{\beta}}) = \mathbf{K}^{-1}+O(n^{-2})$, sendo que o termo matricial de ordem $O(n^{-2})$ foi calculado por Cordeiro (2004c).

iii) Para amostras grandes, tem-se a aproximação

$$(\hat{\boldsymbol{\beta}} - \boldsymbol{\beta})^T\mathbf{K}(\hat{\boldsymbol{\beta}} - \boldsymbol{\beta}) \sim \chi^2_p \tag{4.3}$$

ou, de forma equivalente,

$$\hat{\boldsymbol{\beta}} \sim \text{N}_p(\boldsymbol{\beta}, \mathbf{K}^{-1}), \tag{4.4}$$

ou seja, $\hat{\boldsymbol{\beta}}$ tem distribuição assintótica normal multivariada. Para modelos lineares com a variável resposta seguindo a distribuição normal, as equações (4.3) e (4.4) são resultados exatos. Fahrmeir e Kaufmann (1985), em um artigo bastante matemático, desenvolveram condições gerais que garantem a consistência e a normalidade assintótica do EMV $\hat{\boldsymbol{\beta}}$ nos MLGs.

Para amostras pequenas, como citado em i), o estimador $\hat{\boldsymbol{\beta}}$ é viesado e torna-se necessário computar o viés de ordem n^{-1}, que pode ser apreciável. Também, para n não muito grande, como citado em ii), a estrutura de covariância dos EMVs dos parâmetros lineares difere de $\mathbf{K}^{-1}$. Uma demonstração rigorosa dos resultados assintóticos (4.3) e (4.4) exige argumentos do teorema central do limite adaptado ao vetor escore $\mathbf{U}(\boldsymbol{\beta})$ e da lei fraca dos grandes números aplicada à matriz de informação $\mathbf{K}$. Pode-se, então, demonstrar, com mais rigor, a normalidade assintótica de $\hat{\boldsymbol{\beta}}$, com média igual ao parâmetro verdadeiro $\boldsymbol{\beta}$ desconhecido, e com matriz de covariância consistentemente estimada por $\widehat{\mathbf{K}}^{-1} = \phi(\mathbf{X}^T\widehat{\mathbf{W}}\mathbf{X})^{-1}$, em que $\widehat{\mathbf{W}}$ é a matriz de pesos $\mathbf{W}$ avaliada em $\hat{\boldsymbol{\beta}}$.

Para as distribuições binomial e de Poisson, $\phi = 1$. Se o parâmetro de dispersão ϕ for constante para todas as observações e desconhecido, afetará a matriz de covariância assintótica $\widehat{\mathbf{K}}^{-1}$ de $\hat{\boldsymbol{\beta}}$, mas não o valor de $\hat{\boldsymbol{\beta}}$. Na prática, se ϕ for desconhecido, deverá ser substituído por alguma estimativa consistente (Seção 4.4).

A distribuição assintótica normal multivariada $\text{N}_p(\boldsymbol{\beta}, \mathbf{K}^{-1})$ de $\hat{\boldsymbol{\beta}}$ é a base da construção de testes e intervalos de confiança, em amostras grandes, para os parâmetros lineares dos MLGs. O erro dessa aproximação para a distribuição de $\hat{\boldsymbol{\beta}}$ é de ordem n^{-1} em probabilidade, significando que os cálculos de probabilidade baseados na função de distribuição acumulada da distribuição normal assintótica $\mathrm{N}_p(\boldsymbol{\beta}, \mathbf{K}^{-1})$ apresentam erros de ordem de magnitude n^{-1}.

A distribuição assintótica normal multivariada $\mathrm{N}_p(\boldsymbol{\beta}, \mathbf{K}^{-1})$ será uma boa aproximação para a distribuição de $\hat{\boldsymbol{\beta}}$ se o logaritmo da função de verossimilhança for razoavelmente uma função quadrática. Pelo menos, assintoticamente, todos os logaritmos das funções de verossimilhança têm essa forma. Para amostras pequenas, esse fato pode não ocorrer para $\boldsymbol{\beta}$, embora possa existir uma reparametrização $\boldsymbol{\gamma} = h(\boldsymbol{\beta})$ que torne o logaritmo da função de verossimilhança uma função, aproximadamente, quadrática. Assim, testes e regiões de confiança mais precisos poderão ser baseados na distribuição assintótica de $\hat{\boldsymbol{\gamma}} = h(\hat{\boldsymbol{\beta}})$.

Anscombe (1964), no caso de um único parâmetro β, obtém uma parametrização geral que elimina a assimetria do logaritmo da função de verossimilhança. A solução geral é da forma

$$\gamma = h(\beta) = \int \exp\left[\frac{1}{3}\int v(\beta)d\beta\right] d\beta, \tag{4.5}$$

em que $v(\beta) = d^3\ell(\beta)/d\beta^3 \left[d^2\ell(\beta)/d\beta^2\right]^{-1}$. Essa transformação tem a propriedade de anular a derivada de terceira ordem do logaritmo da função de verossimilhança em relação a γ, e, portanto, eliminar a principal contribuição da assimetria. Esse resultado é ilustrado para as distribuições de Bernoulli e de Poisson (ANSCOMBE, 1964).

Para os MLGs, a assimetria do logaritmo da função de verossimilhança pode ser eliminada, usando-se uma função de ligação apropriada. A partir da expressão (4.5), obtém-se, diretamente, $\eta = \int \exp\left\{\int b'''(\theta)/[3b''(\theta)]d\theta\right\} d\theta = \int b''(\theta)^{1/3}d\theta$, a função de ligação que simetriza $\ell(\boldsymbol{\beta})$. Quando a função de ligação é diferente desse caso e se o vetor $\boldsymbol{\beta}$ tem dimensão maior do que 1, em geral, não é possível anular a assimetria. Em particular, reparametrizações componente a componente $\gamma_i = h(\beta_i)$, $i = 1, \ldots, p$, não apresentam um bom aperfeiçoamento na forma do logaritmo da função de verossimilhança, a menos que as variáveis explanatórias sejam, mutuamente, ortogonais (PREGIBON, 1979).

Exemplo 4.1

Seja $y_1, \ldots, y_n$ uma amostra de variáveis aleatórias com distribuição normal $\mathrm{N}(\mu_i, \sigma^2)$, sendo que $\mu_i = \mathbf{x}_i^T\boldsymbol{\beta}$. Considerando a função de ligação identidade $\eta_i = \mu_i$, tem-se que $g'(\mu_i) = 1$. Além disso, $V_i = 1$ e, portanto, $w_i = 1$. Logo, a matriz de informação é igual a

$$\mathbf{K} = \phi^{-1}\mathbf{X}^T\mathbf{W}\mathbf{X} = \sigma^{-2}\mathbf{X}^T\mathbf{X}$$

e a variável dependente ajustada é $z_i = y_i$.

Portanto, o algoritmo de estimação (3.5) reduz-se a

$$\mathbf{X}^T\mathbf{X}\boldsymbol{\beta} = \mathbf{X}^T\mathbf{y}$$

desde que $\mathbf{X}^T\mathbf{X}$ tenha inversa,

$$\hat{\boldsymbol{\beta}} = (\mathbf{X}^T\mathbf{X})^{-1}\mathbf{X}^T\mathbf{y}, \tag{4.6}$$

que é a solução usual de mínimos quadrados para o modelo clássico de regressão. Tem-se, então,

$$\mathrm{E}(\hat{\boldsymbol{\beta}}) = (\mathbf{X}^T\mathbf{X})^{-1}\mathbf{X}^T\mathrm{E}(\mathbf{Y}) = (\mathbf{X}^T\mathbf{X})^{-1}\mathbf{X}^T\mathbf{X}\boldsymbol{\beta} = \boldsymbol{\beta}$$

e

$$\begin{aligned}\mathrm{Cov}(\hat{\boldsymbol{\beta}}) = \mathrm{E}[(\hat{\boldsymbol{\beta}} - \boldsymbol{\beta})(\hat{\boldsymbol{\beta}} - \boldsymbol{\beta})^T] &= (\mathbf{X}^T\mathbf{X})^{-1}\mathbf{X}^T\mathrm{E}[(\mathbf{Y} - \mathbf{X}\boldsymbol{\beta})(\mathbf{Y} - \mathbf{X}\boldsymbol{\beta})^T]\mathbf{X}(\mathbf{X}^T\mathbf{X})^{-1} \\ &= \sigma^2(\mathbf{X}^T\mathbf{X})^{-1},\end{aligned}$$

pois $\mathrm{E}[(\mathbf{Y} - \mathbf{X}\boldsymbol{\beta})(\mathbf{Y} - \mathbf{X}\boldsymbol{\beta})^T] = \sigma^2\mathbf{I}$.

Como $\mathbf{Y} \sim \mathrm{N}_n(\mathbf{X}\boldsymbol{\beta}, \sigma^2\mathbf{I})$ e o vetor $\hat{\boldsymbol{\beta}}$ dos EMVs é uma transformação linear do vetor $\mathbf{y}$ em (4.6), conclui-se que o vetor $\hat{\boldsymbol{\beta}}$ tem distribuição normal multivariada $\mathrm{N}_p(\boldsymbol{\beta}, \sigma^2(\mathbf{X}^T\mathbf{X})^{-1})$. Logo, tem-se, exatamente, que

$$(\hat{\boldsymbol{\beta}} - \boldsymbol{\beta})^T\mathbf{K}(\hat{\boldsymbol{\beta}} - \boldsymbol{\beta}) \sim \chi^2_p,$$

sendo $\mathbf{K} = \sigma^{-2}\mathbf{X}^T\mathbf{X}$ a matriz de informação.

Os erros-padrão dos EMVs $\hat{\beta}_1, \ldots, \hat{\beta}_p$ são iguais às raízes quadradas dos elementos da diagonal de $\widehat{\mathbf{K}}^{-1}$ e podem apresentar informações valiosas sobre a exatidão desses estimadores. Usa-se aqui a notação $\mathbf{K}^{-1} = \{\kappa^{r,s}\}$ para a inversa da matriz de informação em que, aproximadamente, $\mathrm{Cov}(\hat{\beta}_r, \hat{\beta}_s) = \kappa^{r,s}$. Então, com nível de confiança de 100(1-α)%, intervalos de confiança para os parâmetros $\beta_r's$ são determinados por

$$\hat{\beta}_r \mp z_{1-\alpha/2}\sqrt{\hat{\kappa}^{r,r}},$$

em que $\hat{\kappa}^{r,r} = \widehat{\mathrm{Var}}(\hat{\beta}_r)$ é o valor de $\kappa^{r,r}$ em $\hat{\boldsymbol{\beta}}$ e $z_{1-\alpha/2}$ é quantil $1 - \alpha/2$ da distribuição normal padrão. Na prática, como ϕ é desconhecido, substitui-se ϕ por uma estimativa consistente $\hat{\phi}$ e $z_{1-\alpha/2}$ por $t_{n-p,1-\alpha/2}$, o quantil $1 - \alpha/2$ da distribuição t de Student com $n - p$ graus de liberdade, para o cálculo dos intervalos de confiança para os parâmetros β_r. Nas Seções 4.5 e 4.6, serão apresentados testes e regiões de confiança construídos com base na função desvio.

A correlação estimada $\hat{\rho}_{rs}$ entre as estimativas $\hat{\beta}_r$ e $\hat{\beta}_s$ segue como

$$\hat{\rho}_{rs} = \widehat{\text{Corr}}(\hat{\beta}_r, \hat{\beta}_s) = \frac{\hat{\kappa}^{r,s}}{\sqrt{\hat{\kappa}^{r,r}\hat{\kappa}^{s,s}}},$$

deduzida a partir da inversa da matriz de informação $\mathbf{K}$ avaliada em $\hat{\boldsymbol{\beta}}$. Essas correlações permitem verificar, pelo menos aproximadamente, a interdependência dos $\hat{\beta}_r$.

Usando-se a expressão (4.4), tem-se que $\hat{\boldsymbol{\eta}} = \mathbf{X}\hat{\boldsymbol{\beta}} \sim \text{N}_p(\mathbf{X}\boldsymbol{\beta}, \mathbf{X}\mathbf{K}^{-1}\mathbf{X}^T)$. Então, com nível de confiança de 100(1-α)%, intervalos de confiança para os $\eta_i's$ são determinados por

$$\hat{\eta}_i \mp z_{1-\alpha/2}\sqrt{\widehat{\text{Var}}(\hat{\eta}_i)},$$

em que $\widehat{\text{Var}}(\hat{\eta}_i)$ é o valor da diagonal da matriz de equação (3.9) e $z_{1-\alpha/2}$ é quantil $1-\alpha/2$ da distribuição normal padrão. Na prática, como ϕ é desconhecido, substitui-se ϕ por uma estimativa consistente $\hat{\phi}$ e $z_{1-\alpha/2}$ por $t_{n-p,1-\alpha/2}$, o quantil $1-\alpha/2$ da distribuição t de Student com $n-p$ graus de liberdade, para o cálculo dos intervalos de confiança para os $\eta_i's$. Além disso, como $\eta_i = g(\mu_i)$, pode-se obter um intervalo de confiança para os $\mu_i = g^{-1}(\eta_i)$.

4.2 FUNÇÃO DESVIO E ESTATÍSTICA DE PEARSON GENERALIZADA

O ajuste de um modelo a um conjunto de observações $\mathbf{y}$ pode ser considerado como uma maneira de substituir $\mathbf{y}$ por um conjunto de valores estimados $\hat{\boldsymbol{\mu}}$ para um modelo com um número, relativamente pequeno, de parâmetros. Os $\hat{\mu}$ não serão exatamente iguais aos y e deve-se saber em quanto eles diferem. Isso porque uma discrepância pequena pode ser tolerável, enquanto uma discrepância grande, não.

Assim, admitindo-se uma combinação satisfatória da distribuição da variável resposta e da função de ligação, o objetivo é determinar quantos termos são necessários na estrutura linear para uma descrição razoável dos dados. Um número grande de variáveis explanatórias pode conduzir a um modelo que explique bem os dados, mas com um aumento de complexidade na interpretação. Por outro lado, um número pequeno de variáveis explanatórias pode implicar um modelo de interpretação fácil, porém, que se ajuste pobremente aos dados. O que se deseja na realidade é um modelo intermediário, entre um modelo muito complicado e um pobre em ajuste.

A n observações podem ser ajustados modelos contendo até n parâmetros. O modelo mais simples é o **modelo nulo** que tem um único parâmetro, representado por um valor μ comum a todos os dados. A matriz do modelo, então, reduz-se a um vetor coluna, com todos os seus elementos iguais a 1. Esse modelo atribui toda a variação entre os y ao componente aleatório. No modelo nulo, o valor comum para todas as médias dos dados é igual à média amostral, isto é, $\bar{y} = \sum_{i=1}^{n} y_i/n$, mas, em geral, não representa a estrutura dos dados. No outro extremo, está o **modelo saturado** ou **completo**, que tem n parâmetros especificados pelas médias $\mu_1, \ldots, \mu_n$ linearmente independentes, ou seja, correspondendo a uma matriz do modelo igual à matriz identidade de ordem n. O modelo saturado tem n parâmetros, um para cada observação, e as EMVs das médias são $\tilde{\mu}_i = y_i$, para $i = 1, \ldots, n$. O til é colocado para diferir das EMVs do MLG com matriz do modelo $\mathbf{X}$, de dimensões $n \times p$, com $p < n$. O modelo saturado atribui toda a variação dos dados ao componente sistemático e, assim, ajusta-se perfeitamente, reproduzindo os próprios dados.

Na prática, o modelo nulo é muito simples e o saturado é não informativo, pois não sumariza os dados, mas, simplesmente, os repete. Existem dois outros modelos, não tão extremos quanto os modelos nulo e saturado: o **modelo minimal**, que contém o menor número de termos necessários para o ajuste, e o **modelo maximal**, que inclui o maior número de termos que podem ser considerados. Os termos desses modelos são, geralmente, obtidos por interpretações a priori da estrutura dos dados. Em geral, trabalha-se com modelos encaixados, e o conjunto de matrizes dos modelos pode, então, ser formado pela inclusão sucessiva de termos ao modelo minimal até se chegar ao modelo maximal. Qualquer modelo com p parâmetros linearmente independentes, situado entre os modelos minimal e maximal, é denominado **modelo sob pesquisa** ou **modelo corrente**.

Determinados parâmetros têm que estar no modelo, como é o caso, por exemplo, de efeitos de blocos em modelos para respostas provenientes de experimentos planejados ou de totais marginais fixados em tabelas de contingência para análise de observações na forma de contagens. Assim, considerando-se um experimento casualizado em blocos, com tratamentos no esquema fatorial com dois fatores, têm-se os preditores lineares:

- nulo: $\eta_i = \alpha_0$;
- minimal: $\eta_i = \alpha_0 + \beta_\ell$;
- maximal: $\eta_i = \alpha_0 + \beta_\ell + \alpha_j + \gamma_k + (\alpha\gamma)_{jk}$;
- saturado: $\eta_i = \alpha_0 + \beta_\ell + \alpha_j + \gamma_k + (\alpha\gamma)_{jk} + (\beta\alpha)_{\ell j} + (\beta\gamma)_{\ell k} + (\beta\alpha\gamma)_{\ell jk}$,

sendo α_0 o efeito associado a uma constante; β_ℓ, o efeito associado ao bloco ℓ, $\ell = 1, \ldots, b$; α_j, o efeito associado ao j-ésimo nível do fator A; γ_k, o efeito associado ao k-ésimo nível do fator B; $(\alpha\gamma)_{jk}$, $(\beta\alpha)_{\ell j}$, $(\beta\gamma)_{\ell k}$, $(\beta\alpha\gamma)_{\ell jk}$, os efeitos associados às interações. O modelo saturado inclui, nesse caso, todas as interações com blocos que não são de interesse prático.

4.2.1 Função desvio

O problema principal de seleção de variáveis explanatórias é determinar a utilidade de um parâmetro extra no modelo corrente (sob pesquisa) ou, então, verificar a falta de ajuste induzida pela sua omissão. Com o objetivo de discriminar entre modelos alternativos, medidas de discrepância devem ser introduzidas para avaliar o ajuste de um modelo. Nelder e Wedderburn (1972) propuseram, como medida de discrepância, a "deviance" (traduzida como **desvio** escalonado por Cordeiro (1986)), cuja expressão é

$$S_p = 2(\hat{\ell}_n - \hat{\ell}_p),$$

sendo $\hat{\ell}_n$ e $\hat{\ell}_p$ os máximos do logaritmo da função de verossimilhança para os modelos saturado e corrente (sob pesquisa), respectivamente. Verifica-se que o modelo saturado é usado como base de medida do ajuste de um modelo sob pesquisa (modelo corrente). Do logaritmo da função de verossimilhança (3.1), obtêm-se

$$\hat{\ell}_n = \phi^{-1} \sum_{i=1}^{n} [y_i \tilde{\theta}_i - b(\tilde{\theta}_i)] + \sum_{i=1}^{n} c(y_i, \phi)$$

e

$$\hat{\ell}_p = \phi^{-1} \sum_{i=1}^{n} [y_i \hat{\theta}_i - b(\hat{\theta}_i)] + \sum_{i=1}^{n} c(y_i, \phi),$$

sendo $\tilde{\theta}_i = q(y_i)$ e $\hat{\theta}_i = q(\hat{\mu}_i)$ as EMVs do parâmetro canônico sob os modelos saturado e corrente, respectivamente.

Então, tem-se

$$S_p = \phi^{-1} D_p = 2\phi^{-1} \sum_{i=1}^{n} [y_i(\tilde{\theta}_i - \hat{\theta}_i) + b(\hat{\theta}_i) - b(\tilde{\theta}_i)], \quad (4.7)$$

em que S_p e D_p são denominados de desvio escalonado e desvio, respectivamente. O desvio D_p é função apenas dos dados y e das médias ajustadas $\hat{\mu}$. O desvio escalonado S_p depende de D_p e do parâmetro de dispersão ϕ. Pode-se, ainda, escrever

$$S_p = \phi^{-1} \sum_{i=1}^{n} d_i^2,$$

sendo que d_i^2 mede a diferença dos logaritmos das funções de verossimilhança observada e ajustada, para a observação i correspondente, e é denominado **componente do desvio**. A soma deles mede a discrepância total entre os dois modelos na escala logarítmica da verossimilhança. É, portanto, uma medida da distância dos valores ajustados $\hat{\mu}$ em relação às observações y, ou, de forma equivalente, do modelo corrente em relação ao modelo saturado. Verifica-se que o desvio equivale a uma constante menos duas vezes o máximo do logaritmo da função de verossimilhança para o modelo corrente, isto é,

$$S_p = 2\hat{\ell}_n - 2\hat{\ell}_p = \text{constante} - 2\hat{\ell}_p.$$

O desvio é computado facilmente para qualquer MLG a partir da EMV $\hat{\boldsymbol{\mu}} = g^{-1}(\mathbf{X}\hat{\boldsymbol{\beta}})$ de $\boldsymbol{\mu}$. O desvio é sempre maior do que ou igual a zero, e à medida que variáveis explanatórias entram no componente sistemático, o desvio decresce até se tornar zero para o modelo saturado. Para o teste, define-se o número de graus de liberdade do desvio do modelo por $\nu = n - p$, isto é, como o número de observações menos o posto da matriz do modelo sob pesquisa. Em alguns casos especiais, como nos modelos normal e log-linear, o desvio iguala-se às estatísticas comumente usadas nos testes de ajuste.

Exemplo 4.2

Seja $y_1, \ldots, y_n$ uma amostra de variáveis aleatórias com distribuição normal $\mathrm{N}(\mu_i, \sigma^2)$, sendo que $\mu_i = \mathbf{x}_i^T\boldsymbol{\beta}$. Tem-se $\phi = \sigma^2$, $\theta_i = \mu_i$ e $b(\theta_i) = \dfrac{\theta_i^2}{2}$. Logo,

$$\begin{aligned} S_p &= \frac{1}{\sigma^2}\sum_{i=1}^{n} 2\left[y_i(y_i - \hat{\mu}_i) - \frac{y_i^2}{2} + \frac{\hat{\mu}_i^2}{2}\right] = \frac{1}{\sigma^2}\sum_{i=1}^{n}(2y_i^2 - 2\hat{\mu}_i y_i - y_i^2 + \hat{\mu}_i^2) \\ &= \frac{1}{\sigma^2}\sum_{i=1}^{n}(y_i - \hat{\mu}_i)^2 = \frac{SQRes}{\sigma^2}, \end{aligned}$$

que coincide com a estatística clássica $SQRes = \sum_i (y_i - \hat{\mu}_i)^2$ com $(n - p)$ graus de liberdade dividida por σ^2.

Exemplo 4.3

Sejam $Y_1, \ldots, Y_n$ variáveis aleatórias representando contagens de sucessos em amostras independentes de tamanhos m_i. Suponha que $Y_i \sim \mathrm{B}(m_i, \pi_i)$, $\phi = 1$, $\theta_i = \log\left(\dfrac{\mu_i}{m_i - \mu_i}\right)$ e $b(\theta_i) = m_i \log(1 + e^{\theta_i}) = -m_i \log\left(\dfrac{m_i - \mu_i}{m_i}\right)$.

Logo,

$$\begin{aligned} S_p &= 2\sum_{i=1}^{n}\left\{y_i\left[\log\left(\frac{y_i}{m_i-y_i}\right)-\log\left(\frac{\hat{\mu}_i}{m_i-\hat{\mu}_i}\right)\right]\right\} \\ &+ 2\sum_{i=1}^{n}\left\{m_i\log\left(\frac{m_i-y_i}{m_i}\right)-m_i\log\left(\frac{m_i-\hat{\mu}_i}{m_i}\right)\right\} \end{aligned}$$

ou ainda,

$$S_p = 2\sum_{i=1}^{n}\left[y_i\log\left(\frac{y_i}{\hat{\mu}_i}\right)+(m_i-y_i)\log\left(\frac{m_i-y_i}{m_i-\hat{\mu}_i}\right)\right].$$

Essa expressão é válida para $0 < y_i < m_i$. Se $y_i = 0$ ou $y_i = m_i$, o i-ésimo termo de S_p deve ser substituído por $2m_i\log[m_i/(m_i-\hat{\mu}_i)]$ ou $2m_i\log(m_i/\hat{\mu}_i)$, respectivamente (PAULA, 2004). Se $m_i = 1$, isto é, $Y_i \sim \text{Bernoulli}(\pi_i)$ e a função de ligação considerada é a logística, a função desvio é apenas uma função das probabilidades estimadas e, portanto, não é informativa com relação ao ajuste do modelo aos dados (ver Seção 3.8.1 em Collett, 2002). O mesmo é válido para as funções de ligação probito e complemento log-log.

Para o modelo de Poisson, o desvio tem a forma

$$S_p = 2\left[\sum_{i=1}^{n}y_i\log\left(\frac{y_i}{\hat{\mu}_i}\right)+\sum_{i=1}^{n}(\hat{\mu}_i-y_i)\right].$$

Essa expressão é válida para $y_i > 0$. Se $y_i = 0$, o i-ésimo termo de S_p deve ser substituído por $2\hat{\mu}_i$. Em particular, para os modelos log-lineares a segunda soma é igual a zero, desde que a matriz $\mathbf{X}$ tenha uma coluna de 1s (Exercício 5 da Seção 4.8). Nesse caso, o desvio é igual à razão de verossimilhanças (denotada por G^2 ou Y^2), que é, geralmente, usada nos testes de hipóteses em tabelas de contingência.

Para o modelo binomial negativo, o desvio tem a forma

$$S_p = 2\sum_{i=1}^{n}\left[y_i\log\left(\frac{y_i}{\hat{\mu}_i}\right)+(y_i+k)\log\left(\frac{\hat{\mu}_i+k}{y_i+k}\right)\right].$$

Essa expressão é válida para $y_i > 0$. Se $y_i = 0$, o i-ésimo termo de S_p deve ser substituído por $2k\log\left(\frac{\hat{\mu}_i+k}{k}\right)$.

Para o modelo gama ($\theta = -\mu^{-1}$) com média μ e parâmetro de dispersão ϕ (= $\text{Var}(Y)/\text{E}(Y)^2$), a expressão do desvio é

$$S_p = 2\phi^{-1} \sum_{i=1}^{n} \left[\log\left(\frac{\hat{\mu}_i}{y_i}\right) + \frac{(y_i - \hat{\mu}_i)}{\hat{\mu}_i} \right],$$

que pode ainda ser simplificada em alguns casos especiais (Exercício 6 da Seção 4.8). Se algum componente do desvio é igual a zero, segundo Paula (2004), pode-se substituir D_p por

$$D_p = 2c(y) + 2 \sum_{i=1}^{n} \left[\log(\hat{\mu}_i) + \frac{y_i}{\hat{\mu}_i} \right],$$

sendo $c(y)$ uma função arbitrária, porém limitada. Pode ser usada, por exemplo, a expressão $c(y) = \sum_{i=1}^{n} \frac{y_i}{1 + y_i}$. Na Tabela 4.1, apresentam-se os desvios residuais para os principais modelos.

Tabela 4.1 Desvios residuais para alguns modelos.

Modelo	Desvio
Normal	$D_p = \sum_{i=1}^{n} (y_i - \hat{\mu}_i)^2$
Binomial	$D_p = 2 \sum_{i=1}^{n} \left[y_i \log\left(\frac{y_i}{\hat{\mu}_i}\right) + (m_i - y_i) \log\left(\frac{m_i - y_i}{m_i - \hat{\mu}_i}\right) \right]$
Poisson	$D_p = 2 \sum_{i=1}^{n} \left[y_i \log\left(\frac{y_i}{\hat{\mu}_i}\right) + (\hat{\mu}_i - y_i) \right]$
Binomial negativo	$D_p = 2 \sum_{i=1}^{n} \left[y_i \log\left(\frac{y_i}{\hat{\mu}_i}\right) + (y_i + k) \log\left(\frac{\hat{\mu}_i + k}{y_i + k}\right) \right]$
Gama	$D_p = 2 \sum_{i=1}^{n} \left[\log\left(\frac{\hat{\mu}_i}{y_i}\right) + \frac{y_i - \hat{\mu}_i}{\hat{\mu}_i} \right]$
Normal inverso	$D_p = \sum_{i=1}^{n} \frac{(y_i - \hat{\mu}_i)^2}{y_i \hat{\mu}_i^2}$

Quanto melhor for o ajuste do MLG aos dados tanto menor será o valor do desvio D_p. Assim, um modelo bem ajustado aos dados terá uma métrica $||\mathbf{y} - \hat{\boldsymbol{\mu}}||$ pequena, sendo essa métrica definida na escala do logaritmo da função de verossimilhança e, portanto, um modelo bem (mal) ajustado aos dados, com uma verossimilhança máxima grande (pequena), tem um pequeno (grande) desvio.

Uma maneira de se obter uma redução do desvio é aumentar o número de parâmetros no preditor linear, o que, porém, significa um aumento do grau de complexidade na interpretação do modelo. Na prática, procuram-se modelos simples com desvios moderados, situados entre os modelos mais complicados e os que se ajustam mal às observações. Para testar a adequação de um MLG, o valor calculado do desvio com $n - p$ graus de liberdade, sendo p o posto da matriz do modelo, deve ser comparado com o percentil de alguma distribuição de referência. Para o modelo normal com função de ligação identidade, assumindo-se que o modelo usado é verdadeiro e que σ^2 é conhecido, tem-se o resultado exato

$$S_p = \frac{D_p}{\sigma^2} \sim \chi^2_{n-p}.$$

Entretanto, para modelos normais com outras funções de ligação, esse resultado é apenas uma aproximação. Em alguns casos especiais da matriz modelo, com delineamentos experimentais simples, considerando-se as distribuições exponencial (caso especial da gama) e normal inversa, também, podem ser obtidos resultados exatos. No geral, porém, apenas alguns resultados assintóticos estão disponíveis e, em alguns casos, o desvio escalonado não tem distribuição χ^2_{n-p}, nem mesmo assintoticamente. O desvio modificado por uma correção de Bartlett proposta para os MLGs por Cordeiro (1983), Cordeiro (1987), Cordeiro (1995) tem sido usado para melhorar a sua aproximação pela distribuição χ^2_{n-p} de referência. Com efeito, o desvio modificado $S_p = (n - p)S_p/\widehat{\mathrm{E}}(S_p)$, em que a correção de Bartlett é expressa por $(n - p)/\widehat{\mathrm{E}}(S_p)$ quando $\mathrm{E}(S_p)$ é determinada até termos de ordem $O(n^{-1})$, sendo $\widehat{\mathrm{E}}(S_p)$ o valor de $\mathrm{E}(S_p)$ avaliado em $\hat{\mu}$, é melhor aproximado pela distribuição χ^2_{n-p} de referência do que o próprio desvio S_p, conforme comprovam os estudos de simulação de Cordeiro (1993).

Considerando-se que o modelo corrente é verdadeiro, para o modelo binomial, quando n é fixo e $m_i \longrightarrow \infty$, $\forall i$ (não vale quando $m_i\pi_i(1-\pi_i)$ permanece limitado) e para o modelo de Poisson, quando $\mu_i \longrightarrow \infty$, $\forall i$, tem-se que (lembre-se que $\phi = 1$): $S_p = D_p$ é, aproximadamente, distribuído como χ^2_{n-p}.

Nos modelos em que S_p depende do parâmetro de dispersão ϕ, conhecido, Jørgensen (1987) mostra que $S_p \overset{\mathcal{D}}{\longrightarrow} \chi^2_{n-p}$ quando $\phi \longrightarrow 0$, isto é, quando o parâmetro de dispersão é pequeno, a aproximação χ^2_{n-p} para S_p é satisfatória. Para o modelo gama, a aproximação da distribuição de S_p por χ^2_{n-p} será tanto melhor quanto mais próximo de 1 estiver o parâmetro de dispersão. Em geral, porém, não se conhece ϕ, que precisa ser substituído por uma estimativa consistente (Seção 4.4).

Na prática, para ϕ conhecido, contenta-se em testar um MLG comparando-se o valor de S_p com os percentis da distribuição χ^2_{n-p}. Assim, quando

$$S_p = \phi^{-1} D_p \leq \chi^2_{n-p;1-\alpha},$$

ou seja, S_p é inferior ao valor crítico $\chi^2_{n-p;1-\alpha}$ da distribuição χ^2_{n-p}, pode-se considerar que existem evidências, a um nível aproximado de $100\alpha\%$ de significância, que o modelo proposto está bem ajustado aos dados; ou, ainda, se o valor de D_p for próximo do valor esperado $n - p$ de uma distribuição χ^2_{n-p}, pode ser um indicativo de que o modelo ajustado aos dados é adequado.

O desvio D_p pode ser adotado como um critério de parada do algoritmo de ajuste descrito em (3.5) e, após a convergência, o seu valor com o correspondente número de graus de liberdade podem ser computados.

4.2.2 Estatística de Pearson generalizada X²

Uma outra medida da discrepância do ajuste de um modelo a um conjunto de dados é a estatística de Pearson generalizada X^2_p, cuja expressão é

$$X^2_p = \sum_{i=1}^{n} \frac{(y_i - \hat{\mu}_i)^2}{V(\hat{\mu}_i)} = (\mathbf{y} - \hat{\boldsymbol{\mu}})^T \widehat{V}^{-1} (\mathbf{y} - \hat{\boldsymbol{\mu}}), \tag{4.8}$$

sendo $V(\hat{\mu}_i)$ a função de variância estimada sob o modelo que está sendo ajustado aos dados. A estatística X^2_p tem como desvantagem o fato de tratar as observações simetricamente. A fórmula (4.8) da estatística de Pearson generalizada tem uma forma equivalente expressa em termos da variável dependente ajustada do Algoritmo (3.5), isto é,

$$X^2_p = (\mathbf{z} - \hat{\boldsymbol{\eta}})^T \widehat{\mathbf{W}} (\mathbf{z} - \hat{\boldsymbol{\eta}}), \tag{4.9}$$

que para o modelo canônico reduz-se a

$$X^2_p = (\mathbf{z} - \hat{\boldsymbol{\eta}})^T \widehat{\mathbf{V}} (\mathbf{z} - \hat{\boldsymbol{\eta}}).$$

Para respostas com distribuição normal, $X^2_p = D_p$ e $\sigma^{-2} X^2_p = \sigma^{-2} SQRes$ e, então,

$$X^2_p \sim \sigma^2 \chi^2_{n-p},$$

sendo esse resultado exato somente se a função de ligação for a identidade e σ^2 conhecido.

Para dados provenientes das distribuições binomial e de Poisson, em que $\phi = 1$, X_p^2 é a estatística original de Pearson, comumente usada na análise dos modelos logístico e log-linear em tabelas multidimensionais, e que tem a forma

$$X_p^2 = \sum_{i=1}^{n} \frac{(o_i - e_i)^2}{e_i},$$

sendo o_i a frequência observada e e_i a frequência esperada.

Segundo Jørgensen (2013), o caso do parâmetro ϕ conhecido é relevante apenas para dados discretos ($\phi = 1$ para as distribuições binomial e de Poisson) e recomenda-se o uso de X_p^2 ao invés de D_p como uma medida de qualidade de ajuste, baseado em estudos numéricos e analíticos que mostram que a distribuição χ_{n-p}^2 limitante é aproximada mais rapidamente (com o aumento do tamanho amostral) para X_p^2 do que para D_p.

Para as distribuições contínuas não-normais, têm-se apenas resultados assintóticos para X_p^2/ϕ, isto é, a distribuição χ_{n-p}^2 pode ser usada somente como uma aproximação para a distribuição de X_p^2/ϕ, que em muitos casos pode ser inadequada. Quando o parâmetro ϕ é desconhecido, como é o caso das distribuições contínuas, não há teste formal baseado em X_p^2 ou D_p (JøRGENSEN, 2013), sendo X_p^2 usado para estimar o parâmetro de dispersão ϕ.

O desvio S_p tem grande vantagem como medida de discrepância por ser aditivo para um conjunto de modelos encaixados, enquanto X_p^2, em geral, não tem essa propriedade, apesar de ser preferido em relação ao desvio, em muitos casos, pela facilidade de interpretação.

Exemplo 4.4

Considere os dados do Exemplo 2.1 da Seção 2.2. A variável resposta tem distribuição binomial, isto é, $Y_i \sim \mathrm{B}(m_i, \pi_i)$. Adotando-se a função de ligação logística (canônica) e o preditor linear como uma regressão linear simples, isto é,

$$\eta_i = \log\left(\frac{\mu_i}{m_i - \mu_i}\right) = \beta_0 + \beta_1 d_i,$$

tem-se $S_p = D_p = 10,26$ e $X_p^2 = 9,70$ com 4 graus de liberdade. Da tabela da distribuição χ^2, tem-se $\chi_{4;0,05}^2 = 9,49$ e $\chi_{4;0,01}^2 = 13,29$, indicando que existem evidências, a um nível de significância entre 0,05 e 0,01, que o modelo logístico linear ajusta-se, razoavelmente, a esse conjunto de dados. Um programa simples em linguagem R (R Core Team, 2021) para obter esses resultados é apresentado no Apêndice B.2. Necessita-se, porém, adicionalmente, do teste da hipótese $H_0 : \beta_1 = 0$, de uma análise de resíduos e de medidas de diagnóstico.

4.3 ANÁLISE DE DESVIO

A análise de desvio ("Analysis of Deviance" - Anodev) é uma generalização da análise de variância para os MLGs, visando obter, a partir de uma sequência de modelos encaixados, cada modelo incluindo mais termos do que os anteriores, os efeitos de variáveis explanatórias, os fatores e suas interações. Usa-se o desvio como uma medida de discrepância do modelo e forma-se uma tabela de diferenças de desvios.

Seja $M_{p_1}, M_{p_2}, \ldots, M_{p_r}$ uma sequência de modelos encaixados de dimensões respectivas $p_1 < p_2 < \ldots < p_r$, matrizes dos modelos $\mathbf{X}_{p_1}, \mathbf{X}_{p_2}, \ldots, \mathbf{X}_{p_r}$ e desvios $D_{p_1} > D_{p_2} > \ldots > D_{p_r}$, tendo os modelos a mesma distribuição e a mesma função de ligação. Essas desigualdades entre os desvios, em geral, não se verificam para a estatística de Pearson X_p^2 generalizada e, por essa razão, a comparação de modelos encaixados é feita, principalmente, baseada na função desvio. Assim, para o caso de um ensaio inteiramente casualizado, com r repetições e tratamentos no esquema fatorial, com a níveis para o fator A e b níveis para o fator B, obtêm-se os resultados mostrados na Tabela 4.2.

Tabela 4.2 Um exemplo de construção de uma tabela de Análise de Desvio.

Preditor linear	G.L.	Desvio	Dif. de desvios	Dif. de G.L.	Significado
Nulo	$rab - 1$	D_1			
			$D_1 - D_A$	$a - 1$	A ignorando B
A	$a(rb - 1)$	D_A			
			$D_A - D_{A+B}$	$b - 1$	B incluído A
A+B	$a(rb - 1) - (b - 1)$	D_{A+B}			
			$D_{A+B} - D_{A*B}$	$(a - 1)(b - 1)$	Interação AB incluídos A e B
A+B+A.B	$ab(r - 1)$	D_{A*B}			
			D_{A*B}	$ab(r - 1)$	Resíduo
Saturado	0	0			

Dois termos A e B são ortogonais se a redução que A (ou B) causa no desvio D_p é a mesma, esteja B (ou A) incluído, ou não, em M_p. Em geral, para os MLGs ocorre a não-ortogonalidade dos termos e a interpretação da tabela Anodev é mais complicada do que a Anova usual.

Sejam os modelos encaixados M_q e M_p ($M_q \subset M_p$, $q < p$), com q e p parâmetros, respectivamente. A estatística $D_q - D_p$ com $(p - q)$ graus de liberdade é interpretada como uma medida de variação dos dados, explicada pelos termos que estão em M_p e não estão em M_q, incluídos os efeitos dos termos em M_q e ignorando quaisquer efeitos dos termos que não estão em M_p. Tem-se, assintoticamente, para ϕ conhecido

$$S_q - S_p = \phi^{-1}(D_q - D_p) \sim \chi^2_{p-q},$$

em que $S_q - S_p$ é igual à estatística da razão de verossimilhanças (Seção 4.6).

Nesses termos, quando o modelo com menor número de parâmetros (q) é verdadeiro, $S_q - S_p$ tem distribuição assintótica χ^2_{p-q}. Entretanto, cada desvio residual não é distribuído, assintoticamente, como qui-quadrado. O teorema de Wilks (1937) requer que os espaços de parâmetros, segundo os modelos sob as hipóteses nula e alternativa, sejam de dimensão fixa, enquanto n cresce e, portanto, não se aplica ao desvio residual, cujo modelo alternativo é o saturado de dimensão n.

Se ϕ é desconhecido, deve-se obter uma estimativa $\hat{\phi}$ consistente, de preferência baseada no modelo maximal (com m parâmetros), e a inferência pode ser baseada na estatística F expressa por

$$F = \frac{(D_q - D_p)/(p-q)}{\hat{\phi}} \sim \mathrm{F}_{p-q,n-m}.$$

Para modelo normal linear, tem-se que

$$\frac{(SQRes_q - SQRes_p)/(p-q)}{SQRes_m/(n-m)} \sim \mathrm{F}_{p-q,n-m},$$

sendo a distribuição F exata.

Exemplo 4.5

Toxicidade de rotenona (cont.)

Considere os dados do Exemplo 2.1 da Seção 2.2. A variável resposta tem distribuição binomial, isto é, $Y_i \sim \mathrm{B}(m_i, \pi_i)$. Adotando-se a função de ligação logística (canônica) e o preditor linear expresso como uma regressão linear simples, isto é,

$$\eta_i = \log\left(\frac{\mu_i}{m_i - \mu_i}\right) = \beta_0 + \beta_1 d_i,$$

dois modelos encaixados podem ser propostos para a análise desses dados, a saber:

(a) o modelo nulo: $\eta_i = \beta_0$ e
(b) o modelo de regressão linear: $\eta_i = \beta_0 + \beta_1 d_i$.

Tabela 4.3 Desvios e X^2 residuais obtidos para dois modelos encaixados ajustados aos dados da Tabela 2.1.

Preditor linear	G.L.	Desvios	X^2
$\eta_i = \beta_0$	5	163,74	135,74
$\eta_i = \beta_0 + \beta_1 d_i$	4	10,26	9,70

$\chi^2_{4;0,05} = 9,49,\ \chi^2_{4;0,01} = 13,29$

A Tabela 4.3 apresenta os desvios e os valores da estatística de Pearson generalizada e seus respectivos números de graus de liberdade (g.l.), e a Tabela 4.4, a análise do desvio correspondente.

Tabela 4.4 Análise do Desvio, considerando o modelo logístico linear ajustado aos dados da Tabela 2.1.

Causas de Variação	G.L.	Desvios	Valor p
Regressão linear	1	153,49	$< 0,0001$
Resíduo	4	10,26	
Total	5	163,74	

$\chi^2_{1;0,05} = 3,84;\ \chi^2_{1;0,01} = 6,64$

O exame da Tabela 4.3, confirmando o que foi descrito no Exemplo 4.4, mostra que existem evidências, a um nível de significância entre 0,05 e 0,01, de que o modelo logístico linear ajusta-se razoavelmente a esse conjunto de dados, mas rejeita-se o modelo nulo. Pela Tabela 4.4, rejeita-se a hipótese nula $H_0 : \beta_1 = 0$, confirmando a adequação do modelo logístico linear. Necessita-se, porém, adicionalmente, de uma análise de resíduos e de diagnóstico. Note que o tamanho amostral é muito pequeno e, portanto, a teoria assintótica não é válida para este caso. Porém, este exemplo é usado apenas com propósitos ilustrativos.

Tem-se, ainda, que $\hat{\beta}_0 = -3,2257$ $[s(\hat{\beta}_0) = 0,3699]$ e $\hat{\beta}_1 = 0,6051$ $[s(\hat{\beta}_1) = 0,0678]$. O número esperado de insetos mortos $\hat{\mu}_i$ para a dose d_i é expresso por

$$\hat{\mu}_i = m_i \frac{\exp(-3,2257 + 0,6051 d_i)}{1 + \exp(-3,2257 + 0,6051 d_i)}.$$

Na Figura 4.1, representam-se as curvas do modelo binomial ajustado com funções de ligação logística, probit e complemento log-log, bem como os valores

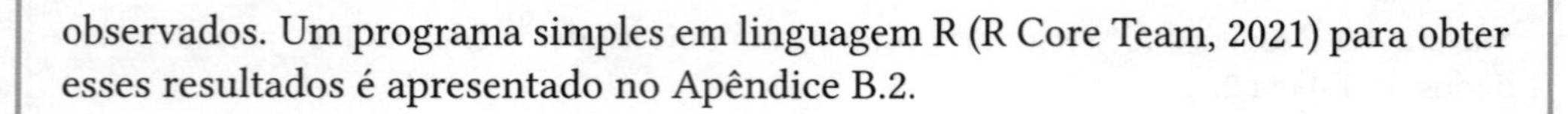

observados. Um programa simples em linguagem R (R Core Team, 2021) para obter esses resultados é apresentado no Apêndice B.2.

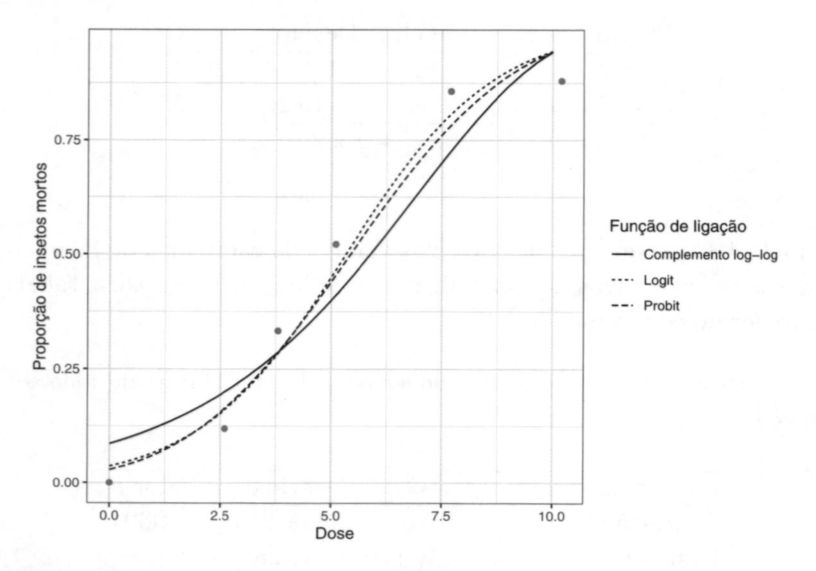

Figura 4.1 Valores observados e curvas ajustadas pelos modelos logístico, probito e complemento log-log lineares aos dados da Tabela 2.1.

4.4 ESTIMAÇÃO DO PARÂMETRO DE DISPERSÃO

Para as distribuições binomial e Poisson, tem-se que o parâmetro de dispersão $\phi = 1$. Quando ϕ é desconhecido (distribuições normal, normal inversa e gama), considera-se que seja o mesmo para todas as observações, isto é, constante. Torna-se necessário estimá-lo para obter os erros-padrão dos $\hat{\beta}s$, intervalos de confiança e testes de hipóteses para os βs, etc. (conforme descrito na Seção 3.4). Os métodos mais usados para a estimação de ϕ são: métodos do desvio, de Pearson e de máxima verossimilhança.

O método do desvio é baseado na aproximação χ^2_{n-p} para o desvio escalonado (4.7). Para um modelo bem ajustado às observações, espera-se, portanto, que o desvio escalonado S_p tenha valor esperado igual a $n - p$. Assim, obtém-se a estimativa do parâmetro ϕ

$$\hat{\phi}_d = \frac{D_p}{n-p}, \tag{4.10}$$

em que o desvio D_p é calculado de (4.7) como função das observações $\mathbf{y}$ e dos valores ajustados $\hat{\boldsymbol{\mu}}$. O estimador $\hat{\phi}_d$ é, aproximadamente, não viesado para os modelos normal e normal inverso. Para o modelo normal linear, $\hat{\phi}_d = \sum(y_i - \hat{\mu}_i)^2/(n-p)$ é o estimador usual não-viesado de σ^2. Para os modelos gama e normal inverso, as expressões correspondentes aos desvios D_p estão na Tabela 4.1, possibilitando calcular $\hat{\phi}_d$ de (4.10).

O método de Pearson é baseado na aproximação da distribuição da estatística de Pearson X_p^2 generalizada (4.8), dividida por ϕ, pela distribuição χ^2_{n-p}. Obtém-se, assim, a estimativa de Pearson de ϕ

$$\hat{\phi}_P = \frac{1}{n-p}\sum_{i=1}^{n}\frac{(y_i - \hat{\mu}_i)^2}{V(\hat{\mu}_i)}. \tag{4.11}$$

Para o modelo normal, $\hat{\phi}_d = \hat{\phi}_P$. Para os demais modelos contínuos, esses estimadores diferem em valor. Os estimadores $\hat{\phi}_P$ para os modelos gama e normal inverso são deduzidos de (4.11), fazendo-se $V(\mu) = \mu^2$ e $V(\mu) = \mu^3$, respectivamente.

O método de máxima verossimilhança é sempre possível em teoria, mas pode tornar-se complicado computacionalmente quando não existir solução explícita para a EMV. Se ϕ é o mesmo para todas as observações, a EMV de $\boldsymbol{\beta}$ independe de ϕ. Entretanto, a matriz de variâncias e covariâncias dos $\hat{\beta}s$ envolve esse parâmetro. Interpretando o logaritmo da função de verossimilhança $\ell(\boldsymbol{\beta}, \phi)$ como função de $\boldsymbol{\beta}$ e de ϕ, supondo $\mathbf{y}$ conhecido, pode-se escrever da equação (3.1)

$$\ell(\boldsymbol{\beta}, \phi) = \phi^{-1}\sum_{i=1}^{n}[y_i\theta_i - b(\theta_i)] + \sum_{i=1}^{n} c(y_i, \phi). \tag{4.12}$$

A função escore relativa ao parâmetro ϕ é expressa por

$$U_\phi = \frac{\partial \ell(\boldsymbol{\beta}, \phi)}{\partial \phi} = -\phi^{-2}\sum_{i=1}^{n}[y_i\theta_i - b(\theta_i)] + \sum_{i=1}^{n}\frac{dc(y_i, \phi)}{d\phi}.$$

Observa-se que U_ϕ é função de $\boldsymbol{\beta}$ por meio de $\boldsymbol{\theta}$ (ou $\boldsymbol{\mu}$) e de ϕ, supondo $\mathbf{y}$ conhecido. A EMV $\hat{\phi}$ de ϕ é calculada igualando-se $\partial\ell(\hat{\boldsymbol{\beta}}, \phi)/\partial\phi$ a zero. Claro que a EMV $\hat{\phi}$ é função das médias ajustadas $\hat{\boldsymbol{\mu}}$ e dos dados $\mathbf{y}$. Da forma da função $c(y, \phi)$ especificada na Seção 1.3 (Tabela 1.1), verifica-se facilmente que $\hat{\phi} = D_p/n$ para os modelos normal e normal inverso. Para o modelo gama, obtém-se a EMV $\hat{\phi}$ de ϕ como solução da equação não linear

$$\log\left(\hat{\phi}^{-1}\right) - \psi\left(\hat{\phi}^{-1}\right) = \frac{D_p}{2n}, \tag{4.13}$$

em que o desvio D_p é apresentado na Tabela 4.1 e $\psi(r) = d\log\Gamma(r)/dr$ é a função digama (função psi). Uma aproximação para $\hat{\phi}$ obtida de (4.13) foi deduzida por Cordeiro e McCullagh (1991) para valores pequenos de ϕ

$$\hat{\phi} \approx \frac{2D_p}{n\left[1 + \left(1 + \frac{2D_p}{3n}\right)^{1/2}\right]}.$$

Derivando-se U_ϕ em relação a β_r, tem-se

$$U_{\phi r} = \frac{\partial^2 \ell(\boldsymbol{\beta}, \phi)}{\partial\phi\partial\beta_r} = -\phi^{-2}\sum_{i=1}^{n}\frac{(y_i - \mu_i)}{V_i}\frac{d\mu_i}{d\eta_i}x_{ir}.$$

Logo, $\mathrm{E}(U_{\phi r}) = 0$, o que mostra que os parâmetros ϕ e $\boldsymbol{\beta}$ são ortogonais. Esse fato implica que os EMV de $\boldsymbol{\beta}$ e ϕ são, assintoticamente, independentes.

Como U_ϕ é função de ϕ e $\boldsymbol{\mu}$, escreve-se $U_\phi = U_\phi(\phi, \boldsymbol{\mu})$. Pode-se mostrar que $2U_\phi(\hat{\phi}, \mathbf{y}) = D_p$, isto é, duas vezes a função escore relativa a ϕ avaliada no ponto $(\hat{\phi}, \mathbf{y})$ é igual ao desvio do modelo.

4.4.1 Comparação dos três métodos de estimação do parâmetro de dispersão no modelo gama

Nesta seção, comparam-se as três estimativas $\hat{\phi}_d$, $\hat{\phi}_P$ e $\hat{\phi}$ de ϕ no modelo gama. Cordeiro e McCullagh (1991) usaram a desigualdade $\frac{1}{2x} < \log x - \psi(x) < \frac{1}{x}$, em que $\psi(\cdot)$ é a função digama, para mostrar que

$$\frac{D_p}{2n} < \hat{\phi} < \frac{D_p}{n}$$

e, portanto,

$$\frac{\hat{\phi}_d(n-p)}{2n} < \hat{\phi} < \frac{\hat{\phi}_d(n-p)}{n}.$$

Logo, para n grande, a EMV de ϕ deve ficar entre $\hat{\phi}_d/2$ e $\hat{\phi}_d$, ou seja, será menor do que $\hat{\phi}_d$.

Para comparar $\hat{\phi}_d$ e $\hat{\phi}_P$, admite-se que a matriz modelo $\mathbf{X}$ tenha uma coluna de uns relativa ao intercepto. Nesse caso, o desvio D_p reduz-se a $D_p = 2\sum_{i=1}^{n}\log(\hat{\mu}_i/y_i)$, pois $\sum_{i=1}^{n}(y_i - \hat{\mu}_i)/\hat{\mu}_i = 0$. Considere a expansão em série de Taylor

$$f(x) = f(a) + f'(a)(x-a) + \frac{f''(a)}{2!}(x-a)^2 + \frac{f'''(a)}{3!}(x-a)^3 + \cdots$$

e a função $f(y_i) = \log(\hat{\mu}_i/y_i)$ com $x = y_i$ e $a = \hat{\mu}_i$. Então, $f'(y_i) = -y_i^{-1}$, $f''(y_i) = y_i^{-2}$ e $f'''(y_i) = -2y_i^{-3}$ e

$$f(y_i) = \log\left(\frac{\hat{\mu}_i}{y_i}\right) \approx -\frac{(y_i - \hat{\mu}_i)}{\hat{\mu}_i} + \frac{(y_i - \hat{\mu}_i)^2}{2\hat{\mu}_i^2} - \frac{(y_i - \hat{\mu}_i)^3}{3\hat{\mu}_i^3}.$$

Logo,

$$D_p = 2\sum_{i=1}^{n} \log\left(\frac{\hat{\mu}_i}{y_i}\right) \approx -2\sum_{i=1}^{n} \frac{(y_i - \hat{\mu}_i)}{\hat{\mu}_i} + \sum_{i=1}^{n} \frac{(y_i - \hat{\mu}_i)^2}{\hat{\mu}_i^2} - \frac{2}{3}\sum_{i=1}^{n} \frac{(y_i - \hat{\mu}_i)^3}{\hat{\mu}_i^3}. \quad (4.14)$$

O primeiro termo dessa expansão é nulo, pois o MLG tem por hipótese uma coluna de uns. Dividindo a equação (4.14) por $n - p$ e usando (4.10) e (4.11), tem-se

$$\hat{\phi}_d \approx \hat{\phi}_P - \frac{2}{3(n-p)} \sum_{i=1}^{n} \frac{(y_i - \hat{\mu}_i)^3}{\hat{\mu}_i^3}.$$

Como a última soma pode ser positiva ou negativa, conclui-se que $\hat{\phi}_d$ pode ser maior do que, menor do que ou igual a $\hat{\phi}_P$. Se o MLG tiver um bom ajuste, as médias ajustadas e as observações serão próximas e, assim, $\hat{\phi}_d \doteq \hat{\phi}_P$.

4.5 TESTES DE HIPÓTESES

Os métodos de inferência nos MLGs baseiam-se, fundamentalmente, na teoria de máxima verossimilhança. De acordo com essa teoria, três estatísticas são, comumente, usadas para testar hipóteses relativas aos parâmetros βs, sendo deduzidas de distribuições assintóticas de funções adequadas dos EMVs dos $\beta' s$. Elas são: razão de verossimilhanças, Wald e escore, que são assintoticamente equivalentes.

Sob a hipótese nula e supondo que o parâmetro de dispersão ϕ é conhecido, as três estatísticas convergem para uma variável aleatória com distribuição χ^2_p, sendo, porém, a razão de verossimilhanças o critério que define um teste uniformemente mais poderoso. Um estudo comparativo dessas estatísticas pode ser encontrado em Buse (1982) para o caso de hipóteses simples. Outras referências importantes são Silvey (1975), Cordeiro (1986), Dobson e Barnett (2008), McCulloch e Searle (2000) e Paula (2004).

A razão de verossimilhanças para testar componentes do vetor $\boldsymbol{\beta}$ pode ser obtida como uma diferença de desvios entre modelos encaixados. A estatística de Wald (1943), também denominada de "máxima verossimilhança" por alguns autores, é baseada na distribuição normal assintótica de $\hat{\boldsymbol{\beta}}$. A estatística escore (RAO, 1973, Seção 6e) é obtida da função escore introduzida na Seção 3.2.

Dependendo da hipótese a ser testada, em particular, qualquer uma dessas três estatísticas pode ser a mais apropriada. Para hipóteses relativas a um único coeficiente β_r, a estatística de Wald é a mais usada. Para hipóteses relativas a vários coeficientes, a razão de verossimilhanças é, geralmente, preferida. A estatística escore tem sido usada na Bioestatística com a finalidade de realizar testes como os do tipo de Mantel e Haenszel (1959).

4.5.1 Teste de uma hipótese nula simples

Considere o teste da hipótese nula simples $H_0 : \boldsymbol{\beta} = \boldsymbol{\beta}_0$ em um MLG supondo ϕ conhecido, em que $\boldsymbol{\beta}_0$ é um vetor especificado para o vetor $\boldsymbol{\beta}$ de parâmetros desconhecidos, versus a hipótese alternativa $H : \boldsymbol{\beta} \neq \boldsymbol{\beta}_0$. Esse teste não é muito usado, pois, na prática, o interesse é especificar um subconjunto de componentes de $\boldsymbol{\beta}$. As três estatísticas para testar H_0 têm as seguintes formas:

- razão de verossimilhanças: $w = 2[\ell(\hat{\boldsymbol{\beta}}) - \ell(\boldsymbol{\beta}_0)]$;
- estatística de Wald: $W = (\hat{\boldsymbol{\beta}} - \boldsymbol{\beta}_0)^T \widehat{\mathbf{K}} (\hat{\boldsymbol{\beta}} - \boldsymbol{\beta}_0)$;
- estatística escore: $S_R = \mathbf{U}(\boldsymbol{\beta}_0)^T \mathbf{K}_0^{-1} \mathbf{U}(\boldsymbol{\beta}_0)$,

em que $\ell(\hat{\boldsymbol{\beta}})$ e $\ell(\boldsymbol{\beta}_0)$ são os valores do logaritmo da função de verossimilhança (3.1) em $\hat{\boldsymbol{\beta}}$ e $\boldsymbol{\beta}_0$, respectivamente, $\mathbf{U}(\boldsymbol{\beta}_0)$ e $\mathbf{K}_0$ são o vetor escore e a matriz de informação avaliadas em $\boldsymbol{\beta}_0$, e $\widehat{\mathbf{K}}$ a matriz de informação avaliada na EMV $\hat{\boldsymbol{\beta}}$. Na estatística de Wald, $\widehat{\mathbf{K}}$ pode ser substituída por $\mathbf{K}_0$ para definir uma estatística de Wald modificada assintoticamente equivalente. Uma vantagem da estatística escore é que não é necessário calcular a EMV de $\boldsymbol{\beta}$ segundo a hipótese alternativa H, embora na prática essa estatística seja importante.

As três estatísticas descritas são assintoticamente equivalentes e, segundo a hipótese nula H_0, convergem em distribuição para a variável χ^2_p. Se o modelo tem um único parâmetro, usando-se as estatísticas $\sqrt{S_R}$ e $\sqrt{W}$, com um sinal adequado, ao invés de S_R e W, obtêm-se testes de mais fácil interpretação.

A estatística escore é definida pela forma quadrática $S_R = \mathbf{U}^T \mathbf{K}^{-1} \mathbf{U}$. O vetor escore $\mathbf{U}$ tem como propriedades: $\mathrm{E}(\mathbf{U}) = \mathbf{0}$ e $\mathrm{Cov}(\mathbf{U}) = \mathrm{E}(\mathbf{U}\mathbf{U}^T) = \mathbf{K}$, descritas na Seção 4.1. Supondo observações independentes, o vetor escore é definido por uma soma de variáveis aleatórias independentes que, pelo teorema central do limite, tem distribuição assintótica normal p-dimensional $\mathrm{N}_p(\mathbf{0}, \mathbf{K})$. Logo, para amostras grandes, a estatística escore $S_R = \mathbf{U}^T \mathbf{K}^{-1} \mathbf{U}$ converge, assintoticamente, para uma distribuição χ^2_p, supondo que o modelo com os parâmetros especificados na hipótese nula seja verdadeiro.

Exemplo 4.6

Seja $y_1, \ldots, y_n$ uma amostra de variáveis aleatórias com distribuição normal $N(\mu, \sigma^2)$ com μ desconhecido e σ^2 conhecido. No contexto dos MLGs, tem-se:

(i) somente um parâmetro de interesse, μ;
(ii) não há variáveis explanatórias;
(iii) a função de ligação é a identidade $\eta = \mu$.

O logaritmo da função de verossimilhança é

$$\ell = \ell(\mu) = -\frac{1}{2\sigma^2}\sum_{i=1}^{n}(y_i - \mu)^2 - \frac{n}{2}\log(2\pi\sigma^2),$$

a partir do qual se obtêm:

$$U = \frac{d\ell}{d\mu} = \frac{1}{\sigma^2}\sum_{i=1}^{n}(y_i - \mu) = \frac{n}{\sigma^2}(\bar{y} - \mu),$$

$$\mathrm{E}(U) = \frac{n}{\sigma^2}\left[\mathrm{E}(\bar{Y}) - \mu\right] = 0$$

e

$$K = \mathrm{Var}(U) = \frac{n^2}{\sigma^4}\mathrm{Var}(\bar{Y}) = \frac{n}{\sigma^2}.$$

Portanto,

$$S_R = U^T K^{-1} U = \frac{(\bar{Y} - \mu)^2}{\frac{\sigma^2}{n}} \sim \chi^2_1,$$

resultado que pode ser usado para a construção de intervalos de confiança para μ, supondo σ^2 conhecido.

Exemplo 4.7

Suponha que Y tem distribuição binomial $B(m, \pi)$. Então, o logaritmo da função de verossimilhança para uma única observação é

$$\ell(\pi) = \log\binom{m}{y} + y\log(\pi) + (m - y)\log(1 - \pi)$$

e, portanto,

$$U = \frac{d\ell(\pi)}{d\pi} = \frac{y}{\pi} - \frac{(m - y)}{1 - \pi} = \frac{y - m\pi}{\pi(1 - \pi)}.$$

Mas $\text{E}(Y) = \mu = m\pi$ e $\text{Var}(Y) = m\pi(1-\pi) = \frac{\mu}{m}(m-\mu)$. Logo,

$$\text{E}(U) = 0 \;\text{ e }\; K = \text{Var}(U) = \frac{\text{Var}(Y)}{\pi^2(1-\pi)^2} = \frac{m}{\pi(1-\pi)}.$$

Assim,

$$S_R = U^T K^{-1} U = \frac{(Y - m\pi)^2}{m\pi(1-\pi)} = \frac{[Y - \text{E}(Y)]^2}{\text{Var}(Y)}$$

que, pelo teorema central do limite, tem distribuição χ^2_1, ou, equivalentemente,

$$\frac{Y - \text{E}(Y)}{\sqrt{\text{Var}(Y)}} = \frac{\sqrt{m}(Y-\mu)}{\sqrt{\mu(m-\mu)}} \xrightarrow{\mathcal{D}} \text{N}(0,1),$$

resultado que pode ser usado para se fazer inferência sobre μ.

4.5.2 Teste de uma hipótese nula composta

Quando se tem um vetor de parâmetros $\boldsymbol{\beta}$ em um MLG, muitas vezes há interesse em testar apenas um subconjunto de $\boldsymbol{\beta}$. Supõe-se que o parâmetro de dispersão ϕ é conhecido. Seja, então, uma partição do vetor de parâmetros $\boldsymbol{\beta}$ expressa por $\boldsymbol{\beta} = (\boldsymbol{\beta}_1^T \;\; \boldsymbol{\beta}_2^T)^T$, em que $\boldsymbol{\beta}_1$, de dimensão q, é o vetor de interesse e $\boldsymbol{\beta}_2$, de dimensão $(p-q)$, o vetor de parâmetros de perturbação. De forma semelhante, tem-se a partição da matriz modelo $\mathbf{X} = (\mathbf{X}_1 \;\; \mathbf{X}_2)$, do vetor escore $\mathbf{U} = \phi^{-1}\mathbf{X}^\mathbf{T}\mathbf{W}\mathbf{G}(\mathbf{y}-\boldsymbol{\mu}) = (\mathbf{U}_1^\mathbf{T} \;\; \mathbf{U}_2^\mathbf{T})^\mathbf{T}$ com $\mathbf{U}_1 = \phi^{-1}\mathbf{X}_1^\mathbf{T}\mathbf{W}\mathbf{G}(\mathbf{y}-\boldsymbol{\mu})$ e $\mathbf{U}_2 = \phi^{-1}\mathbf{X}_2^\mathbf{T}\mathbf{W}\mathbf{G}(\mathbf{y}-\boldsymbol{\mu})$ e da matriz de informação de Fisher para $\boldsymbol{\beta}$

$$\mathbf{K} = \phi^{-1}\mathbf{X}^T\mathbf{W}\mathbf{X} = \begin{bmatrix} \mathbf{K}_{11} & \mathbf{K}_{12} \\ \mathbf{K}_{21} & \mathbf{K}_{22} \end{bmatrix},$$

sendo que $\mathbf{K}_{12} = \mathbf{K}_{21}^T$.

Usando-se resultados conhecidos de álgebra linear, que envolvem partição de matrizes (SEARLE, 1982), tem-se, para amostras grandes, a variância assintótica de $\hat{\boldsymbol{\beta}}_1$:

$$\text{Cov}(\hat{\boldsymbol{\beta}}_1) = (\mathbf{K}_{11} - \mathbf{K}_{12}\mathbf{K}_{22}^{-1}\mathbf{K}_{21})^{-1} = \phi[\mathbf{X}_1^T\mathbf{W}^{1/2}(\mathbf{I}-\mathbf{P}_2)\mathbf{W}^{1/2}\mathbf{X}_1]^{-1},$$

sendo $\mathbf{P}_2 = \mathbf{W}^{1/2}\mathbf{X}_2(\mathbf{X}_2^\mathbf{T}\mathbf{W}\mathbf{X}_2)^{-1}\mathbf{X}_2^\mathbf{T}\mathbf{W}^{1/2}$ a matriz projeção segundo o modelo com matriz $\mathbf{X}_2$.

Sejam as hipóteses

$$H_0 : \boldsymbol{\beta}_1 = \boldsymbol{\beta}_{1,0} \quad \text{versus} \quad H : \boldsymbol{\beta}_1 \neq \boldsymbol{\beta}_{1,0},$$

sendo $\boldsymbol{\beta}_{1,0}$ um vetor especificado para $\boldsymbol{\beta}_1$. Seja $\hat{\boldsymbol{\beta}} = (\hat{\boldsymbol{\beta}}_1^T \ \hat{\boldsymbol{\beta}}_2^T)^T$ a EMV de $\boldsymbol{\beta}$ sem restrição e $\tilde{\boldsymbol{\beta}} = (\boldsymbol{\beta}_{1,0}^T \ \tilde{\boldsymbol{\beta}}_2^T)^T$ a EMV restrita de $\boldsymbol{\beta}$, em que $\tilde{\boldsymbol{\beta}}_2$ é a EMV de $\boldsymbol{\beta}_2$ sob H_0. A seguir, são definidos os três testes mais usados para testar a hipótese H_0.

(a) **Teste da razão de verossimilhanças**

Envolve a comparação dos valores do logaritmo da função de verossimilhança maximizada sem restrição ($\ell(\hat{\boldsymbol{\beta}}_1, \hat{\boldsymbol{\beta}}_2)$) e sob H_0 ($\ell(\boldsymbol{\beta}_{1,0}, \tilde{\boldsymbol{\beta}}_2)$), ou, em termos do desvio, a comparação de $D(\mathbf{y}; \hat{\boldsymbol{\mu}})$ e $D(\mathbf{y}; \tilde{\boldsymbol{\mu}})$, em que $\tilde{\boldsymbol{\mu}} = g^{-1}(\tilde{\boldsymbol{\eta}})$ e $\tilde{\boldsymbol{\eta}} = \mathbf{X}\tilde{\boldsymbol{\beta}}$. Esse teste é, geralmente, preferido no caso de hipóteses relativas a vários coeficientes βs. Se as diferenças são grandes, então, a hipótese H_0 é rejeitada. A estatística da razão de verossimilhanças para esse teste pode ser expressa como uma diferença de desvios

$$w = 2[\ell(\hat{\boldsymbol{\beta}}_1, \hat{\boldsymbol{\beta}}_2) - \ell(\boldsymbol{\beta}_{1,0}, \tilde{\boldsymbol{\beta}}_2)] = \phi^{-1}[D(\mathbf{y}; \tilde{\boldsymbol{\mu}}) - D(\mathbf{y}; \hat{\boldsymbol{\mu}})]. \quad (4.15)$$

Para amostras grandes, rejeita-se H_0, a um nível de $100\alpha\%$ de significância, se $w > \chi^2_{q,1-\alpha}$.

(b) **Teste de Wald**

É baseado na distribuição normal assintótica de $\hat{\boldsymbol{\beta}}$, sendo uma generalização da estatística t de Student (WALD, 1943). É, geralmente, o mais usado no caso de hipóteses relativas a um único coeficiente β_r. Tem como vantagem, em relação ao teste da razão de verossimilhanças, o fato de não haver necessidade de se calcular a EMV restrita $\tilde{\boldsymbol{\beta}}_2$. Como descrito na Seção 4.1, assintoticamente, $\hat{\boldsymbol{\beta}} \sim \mathrm{N}_p(\boldsymbol{\beta}, \mathbf{K}^{-1})$. Assim, a estatística para esse teste é

$$W = (\hat{\boldsymbol{\beta}}_1 - \boldsymbol{\beta}_{1,0})^T \widehat{\mathrm{Cov}}(\hat{\boldsymbol{\beta}}_1)^{-1} (\hat{\boldsymbol{\beta}}_1 - \boldsymbol{\beta}_{1,0}), \quad (4.16)$$

sendo $\widehat{\mathrm{Cov}}(\hat{\boldsymbol{\beta}}_1)$ a matriz $\mathrm{Cov}(\hat{\boldsymbol{\beta}}_1)$ avaliada em $\hat{\boldsymbol{\beta}} = (\hat{\boldsymbol{\beta}}_1^T \ \hat{\boldsymbol{\beta}}_2^T)^T$. Para amostras grandes, rejeita-se H_0, a um nível de $100\alpha\%$ de significância, se $W > \chi^2_{q,1-\alpha}$.

(c) **Teste escore**

A estatística para esse teste é definida a partir da função escore como

$$S_R = \mathbf{U}_1^T(\tilde{\boldsymbol{\beta}}) \widetilde{\mathrm{Cov}}(\hat{\boldsymbol{\beta}}_1) \mathbf{U}_1(\tilde{\boldsymbol{\beta}}), \quad (4.17)$$

sendo $\widetilde{\mathrm{Cov}}(\hat{\boldsymbol{\beta}}_1)$ a matriz $\mathrm{Cov}(\hat{\boldsymbol{\beta}}_1)$ avaliada em $\tilde{\boldsymbol{\beta}} = (\boldsymbol{\beta}_{1,0}^T \ \tilde{\boldsymbol{\beta}}_2^T)^T$. Para amostras grandes, rejeita-se H_0, a um nível de $100\alpha\%$ de significância, se $S_R > \chi^2_{q,1-\alpha}$.

As três estatísticas (4.15), (4.16) e (4.17) diferem por termos de ordem $O_p(n^{-1})$. As expansões assintóticas das distribuições dessas três estatísticas são descritas em Cordeiro (1999, Seção 5.7).

Para o cálculo das estatísticas Wald e escore, deve-se obter $\text{Cov}(\hat{\beta}_1)$ da inversa da matriz de informação subdividida como $\mathbf{K}$, ou seja,

$$\text{Cov}(\hat{\boldsymbol{\beta}}) = \mathbf{K}^{-1} = \phi(\mathbf{X}^T\mathbf{W}\mathbf{X})^{-1} = \begin{pmatrix} \mathbf{K}^{11} & \mathbf{K}^{12} \\ \mathbf{K}^{21} & \mathbf{K}^{22} \end{pmatrix},$$

sendo que $\mathbf{K}^{12} = \mathbf{K}^{21^T}$, $\text{Cov}(\hat{\boldsymbol{\beta}}_1) = \mathbf{K}^{11}$, $\text{Cov}(\hat{\boldsymbol{\beta}}_2) = \mathbf{K}^{22}$ e $\text{Cov}(\hat{\boldsymbol{\beta}}_1, \hat{\boldsymbol{\beta}}_2) = \mathbf{K}^{12}$.

4.6 REGIÕES DE CONFIANÇA

Considera-se, nesta seção, que o parâmetro ϕ é conhecido ou estimado. Regiões de confiança assintóticas para $\boldsymbol{\beta}_1$ podem ser construídas usando-se qualquer uma das três estatísticas de teste. A partir da estatística da razão de verossimilhanças, uma região de confiança para $\boldsymbol{\beta}_1$, com um coeficiente de confiança de $100(1-\alpha)\%$, inclui todos os valores de $\boldsymbol{\beta}_1$ tais que:

$$2[\ell(\hat{\boldsymbol{\beta}}_1, \hat{\boldsymbol{\beta}}_2) - \ell(\boldsymbol{\beta}_1, \tilde{\boldsymbol{\beta}}_2)] < \chi^2_{q,1-\alpha},$$

em que $\tilde{\boldsymbol{\beta}}_2$ é a EMV de $\boldsymbol{\beta}_2$ para cada valor de $\boldsymbol{\beta}_1$ que é testado ser pertencente, ou não, ao intervalo, e $\chi^2_{q,1-\alpha}$ é o percentil da distribuição χ^2 com q graus de liberdade, correspondente a um nível de significância igual a $100\alpha\%$.

Usando-se a estatística de Wald, uma região de confiança para $\boldsymbol{\beta}_1$, com um coeficiente de confiança de $100(1-\alpha)\%$, inclui todos os valores de $\boldsymbol{\beta}_1$ tais que:

$$(\hat{\boldsymbol{\beta}}_1 - \boldsymbol{\beta}_1)^T \widehat{\text{Cov}}(\hat{\boldsymbol{\beta}}_1)^{-1}(\hat{\boldsymbol{\beta}}_1 - \boldsymbol{\beta}_1) < \chi^2_{q,1-\alpha}.$$

Alternativamente, regiões de confiança para os parâmetros lineares $\beta_1, \ldots, \beta_p$ de um MLG podem ser construídas usando-se a função desvio. Deseja-se uma região de confiança aproximada para um conjunto particular de parâmetros $\beta_1, \ldots, \beta_q$ de interesse. Sejam S_p o desvio do modelo M_p com todos os p parâmetros e S_{p-q} o desvio do modelo M_{p-q} com $p-q$ parâmetros linearmente independentes, e os q parâmetros de interesse tendo valores fixados: $\beta_r = \beta_r^*$, $r = 1, \ldots, q$. No ajuste do modelo M_{p-q}, a quantidade $\sum_{r=1}^{q} \beta_r^* \mathbf{x}^{(r)}$ representa um *offset* (isto é, uma parte conhecida na estrutura linear do modelo), sendo $\mathbf{x}^{(r)}$ a r-ésima coluna da matriz modelo $\mathbf{X}$ correspondente a β_r.

Uma região aproximada de $100(1-\alpha)\%$ de confiança para $\beta_1, \ldots, \beta_q$ é definida pelo conjunto de pontos β_r^*, $r = 1, \ldots, q$, não rejeitados pela estatística $S_{p-q} - S_p$, isto é, por

$$\{\beta_r^*, r = 1, \ldots, q; S_{p-q} - S_p < \chi^2_{q,1-\alpha}\}. \tag{4.18}$$

Embora, na prática, o cálculo dessas regiões de confiança apresente um trabalho considerável, os software R, S-Plus, SAS e Matlab têm as facilidades necessárias, incluindo o uso de gráficos.

No caso do intervalo de confiança para um único parâmetro β_r, tem-se

$$\{\beta_r^*; S_{p-1} - S_p < \chi^2_{1,1-\alpha}\}, \tag{4.19}$$

em que S_{p-1} é o desvio do modelo com os parâmetros $\beta_1, \ldots, \beta_{r-1}, \beta_{r+1}, \ldots, \beta_p$ e *offset* $\beta_r^* \mathbf{x}^{(r)}$. Um outro intervalo aproximado para β_r, simétrico e assintoticamente equivalente a (4.19), pode ser obtido de

$$[\hat{\beta}_r - a_{\alpha/2}(-\hat{\kappa}^{rr})^{1/2}, \hat{\beta}_r + a_{\alpha/2}(-\hat{\kappa}^{rr})^{1/2}], \tag{4.20}$$

em que $-\hat{\kappa}^{rr}$ é o elemento (r, r) de $\widehat{\mathbf{K}}^{-1}$ e $\Phi(-a_{\alpha/2}) = \alpha/2$, sendo $\Phi(\cdot)$ a f.d.a. da distribuição normal $\mathrm{N}(0, 1)$.

A construção de (4.20) é muito mais simples do que (4.19), pois é necessário apenas o ajuste do modelo M_p. A grande vantagem do uso da equação (4.19), ao invés de (4.20), é de ser independente da parametrização adotada. Por exemplo, com uma parametrização diferente para o parâmetro de interesse $\gamma_r = h(\beta_r)$, o intervalo baseado na distribuição normal assintótica de $\hat{\gamma}_r$ não corresponde exatamente a (4.20). Entretanto, usando (4.19), o intervalo para γ_r pode ser calculado por simples transformação $\{h(\beta_r^*); S_{p-1} - S_p < \chi^2_{1,1-\alpha}\}$.

4.7 SELEÇÃO DE VARIÁVEIS EXPLANATÓRIAS

Na prática, é difícil selecionar um conjunto de variáveis explanatórias para formar um modelo parcimonioso, devido aos problemas de ordem combinatória e estatística. O problema de cunho combinatório é selecionar todas as combinações possíveis de variáveis explanatórias que deverão ser testadas para inclusão no preditor linear. O problema estatístico é definir, com a inclusão de um novo termo no preditor linear, o balanço entre o efeito de reduzir a discrepância entre $\hat{\mu}$ e y e o fato de se ter um modelo mais complexo.

Outras estatísticas que servem como medidas de comparação da qualidade de ajuste do modelo e o seu grau de complexidade são os critérios de informação de Akaike $AIC_p = -2\hat{\ell}_p + 2p$ (AKAIKE, 1974) e de Bayes $BIC_p = -2\hat{\ell}_p + p\log(n)$ (SCHWARZ, 1978) que, para os MLGs podem ser expressos, respectivamente, como

$$AIC_p = S_p + 2p - 2\hat{\ell}_n. \tag{4.21}$$

e

$$BIC_p = S_p + p\log(n) - 2\hat{\ell}_n. \tag{4.22}$$

Se o modelo envolver um parâmetro de dispersão ϕ, este deve ser estimado, como descrito na Seção 4.4, para calcular um valor numérico em (4.21) e (4.22). Uma das generalizações das estatísticas AIC_p e BIC_p utiliza uma penalização intermediária: $GAIC_p = -2\hat{\ell}_p + kp$, em que $2 \leq k \leq \log(n)$ (STASINOPOULOS et al., 2017).

O critério de Akaike foi desenvolvido para estender o método de máxima verossimilhança para a situação de ajustes de vários modelos com diferentes números de parâmetros e para decidir quando parar o ajuste. A Estatística (4.21) pode ajudar na seleção de modelos complexos e tem demonstrado produzir soluções razoáveis para muitos problemas de seleção de modelos que não podem ser abordados pela teoria convencional de máxima verossimilhança. Um valor baixo para AIC_p é considerado como representativo de um melhor ajuste e os modelos são selecionados visando a se obter um mínimo AIC_p. De forma semelhante, interpreta-se BIC_p.

Uma outra medida de comparação equivalente ao critério de Akaike é

$$C_p^* = S_p + 2p - n = AIC_p + 2\hat{\ell}_n - n. \tag{4.23}$$

Para um MLG isolado, usualmente é mais simples trabalhar com C_p^* do que AIC_p. Para o modelo normal linear com variância constante σ^2, C_p^* reduz-se à estatística $C_p = SQR_p/\tilde{\sigma}^2 + 2p - n$ (MALLOWS, 1966), em que $SQR_p = \sum_{\ell=1}^{n}(y_\ell - \hat{\mu}_\ell)^2$ e $\tilde{\sigma}^2 = SQR_m/(n-m)$ é, a menos de um coeficiente multiplicador, o resíduo quadrático médio baseado no modelo maximal com m parâmetros. Nesse caso, $AIC_p = SQR_p/\tilde{\sigma}^2 + 2p + n\log(2\pi\tilde{\sigma}^2)$. Nota-se que $C_m = m$.

Em geral, $\mathrm{E}(C_p^*) \neq p$. Para o modelo normal linear com variância conhecida, tem-se $\mathrm{E}(C_p^*) = p$, supondo que o modelo é verdadeiro. Se a variância for desconhecida, o valor esperado de $C_p^*(= C_p)$ será muito maior do que p quando o modelo não se ajustar bem aos dados. Um gráfico de C_p^* (ou AIC_p) versus p é um bom indicativo para comparar modelos alternativos. Considerando dois modelos encaixados $M_q \subset M_p$, $p > q$, tem-se $AIC_p - AIC_q = C_p^* - C_q^* = S_p - S_q + 2(p-q)$ e, portanto, supondo M_q verdadeiro, $\mathrm{E}(AIC_p - AIC_q) = p - q + O(n^{-1})$.

Na comparação de modelos sucessivamente mais ricos, a declividade esperada do segmento de reta unindo AIC_p com AIC_q (ou C_p^* com C_q^*) deve ser próxima de 1, supondo o modelo mais pobre M_q verdadeiro. Pares de modelos com declividade observada maior do que 1 indicam que o modelo maior (M_p) não é, significativamente, melhor do que o modelo menor (M_q).

Uma outra tentativa para seleção de variáveis explanatórias é minimizar a expressão (ATKINSON, 1981)

$$A_p = D_p + \frac{p\alpha}{\phi}, \tag{4.24}$$

em que D_p é o desvio do modelo M_p sem o parâmetro de dispersão ϕ e α é uma constante ou função de n. Para o cálculo de (4.24), ϕ é estimado como descrito na Seção 4.4. Tem-se $A_p = [C_p^* + p(\alpha - 2) + n]/p$ e para $\alpha = 2$, A_p é equivalente a C_p^* (ou AIC_p).

4.8 EXERCÍCIOS

1. Para os modelos normal, gama, normal inverso e Poisson com componentes sistemáticos $\eta_i = \mu_i^\lambda = \beta_0 + \beta_1 x_i$, e para o modelo binomial com $\eta_i = \log\{[(1-\mu_i)^{-\lambda} - 1]\lambda^{-1}\} = \beta_0 + \beta_1 x_i$, sendo λ conhecido, calcule:
   (a) as estruturas de covariância assintótica de $\hat{\boldsymbol{\beta}}$ e $\hat{\boldsymbol{\mu}}$;
   (b) as estatísticas escore, de Wald e da razão de verossimilhanças nos testes: $H_1 : \beta_1 = 0$ versus $H_1' : \beta_1 \neq 0$ e $H_2 : \beta_0 = 0$ versus $H_2' : \beta_0 \neq 0$;
   (c) intervalos de confiança para os parâmetros β_0 e β_1.

2. Sejam $Y_1, \ldots, Y_n$ variáveis binárias independentes e identicamente distribuídas com $P(Y_i = 1) = 1 - P(Y_i = 0) = \mu$, $0 < \mu < 1$. A distribuição de Y_i pertence à família (1.4) com parâmetro natural θ. Demonstre que a estatística de Wald para testar $H_0 : \theta = 0$ versus $H : \theta \neq 0$ é $W = [n\hat{\theta}^2 \exp(\hat{\theta})]/[1 + \exp(\hat{\theta})]^2$, sendo os valores possíveis de $\hat{\theta}$ iguais a $\log[t/(n-t)]$, $t = 1, \ldots, n-1$. Quais as formas das estatísticas escore e da razão de verossimilhanças?

3. Deduza as expressões das estatísticas desvio D_p e X_p^2 de Pearson generalizada para as distribuições descritas no Capítulo 1.

4. (a) Mostre que para os modelos log-lineares com a matriz do modelo tendo uma coluna de uns, o desvio reduz-se a $S_p = 2\sum_{i=1}^n y_i \log(y_i/\hat{\mu}_i)$;
   (b) Mostre que para o modelo gama com índice ν e função de ligação potência $\eta = \mu^\lambda$ ou $\eta = \log(\mu)$, nesse último caso a matriz $\mathbf{X}$ tendo uma coluna de uns, o desvio reduz-se a $S_p = 2\nu \sum_{i=1}^n \log(\hat{\mu}_i/y_i)$.

5. Mostre que aos dois modelos do exercício 4 se aplica o resultado mais geral $\sum_{i=1}^n (y_i - \hat{\mu}_i)\hat{\mu}_i V^{-1}(\hat{\mu}_i) = 0$ quando o modelo tem função de ligação $\eta = \mu^\lambda (\lambda \neq 0)$ ou $\eta = \log(\mu)$, nesse último caso, $\mathbf{X}$ com uma coluna de uns.

6. (a) Mostre que para o modelo gama simples com índice ν, em que todas as médias são iguais, o desvio reduz-se à estatística clássica $S_1 = 2n\nu \log(\bar{y}/\tilde{y})$, em que $\bar{y}$ e $\tilde{y}$ são as médias aritmética e geométrica dos dados, respectivamente.
   (b) Mostre que, para um MLG, sendo ℓ o logaritmo da função de verossimilhança total, $\mathrm{E}(\partial^2\ell/\partial\phi\partial\beta_j) = 0$ e, portanto, os parâmetros ϕ e $\boldsymbol{\beta}$ são ortogonais.

7. Demonstre que a EMV do parâmetro de dispersão ϕ é calculada por

   (a) $\hat{\phi} = D_p/n$ (modelos normal e normal inverso);

   (b) $\hat{\phi} = \dfrac{D_p}{n}\left(1 + \sqrt{1 + \dfrac{2D_p}{3n}}\right)^{-1}$ (modelo gama, expressão aproximada para ϕ pequeno) (CORDEIRO; MCCULLAGH, 1991).

8. Considere uma única resposta $Y \sim \mathrm{B}(m, \pi)$.

   (a) deduza a expressão para a estatística de Wald $W = (\hat{\pi}-\pi)^T\widehat{K}(\hat{\pi}-\pi)$, em que $\hat{\pi}$ é a EMV de π e $\widehat{K}$ é a informação de Fisher estimada em $\hat{\pi}$;
   (b) deduza a expressão para a estatística escore $S_R = \widetilde{U}^T\widetilde{K}^{-1}\widetilde{U}$ e verifique que é igual à estatística de Wald;
   (c) deduza a expressão para a estatística da razão de verossimilhanças $w = 2[\ell(\hat{\mu}) - \ell(\mu)]$;
   (d) para amostras grandes, as estatísticas escore, de Wald e da razão de verossimilhanças têm distribuição assintótica χ^2_1. Sejam $m = 10$ e $y = 3$. Compare essas estatísticas usando $\pi = 0,1$, $\pi = 0,3$ e $\pi = 0,5$. Quais as conclusões obtidas?

9. Seja $y_1, \ldots, y_n$ uma amostra de variáveis aleatórias com distribuição exponencial de média μ. Sejam as hipóteses $H_0 : \mu = \mu_0$ *vs* $H : \mu \neq \mu_0$. Demonstre que:

   (a) $w = 2n\left[\log\left(\dfrac{\mu_0}{\bar{y}}\right) + \dfrac{\bar{y} - \mu_0}{\mu_0}\right]$ (teste da razão de verossimilhanças);
   (b) $W = \dfrac{n(\bar{y} - \mu_0)^2}{\bar{y}^2}$ (teste de Wald);
   (c) $S_R = \dfrac{n(\bar{y} - \mu_0)^2}{\mu_0^2}$ (teste escore).

10. Sejam $y_1, \ldots, y_n$ uma amostra de variáveis aleatórias independentes com distribuição de Poisson com média $\mu_i = \mu\rho^{i-1} (i = 1, \ldots, n)$. Deduza as estatísticas escore, de Wald e da razão de verossimilhanças para os testes das hipóteses que se seguem:

    (a) $H_0 : \mu = \mu_0$ versus $H : \mu \neq \mu_0$, quando ρ é conhecido;
    (b) $H_0 : \rho = \rho_0$ versus $H : \rho \neq \rho_0$, quando μ é conhecido.

11. Considere a estrutura linear $\eta_i = \beta x_i, i = 1, \ldots, n$, com um único parâmetro β desconhecido e função de ligação $\eta = (\mu^\lambda - 1)\lambda^{-1}$, λ conhecido. Calcule a EMV de β, considerando-se os modelos normal, Poisson, gama, normal inverso e binomial negativo. Faça o mesmo para o modelo binomial com função de ligação $\eta = \log\{[(1-\mu)^{-\lambda} - 1]\lambda^{-1}\}$, λ conhecido. Calcule, ainda, as estimativas quando $x_1 = \ldots = x_n$.

12. No exercício anterior, considere o teste de $H_0 : \beta = \beta_0$ versus $H : \beta \neq \beta_0$, sendo β_0 um valor especificado para o parâmetro desconhecido. Calcule:

    (a) a variância assintótica de $\hat{\beta}$;
    (b) as estatísticas para os testes da razão de verossimilhanças e as estatísticas de Wald e escore;
    (c) um intervalo de confiança, com um coeficiente de confiança de $100(1-\alpha)\%$, para β;
    (d) um intervalo de confiança, com um coeficiente de confiança de $100(1-\alpha)\%$, para uma função $g(\beta)$ com $g(\cdot)$ conhecido.

13. Seja $y_1, \ldots, y_n$ uma amostra de variáveis aleatórias com distribuição gama $G(\mu, \phi)$ com média μ e parâmetro de dispersão ϕ. Demonstre que:

    (a) a EMV de ϕ satisfaz $\log(\hat{\phi}) + \psi(\hat{\phi}^{-1}) = \log(\tilde{y}/\bar{y})$, sendo $\bar{y}$ e $\tilde{y}$ as médias aritmética e geométrica dos dados, respectivamente, e $\psi(\cdot)$ a função digama;
    (b) uma solução aproximada é expressa como $\hat{\phi} = 2(\bar{y} - \tilde{y})/\bar{y}$.

14. Sejam $Y_i \sim N(\mu_i, \sigma^2)$ e os $Y_i' s$ independentes, $i = 1, \ldots, n$, com variância constante desconhecida e $\mu_i = \exp(\beta x_i)$. Calcule:

    (a) a matriz de informação para β e σ^2;

(b) as estatísticas escore, de Wald e da razão de verossimilhanças nos seguintes testes: $H_1 : \beta = \beta^{(0)}$ *versus* $H_1' : \beta \neq \beta^{(0)}$ e $H_2 : \sigma^2 = \sigma^{(0)2}$ *versus* $H_2' : \sigma^2 \neq \sigma^{(0)2}$;
(c) intervalos de confiança para β e σ^2.

15. Sejam $Y_i \sim \text{P}(\mu_i)$ com $\mu_i = \mu\rho^{i-1}$, $i = 1, \ldots, n$. Calcule as estatísticas escore, de Wald e da razão de verossimilhanças nos seguintes testes:

(a) de $H_0 : \mu = \mu^{(0)}$ versus $H : \mu \neq \mu^{(0)}$ para os casos de ρ conhecido e desconhecido;
(b) de $H_0 : \rho = \rho^{(0)}$ versus $H : \rho \neq \rho^{(0)}$ para os casos de μ conhecido e desconhecido.

16. Sejam $Y_1, \ldots, Y_n$ variáveis aleatórias independentes com distribuição gama $\text{G}(\mu_i, \phi)$, sendo ϕ o parâmetro de dispersão, com $\mu_i = \phi^{-1}\exp(-\alpha - \beta x_i)$, em que ϕ, α e β são parâmetros desconhecidos, e os $x_i's$ são valores especificados, $i = 1, \ldots, n$. Calcule as três estatísticas clássicas para os seguintes testes:

(a) $H_1 : \beta = 0$ versus $H_1' : \beta \neq 0$;
(b) $H_2 : \phi = \phi^{(0)}$ versus $H_2' : \phi \neq \phi^{(0)}$;
(c) $H_3 : \alpha = 0$ versus $H_3' : \alpha \neq 0$.

17. Seja $y_1, \ldots, y_n$ uma amostra de variáveis aleatórias com distribuição normal $\text{N}(\mu_i, \sigma^2)$, com σ^2 conhecido, e $\mu_i = \alpha + \beta\exp(-\gamma x_i)$, $i = 1, \ldots, n$, em que α, β e γ são parâmetros desconhecidos.

(a) Calcule intervalos de confiança para α, β e γ;
(b) Teste $H_0 : \gamma = 0$ versus $H : \gamma \neq 0$ por meio das estatísticas escore, de Wald e da razão de verossimilhanças;
(c) Como proceder em (a) e (b) se σ^2 for desconhecido?

18. Sejam $Y_1, \ldots, Y_n$ variáveis aleatórias independentes e identicamente distribuídas como normal $\text{N}(\mu, \sigma^2)$. Define-se $Z_i = |Y_i|$, $i = 1, \ldots, n$. Demonstrar que a razão de verossimilhanças no teste de $H_0 : \mu = 0$ versus $H : \mu \neq 0$, σ^2 desconhecido, é, assintoticamente, equivalente ao teste baseado em valores grandes da estatística $T = \sum_{i=1}^{n} Z_i^4 / \sum_{i=1}^{n} Z_i^2$, que é uma estimativa do coeficiente de curtose de Z.

19. Considere o teste do exercício anterior. Demonstre as expressões das estatísticas escore $S_R = n\bar{y}^2/\tilde{\sigma}^2$ e de Wald $W = n\bar{y}^2/\hat{\sigma}^2$, em que $\bar{y}$ é a média dos $y's$, $\hat{\sigma}^2 = \sum_{i=1}^{n}(y_i - \bar{y})^2/n$ e $\tilde{\sigma}^2 = \hat{\sigma}^2 + \bar{y}^2$ são as estimativas de σ^2, segundo H e H_0, respectivamente, e que, segundo H_0, $\text{E}(W) = (n-1)/(n-3)$ e $\text{E}(S_R) = 1 + O(n^{-2})$.

20. Sejam k amostras independentes de tamanhos n_i ($i = 1, \ldots, k$; $n_i \geq 2$) obtidas de populações normais diferentes de médias μ_i e variâncias σ_i^2, $i = 1, \ldots, k$. Formule o critério da razão de verossimilhanças para o teste de homogeneidade de variâncias, $H_0 : \sigma_1^2 = \ldots = \sigma_k^2$ versus $H : \sigma_i^2$ não é constante. Como realizar esse teste na prática?

21. Seja um MLG com estrutura linear $\eta_i = \beta_1 + \beta_2 x_i + \beta_3 x_i^2$ e função de ligação $g(\cdot)$ conhecida. Determine as estatísticas nos testes da razão de verossimilhanças e as estatísticas de Wald e escore para as hipóteses:

    (a) $H_0 : \beta_2 = \beta_3 = 0$ versus $H : H_0$ é falsa;
    (b) $H_0 : \beta_2 = 0$ versus $H : \beta_2 \neq 0$;
    (c) c) $H_0 : \beta_3 = 0$ versus $H : \beta_3 \neq 0$.

22. Considere uma tabela de contingência $r \times s$, em que Y_{ij} tem distribuição de Poisson $\text{P}(\mu_{ij})$, $i = 1, \ldots, r$, $j = 1, \ldots, s$. Para o teste da hipótese de independência linha-coluna versus uma alternativa geral, calcule a forma das estatísticas escore, de Wald e da razão de verossimilhanças.

23. Considere o problema de testar $H_0 : \mu = 0$ versus $H : \mu \neq 0$ numa distribuição normal $\text{N}(\mu, \sigma^2)$ com σ^2 desconhecido. Compare as estatísticas dos testes escore, de Wald e da razão de verossimilhanças entre si e com a distribuição χ^2 assintótica.

24. Seja uma distribuição multinomial com probabilidades $\pi_1, \ldots, \pi_m$ dependendo de um parâmetro θ desconhecido. Considere uma amostra de tamanho n. Calcule a forma das estatísticas dos testes da razão de verossimilhanças, escore e de Wald para testar as hipóteses $H_0 : \theta = \theta^{(0)}$ versus $H : \theta \neq \theta^{(0)}$, sendo $\theta^{(0)}$ um valor especificado.

25. A estatística escore pode ser usada para escolher um entre dois modelos separados. Sejam $Y_1, \ldots, Y_n$ variáveis aleatórias independentes com Y_i tendo distribuição normal $\text{N}(\mu_i, \sigma^2)$, com $\mu_i = \beta x_i$ ou $\mu_i = \gamma z_i$, $i =$

$1, \ldots, n$, sendo todos os parâmetros desconhecidos e os $x_i s$ e os $z_i s$ conhecidos. Proponha um teste baseado na estatística escore para escolher uma dentre essas estruturas.

26. Sejam $Y_1, \ldots, Y_n$ variáveis aleatórias independentes, sendo que Y_i, $i = 1, \ldots, n$, tem distribuição binomial negativa inflacionada de zeros (BNIZ) com $P(Y_i = y_i)$ especificada no Exercício 10 do Capítulo 1, em que $\log(\lambda) = X\boldsymbol{\beta}$, $\log[(\omega/(1-\omega)] = Z\boldsymbol{\gamma}$, X e Z são matrizes de variáveis explanatórias e $\boldsymbol{\beta}$ e $\boldsymbol{\gamma}$ vetores de parâmetros.

    (a) Mostre que a estatística escore para testar a hipótese H_0: PIZ versus H : BNIZ, isto é, $H_0 : \alpha = 0$ versus $H_1 : \alpha > 0$ é expressa como $T = S\sqrt{\hat{\kappa}^{\alpha\alpha}}$, em que $S = \frac{1}{2}\sum_i \hat{\lambda}_i^{c-1}\left\{\left[(y_i - \hat{\lambda}_i)^2 - y_i\right] - I_{(y_i=0)}\hat{\lambda}_i^2\hat{\omega}_i/\hat{p}_{0,i}\right\}$, $\hat{\kappa}^{\alpha\alpha}$ é o elemento superior esquerdo da inversa da matriz de informação de Fisher

    $$\mathbf{K} = \begin{bmatrix} \kappa_{\alpha\alpha} & K_{\alpha\beta} & K_{\alpha\gamma} \\ K_{\alpha\beta} & K_{\beta\beta} & K_{\beta\gamma} \\ K_{\alpha\gamma} & K_{\beta\gamma} & K_{\gamma\gamma} \end{bmatrix}$$

    avaliada na EMV sob H_0. Note que $\kappa_{\alpha\alpha}$ é um escalar, e que os outros elementos são, em geral, matrizes com dimensões determinadas pelas dimensões dos vetores de parametros $\boldsymbol{\beta}$ e $\boldsymbol{\gamma}$. No limite, quando $\alpha \longrightarrow \infty$, os elementos típicos da matriz de informação são deduzidos por Ridout, Hinde e Demétrio (2001).

    (b) Mostre que, no caso particular em que não há variáveis explanatórias para λ e ω, o teste escore simplifica-se para

    $$T = \frac{\sum_i\left[(y_i - \hat{\lambda})^2 - y_i\right] - n\hat{\lambda}^2\hat{\omega}}{\hat{\lambda}\sqrt{n(1-\hat{\omega})\left(2 - \dfrac{\hat{\lambda}^2}{e^{\hat{\lambda}} - 1 - \hat{\lambda}}\right)}}.$$

CAPÍTULO 5

Resíduos e Diagnósticos

5.1 INTRODUÇÃO

A escolha de um MLG engloba três etapas principais: i) definição da distribuição (que determina a função de variância); ii) definição da função de ligação; iii) definição da matriz do modelo.

Na prática, porém, pode ocorrer que, após escolha cuidadosa de um modelo e subsequente ajuste a um conjunto de observações, o resultado obtido seja insatisfatório. Isso decorre em função de algum desvio sistemático entre as observações e os valores ajustados ou, então, porque uma ou mais observações são discrepantes em relação às demais.

Desvios sistemáticos podem surgir pela escolha inadequada da função de variância (falsa distribuição populacional para a variável resposta), da função de ligação e da matriz do modelo, ou ainda pela definição errada da escala da variável dependente ou das variáveis explanatórias (um parâmetro importante que está sendo omitido no modelo) ou mesmo porque algumas observações se mostram dependentes ou exibem alguma forma de correlação serial. Discrepâncias isoladas podem ocorrer porque os pontos estão nos extremos da amplitude de validade da variável explanatória (uma ou mais observações não pertencendo à distribuição proposta para a variável resposta), ou porque eles estão realmente errados como resultado de uma leitura incorreta ou uma transcrição mal feita, ou ainda porque algum fator não controlado influenciou a obtenção deles.

Na prática, em geral, há uma combinação dos diferentes tipos de falhas. Assim, por exemplo, a detecção de uma escolha incorreta da função de ligação pode ocorrer porque ela está realmente errada ou porque uma ou mais variáveis explanatórias estão na escala errada ou devido à presença de alguns pontos discrepantes. Esse fato faz com que a verificação da adequação de um modelo para um determinado conjunto de observações seja um processo realmente difícil. Maiores detalhes sobre análise de resíduos e diagnósticos podem ser encontrados em Atkinson (1985), Cordeiro (1986), Atkinson et al. (1989), McCullagh e Nelder (1989), Francis, Green e Payne (1993), Paula (2004) e Moral, Hinde e Demétrio (2017).

5.2 TÉCNICAS PARA VERIFICAR O AJUSTE DE UM MODELO

As técnicas usadas com esse objetivo podem ser formais ou informais. As informais baseiam-se em exames visuais de gráficos para detectar padrões, ou então, pontos discrepantes. As formais envolvem especificar o modelo sob pesquisa em uma classe mais ampla pela inclusão de um parâmetro (ou vetor de parâmetros) extra (γ). As mais usadas são baseadas nos testes da razão de verossimilhanças e escore. Parâmetros extras podem aparecer devido à:

- inclusão de uma variável explanatória adicional;
- inclusão de uma variável explanatória x em uma família $h(x;\gamma)$ indexada por um parâmetro γ, sendo um exemplo a família de Box-Cox;
- inclusão de uma função de ligação $g(\mu)$ em uma família mais ampla $g(\mu;\gamma)$, sendo um exemplo a família de Aranda-Ordaz (1981), especificada no Exercício 3 do Capítulo 2;
- inclusão de uma variável construída, por exemplo $\hat{\eta}^2$, a partir do ajuste original, para o teste de adequação da função de ligação;
- inclusão de uma variável *dummy* tendo o valor 1 (um) para a unidade discrepante e 0 (zero) para as demais. Isso é equivalente a eliminar essa observação do conjunto de dados, fazer a análise com a observação discrepante e sem ela e verificar, então, se a mudança no valor do desvio é significativa, ou não. Ambos, porém, dependem da localização do(s) ponto(s) discrepante(s).

5.3 ANÁLISE DE RESÍDUOS E DIAGNÓSTICOS PARA O MODELO LINEAR CLÁSSICO

No modelo clássico de regressão $\mathbf{y} = \mathbf{X}\boldsymbol{\beta} + \boldsymbol{\epsilon}$, os elementos ϵ_i do vetor $\boldsymbol{\epsilon}$ são as diferenças entre os valores observados y_i e aqueles esperados μ_i pelo modelo. Esses elementos são denominados erros aleatórios (ou ruídos brancos) e considera-se que os ϵ_i são independentes e, além disso, que ϵ_i tem distribuição normal com média zero e variância σ^2, isto é, $\mathrm{N}(0,\sigma^2)$. Esses termos representam a variação natural dos dados, mas, também, podem ser interpretados como o efeito cumulativo de fatores que não foram considerados no modelo. Se as pressuposições do modelo são violadas, a análise resultante pode conduzir a resultados duvidosos. Esse tipo de violação do modelo origina as falhas denominadas sistemáticas (não linearidade, não normalidade, heterocedasticidade, não independência etc.). Outro fato bastante comum é a presença de pontos atípicos (falhas isoladas), que podem influenciar, ou não, no ajuste do modelo. Eles podem surgir de várias maneiras. Segundo Atkinson (1985), algumas possibilidades são:

- devido a erros grosseiros na variável resposta ou nas variáveis explanatórias, por medidas erradas ou registro da observação, ou ainda, erros de transcrição;
- observação proveniente de uma condição distinta das demais;
- modelo mal especificado (falta de uma ou mais variáveis explanatórias, modelo inadequado etc.);
- escala usada de forma errada, isto é, talvez os dados sejam melhor descritos após uma transformação, do tipo logarítmica ou raiz quadrada, por exemplo;
- a parte sistemática do modelo e a escala estão corretas, mas a distribuição da resposta tem uma cauda mais longa do que a distribuição normal.

A partir de um conjunto de observações e ajustando-se um determinado modelo com p parâmetros linearmente independentes, para verificar as pressuposições devem ser considerados como elementos básicos:

- os valores estimados (ou ajustados) $\hat{\mu}_i$;
- os resíduos ordinários $r_i = y_i - \hat{\mu}_i$;
- a variância residual estimada (ou quadrado médio residual), $\hat{\sigma}^2 = s^2 = \text{QMRes} = \sum_{i=1}^{n}(y_i - \hat{\mu}_i)^2/(n-p)$;
- os elementos da diagonal (*leverage*) da matriz de projeção $\mathbf{H} = \mathbf{X}(\mathbf{X}^T\mathbf{X})^{-1}\mathbf{X}^T$, isto é,
$$h_{ii} = \mathbf{x}_i^T(\mathbf{X}^T\mathbf{X})^{-1}\mathbf{x}_i,$$
sendo $\mathbf{x}_i^T = (x_{i1}, \ldots, x_{ip})$.

Uma ideia importante é a da deleção (*deletion*), isto é, a comparação do ajuste do modelo escolhido, considerando-se todos os pontos, com o ajuste do mesmo modelo sem os pontos atípicos. As estatísticas obtidas pela omissão de um certo ponto i são denotadas com um índice entre parênteses. Assim, por exemplo, $s^2_{(i)}$ representa a variância residual estimada para o modelo ajustado, excluído o ponto i.

5.3.1 Tipos de resíduos

Vale destacar que os resíduos têm papel fundamental na verificação do ajuste de um modelo. Vários tipos de resíduos foram propostos na literatura (COOK; WEISBERG, 1982; ATKINSON, 1985).

(a) **Resíduos ordinários**

Os resíduos do processo de ajuste por mínimos quadrados são definidos por
$$r_i = y_i - \hat{\mu}_i.$$

Enquanto os erros ϵ_i são independentes e têm a mesma variância, o mesmo não ocorre com os resíduos obtidos a partir do ajuste do modelo, usando-se mínimos quadrados. Tem-se

$$\text{Var}(\mathbf{R}) = \text{Var}[(\mathbf{I} - \mathbf{H})\mathbf{Y}] = \sigma^2(\mathbf{I} - \mathbf{H}).$$

Em particular, a variância do i-ésimo resíduo é igual a $\text{Var}(R_i) = \sigma^2(1 - h_{ii})$ e a covariância dos resíduos relativos às observações i e j é $\text{Cov}(R_i, R_j) = -\sigma^2 h_{ij}$.

Assim, o uso dos resíduos ordinários pode não ser adequado devido à heterogeneidade das variâncias e à falta de independência. Foram, então, propostas diferentes padronizações para minimizar esse problema.

(b) **Resíduos estudentizados internamente** (*studentized residuals*)

Considerando-se $s^2 = \text{QMRes}$ como a estimativa de σ^2, tem-se que um estimador não viesado para $\text{Var}(R_i)$ é expresso por

$$\widehat{\text{Var}}(R_i) = (1 - h_{ii})s^2 = (1 - h_{ii})\,\text{QMRes}.$$

Como $\text{E}(R_i) = \text{E}(Y_i - \hat{\mu}_i) = 0$, o resíduo estudentizado internamente é igual a

$$\text{rsi}_i = \frac{r_i}{s\sqrt{(1 - h_{ii})}} = \frac{y_i - \hat{\mu}_i}{\sqrt{(1 - h_{ii})\,\text{QMRes}}}.$$

Esses resíduos são mais sensíveis do que os anteriores por considerarem variâncias distintas. Entretanto, um valor discrepante pode alterar profundamente a variância residual dependendo do modo como se afasta do grupo maior das observações. Além disso, o numerador e o denominador dessa expressão são variáveis dependentes, isto é, $\text{Cov}(R_i, \text{QMRes}) \neq 0$.

(c) **Resíduos estudentizados externamente** (*jackknifed residuals, deletion residuals, externally studentized residuals, RStudent*)

Para garantir a independência entre o numerador e o denominador, na padronização dos resíduos, define-se o resíduo estudentizado externamente como

$$\text{rse}_{(i)} = \frac{r_i}{s_{(i)}\sqrt{(1 - h_{ii})}},$$

sendo $s^2_{(i)}$ o quadrado médio residual livre da influência da observação i, ou seja, a estimativa de σ^2, omitindo-se a observação i. Atkinson (1985) demonstra que

$$\text{rse}_{(i)} = \text{rsi}_i \sqrt{\frac{n - p - 1}{n - p - \text{rsi}_i^2}},$$

sendo p o número de parâmetros independentes do modelo e rsi_i definido no item (b).

A vantagem de usar o resíduo $\text{rse}_{(i)}$ é que, sob normalidade, tem distribuição t de Student com $(n-p-1)$ graus de liberdade. Embora não seja recomendada a prática de testes de significância na análise de resíduos, sugere-se que a i-ésima observação requer atenção especial se $|\text{rse}_{(i)}|$ for maior do que o $100[1-\alpha/(2n)]$-ésimo percentil da distribuição t com $(n-p-1)$ graus de liberdade, sendo que o nível de significância α é dividido por n por ser esse o número de observações sob análise.

5.3.2 Estatísticas para diagnóstico

Discrepâncias isoladas (pontos atípicos) podem ser caracterizadas por terem h_{ii} e/ou resíduos grandes, serem inconsistentes e/ou influentes (MCCULLAGH; NELDER, 1989, p. 404). Uma observação inconsistente é aquela que se afasta da tendência geral das demais. Quando uma observação está distante das outras em termos das variáveis explanatórias, ela pode ser, ou não, influente. Uma observação influente é aquela cuja omissão do conjunto de dados resulta em mudanças substanciais nas estatísticas de diagnóstico do modelo. Essa observação pode ser um *outlier* (observação aberrante), ou não. Uma observação pode ser influente de diversas maneiras, isto é,

- no ajuste geral do modelo;
- no conjunto das estimativas dos parâmetros;
- na estimativa de um determinado parâmetro;
- na escolha de uma transformação da variável resposta ou de uma variável explanatória.

As estatísticas mais usadas para verificar pontos atípicos são:

- medida de *leverage*: h_{ii};
- medida de inconsistência: $\text{rse}_{(i)}$;
- medida de influência sobre o parâmetro β_j: $\text{DFBetaS}_{(i)}$ para β_j;
- medidas de influência geral: $\text{DFFitS}_{(i)}$, $D_{(i)}$ ou $C_{(i)}$.

De uma forma geral, pode-se classificar uma observação como:

- ponto inconsistente: ponto com $|\text{rse}_{(i)}|$ grande, isto é, tal que

$$|\text{rse}_{(i)}| \geq t_{1-\alpha/(2n);n-p-1},$$

  com nível de significância igual a α;
- ponto de alavanca: ponto com h_{ii} grande, isto é, tal que $h_{ii} \geq 2p/n$ (BELSLEY; KUH; WELSCH, 1980, p. 17). Pode ser classificado como bom, quando consistente, ou ruim, quando inconsistente;

- *outlier*: ponto inconsistente com *leverage* pequeno, ou seja, com $\text{rse}_{(i)}$ grande e h_{ii} pequeno;
- ponto influente: ponto com $\text{DFFitS}_{(i)}$, $C_{(i)}$, $D_{(i)}$ ou $\text{DFBetaS}_{(i)}$ grande, como explicado a seguir.

Descrevem-se as estatísticas citadas, com mais detalhes.

(a) **Elementos da diagonal da matriz de projeção H (h_{ii}, *leverage*)**

A distância de uma observação em relação às demais é medida por h_{ii} (medida de *leverage*). No caso particular da regressão linear simples, usando-se a variável centrada $x_i = X_i - \bar{X}$, tem-se:

$$\mathbf{H} = \begin{bmatrix} 1 & x_1 \\ 1 & x_2 \\ \dots & \dots \\ 1 & x_n \end{bmatrix} \begin{bmatrix} \frac{1}{n} & 0 \\ 0 & \frac{1}{\sum_{i=1}^n x_i^2} \end{bmatrix} \begin{bmatrix} 1 & 1 & \dots & 1 \\ x_1 & x_2 & \dots & x_n \end{bmatrix}$$

e, portanto,

$$h_{ii} = \frac{1}{n} + \frac{x_i^2}{\sum_{i=1}^n x_i^2}, \quad \text{elementos da diagonal de } \mathbf{H} \text{ e}$$

$$h_{ij} = \frac{1}{n} + \frac{x_i x_j}{\sum_{i=1}^n x_i^2}, \quad \text{elementos fora da diagonal de } \mathbf{H},$$

o que mostra que à medida que X_i se afasta de $\bar{X}$, o valor de h_{ii} aumenta e que seu valor mínimo é $1/n$. Esse valor mínimo ocorre para todos os modelos que incluem uma constante. No caso em que o modelo de regressão passa pela origem, o valor mínimo de h_{ii} é 0 para uma observação $X_i = 0$. O valor máximo de h_{ii} é 1, ocorrendo quando o modelo ajustado é irrelevante para a predição em X_i e o resíduo é igual a 0. Sendo $\mathbf{H}$ uma matriz de projeção, tem-se $\mathbf{H} = \mathbf{H}^2$ e, portanto,

$$h_{ii} = \sum_{j=1}^n h_{ij}^2 = h_{ii}^2 + \sum_{j \neq i} h_{ij}^2$$

concluindo-se que $0 \leq h_{ii} \leq 1$ e $\sum_{j=1}^n h_{ij} = 1$. Além disso,

$$\text{tr}(\mathbf{H}) = \text{tr}[\mathbf{X}(\mathbf{X}^T\mathbf{X})^{-1}\mathbf{X}^T] = \text{tr}[(\mathbf{X}^T\mathbf{X})^{-1}\mathbf{X}^T\mathbf{X}] = \text{tr}(\mathbf{I}_p) = \sum_{i=1}^n h_{ii} = p,$$

e, então, o valor médio de h_{ii} é p/n.

No processo de ajuste, como $\hat{\boldsymbol{\mu}} = \mathbf{H}\mathbf{y}$, tem-se

$$\hat{\mu}_i = \sum_{j=1}^{n} h_{ij} y_j = h_{i1} y_1 + \cdots + h_{ii} y_i + \cdots + h_{in} y_n \text{ com } 1 \leq i \leq n.$$

Verifica-se, portanto, que o valor ajustado $\hat{\mu}_i$ é uma média ponderada dos valores observados e que o peso de ponderação é o valor de h_{ij}. Assim, o elemento da diagonal de $\mathbf{H}$ é o peso com que a observação y_i participa do processo de obtenção do valor ajustado $\hat{\mu}_i$. Valores de $h_{ii} \geq 2p/n$ indicam observações que requerem uma análise mais detalhada (BELSLEY; KUH; WELSCH, 1980, p. 17).

(b) **DFBeta** e **DFBetaS**

Essas estatísticas são importantes quando o coeficiente de regressão tem um significado prático. A estatística $\text{DFBeta}_{(i)}$ mede a alteração no vetor estimado $\hat{\boldsymbol{\beta}}$ ao se retirar a i-ésima observação da análise, isto é,

$$\text{DFBeta}_{(i)} = \hat{\boldsymbol{\beta}} - \hat{\boldsymbol{\beta}}_{(i)} = \frac{r_i}{(1 - h_{ii})} (\mathbf{X}^T\mathbf{X})^{-1} \mathbf{x}_i,$$

ou, ainda, considerando que $\hat{\boldsymbol{\beta}} = (\mathbf{X}^T\mathbf{X})^{-1}\mathbf{X}^T\mathbf{y} = \mathbf{C}\mathbf{y}$, em que $\mathbf{C} = (\mathbf{X}^T\mathbf{X})^{-1}\mathbf{X}^T$ é uma matriz $p \times n$, tem-se

$$\text{DFBeta}_{(i)} = \frac{r_i}{(1 - h_{ii})} \mathbf{c}_i^T, \quad i = 1, \ldots n,$$

sendo $\mathbf{c}_i^T$ a i-ésima linha de $\mathbf{C}$. Então,

$$\text{DFBeta}_{j(i)} = \frac{r_i}{(1 - h_{ii})} c_{ji}, \quad i = 1, \ldots n, \quad j = 0, \ldots, p - 1.$$

Cook e Weisberg (1982) propuseram curvas empíricas para o estudo dessa medida. Como $\text{Cov}(\hat{\boldsymbol{\beta}}) = \mathbf{C}\text{Var}(\mathbf{Y})\mathbf{C}^T$, a versão estudentizada de $\text{DFBeta}_{j(i)}$ reduz-se a

$$\text{DFBetaS}_{j(i)} = \frac{c_{ji}}{(\sum c_{ji}^2) s_{(i)}} \frac{r_i}{(1 - h_{ii})}.$$

(c) **DFFit** e **DFFitS**

A estatística DFFit e sua versão estudentizada DFFitS medem a alteração decorrente no valor ajustado pela eliminação da observação i. São expressas como

$$\text{DFFit}_{(i)} = \mathbf{x}_i^T (\hat{\boldsymbol{\beta}} - \hat{\boldsymbol{\beta}}_{(i)}) = \hat{\mu}_i - \hat{\mu}_{(i)}$$

e

$$\text{DFFitS}_{(i)} = \frac{\text{DFFit}_{(i)}}{\sqrt{h_{ii}s_{(i)}^2}} = \frac{\mathbf{x}_i^T(\hat{\boldsymbol{\beta}} - \hat{\boldsymbol{\beta}}_{(i)})}{\sqrt{h_{ii}s_{(i)}^2}} = \frac{1}{\sqrt{h_{ii}s_{(i)}^2}}\frac{r_i}{(1-h_{ii})}\mathbf{x}_i^T(\mathbf{X}^T\mathbf{X})^{-1}\mathbf{x}_i$$

ou, ainda,

$$\text{DFFitS}_{(i)} = \left(\frac{h_{ii}}{1-h_{ii}}\right)^{\frac{1}{2}} \frac{r_i}{s_{(i)}(1-h_{ii})^{\frac{1}{2}}} = \left(\frac{h_{ii}}{1-h_{ii}}\right)^{\frac{1}{2}} \text{rse}_{(i)},$$

sendo o quociente $h_{ii}/(1-h_{ii})$, denominado potencial de influência, uma medida da distância do ponto $\mathbf{x}_i$ em relação às demais observações. Nota-se que DFFitS pode ser grande quando h_{ii} é grande ou quando o resíduo estudentizado externamente é grande. Valores absolutos excedendo $2\sqrt{p/n}$ podem identificar observações influentes (BELSLEY; KUH; WELSCH, 1980, p. 28). Para avaliar influências locais, Cook (1986) propôs um método usando diferentes tipos de perturbações no modelo estatístico ou nos dados. Por outro lado, Atkinson e Riani (2000) apresentam uma metodologia para detectar observações atípicas chamada "método de procura passo a frente (*forward*)".

(d) **Distância de Cook**

Uma medida de afastamento do vetor de estimativas resultante da eliminação da observação i é a distância de Cook. Tem uma expressão muito semelhante ao DFFitS, mas que usa como estimativa da variância residual aquela obtida com todas as n observações, ou, ainda, considera o resíduo estudentizado internamente. É expressa por

$$D_{(i)} = \frac{(\hat{\boldsymbol{\beta}} - \hat{\boldsymbol{\beta}}_{(i)})^T(\mathbf{X}^T\mathbf{X})(\hat{\boldsymbol{\beta}} - \hat{\boldsymbol{\beta}}_{(i)})}{ps^2} = \left[\frac{r_i}{(1-h_{ii})^{\frac{1}{2}}s}\right]^2 \frac{h_{ii}}{p(1-h_{ii})}$$

ou, ainda,

$$D_{(i)} = \frac{h_{ii}\ \text{rsi}_i^2}{p\ (1-h_{ii})}.$$

(e) **Distância de Cook modificada**

Atkinson (1981, p.25) sugere a seguinte modificação para a distância de Cook:

$$C_{(i)} = \left[\frac{(n-p)}{p}\frac{h_{ii}}{(1-h_{ii})}\right]^{\frac{1}{2}} |\text{rse}_{(i)}| = \left(\frac{n-p}{p}\right)^{\frac{1}{2}} \text{DFFitS}_{(i)}.$$

5.3.3 Tipos de gráficos

Dentre os gráficos mais usados para auxiliar na análise de resíduos e diagnósticos para os modelos lineares clássicos, destacam-se

(a) **Valores observados (y) versus variáveis explanatórias (x_j)**

Esse tipo de gráfico indica a relação que pode existir entre a variável dependente e as diversas variáveis explanatórias e, também, pode mostrar a presença de heterocedasticidade. Pode, porém, conduzir a uma ideia falsa no caso de muitas variáveis explanatórias (a não ser que haja ortogonalidade entre todas).

(b) **Variável explanatória x_j versus variável explanatória $x_{j'}$**

Por esse tipo de gráfico, é possível identificar a estrutura que pode existir entre duas variáveis explanatórias e, também, mostrar a presença de heterocedasticidade. Pode, porém, conduzir a uma ideia falsa no caso de muitas variáveis explanatórias (a não ser que haja ortogonalidade entre todas).

(c) **Resíduos versus variáveis explanatórias não incluídas (x_{fora})**

Pode revelar se existe uma relação entre os resíduos do modelo ajustado e uma variável ainda não incluída no modelo e, também, pode mostrar a presença de heterocedasticidade. Pode, porém, conduzir a uma ideia falsa no caso de muitas variáveis explanatórias (a não ser que haja ortogonalidade entre todas). Uma alternativa melhor é o gráfico da variável adicionada (*added variable plot*).

(d) **Resíduos versus variáveis explanatórias incluídas (x_{dentro})**

Pode mostrar se ainda existe uma relação sistemática entre os resíduos e a variável x_j que está incluída no modelo, isto é, por exemplo se x^2_{dentro} deve ser incluída. O padrão para esse tipo de gráfico é uma distribuição aleatória de média zero e amplitude constante. Desvios sistemáticos podem indicar:

- escolha errada da variável explanatória;
- falta de termo quadrático (ou de ordem superior);
- escala errada da variável explanatória.

Pode, também, conduzir a uma ideia falsa no caso de muitas variáveis explanatórias (a não ser que haja ortogonalidade entre todas). Uma alternativa melhor é o gráfico dos resíduos parciais (*partial residual plot*).

(e) **Resíduos versus valores ajustados**

O padrão para esse tipo de gráfico é uma distribuição aleatória de média zero e amplitude constante. Pode mostrar heterogeneidade de variâncias e pontos discrepantes.

(f) **Gráficos de índices**

Consistem em se plotarem medidas de diagnósticos d_i versus i. Servem para localizar observações com medidas de diagnóstico grandes, como por exemplo resíduos, h_{ii} (*leverage*), distâncias de Cook modificadas, entre outras.

(g) **Gráfico da variável adicionada ou da regressão parcial (*added variable plot*)**

Embora os gráficos dos resíduos versus variáveis não incluídas no modelo possam indicar a necessidade de variáveis extras no modelo, a interpretação exata deles não é clara. A dificuldade reside em que, a menos que a variável explanatória considerada para inclusão seja ortogonal a todas as variáveis que estão incluídas no modelo, o coeficiente angular do gráfico dos resíduos não é o mesmo que o coeficiente angular no modelo ajustado, incluindo a variável em questão.

Esse tipo de gráfico pode ser usado para detectar a relação de $\mathbf{y}$ com uma variável explanatória $\mathbf{u}$, ainda não incluída no modelo, livre do efeito de outras variáveis, e como isso é influenciado por observações individuais. Note que $\mathbf{u}$ pode ser, também, uma variável construída para verificar a necessidade de uma transformação para a variável resposta e/ou para as variáveis explanatórias. No caso do modelo linear geral, tem-se

$$\mathrm{E}(\mathbf{Y}) = \mathbf{X}\boldsymbol{\beta} + \gamma\mathbf{u},$$

sendo $\mathbf{u}$ uma variável a ser adicionada e γ, o parâmetro escalar adicional. O interesse está em se saber se $\gamma = 0$, isto é, se não há necessidade de incluir a variável $\mathbf{u}$ no modelo. A partir do sistema de equações normais, $\mathbf{X}^{*T}\mathbf{X}^*\hat{\boldsymbol{\beta}}^* = \mathbf{X}^{*T}\mathbf{y}$, em que $\mathbf{X}^* = [\mathbf{X} \;\; \mathbf{u}]$ e $\hat{\boldsymbol{\beta}}^* = [\hat{\boldsymbol{\beta}} \;\; \hat{\gamma}]^T$, tem-se

$$\begin{bmatrix} \mathbf{X}^T \\ \mathbf{u}^T \end{bmatrix} \begin{bmatrix} \mathbf{X} & \mathbf{u} \end{bmatrix} \begin{bmatrix} \hat{\boldsymbol{\beta}} \\ \hat{\gamma} \end{bmatrix} = \begin{bmatrix} \mathbf{X}^T\mathbf{y} \\ \mathbf{u}^T\mathbf{y} \end{bmatrix} \Rightarrow \begin{cases} \mathbf{X}^T\mathbf{X}\hat{\boldsymbol{\beta}} + \hat{\gamma}\mathbf{X}^T\mathbf{u} & = & \mathbf{X}^T\mathbf{y} \\ \mathbf{u}^T\mathbf{X}\hat{\boldsymbol{\beta}} + \hat{\gamma}\mathbf{u}^T\mathbf{u} & = & \mathbf{u}^T\mathbf{y} \end{cases}$$

e, portanto,

$$\hat{\boldsymbol{\beta}} = (\mathbf{X}^T\mathbf{X})^{-1}\mathbf{X}^T(\mathbf{y} - \hat{\gamma}\mathbf{u})$$

e

$$\hat{\gamma} = \frac{\mathbf{u}^T(\mathbf{I} - \mathbf{H})\mathbf{y}}{\mathbf{u}^T(\mathbf{I} - \mathbf{H})\mathbf{u}} = \frac{\mathbf{u}^T(\mathbf{I} - \mathbf{H})(\mathbf{I} - \mathbf{H})\mathbf{y}}{\mathbf{u}^T(\mathbf{I} - \mathbf{H})(\mathbf{I} - \mathbf{H})\mathbf{u}} = \frac{\mathbf{u}^{*T}\mathbf{r}}{\mathbf{u}^{*T}\mathbf{u}^*},$$

que é o coeficiente angular de uma reta que passa pela origem, sendo $\mathbf{r} = \mathbf{y} - \mathbf{X}\hat{\boldsymbol{\beta}} = (\mathbf{I} - \mathbf{H})\mathbf{y}$ o vetor dos resíduos de $\mathbf{y}$ ajustado para $\mathbf{X}$, $\mathbf{u}^* = (\mathbf{I} - \mathbf{H})\mathbf{u}$ o vetor dos resíduos de $\mathbf{u}$ ajustado para $\mathbf{X}$ e $\mathbf{H} = \mathbf{X}(\mathbf{X}^T\mathbf{X})^{-1}\mathbf{X}^T$.

O gráfico da variável adicionada de $\mathbf{r}$ versus $\mathbf{u}^*$, portanto, tem coeficiente angular $\hat{\gamma}$ (diferente do gráfico de $\mathbf{r}$ versus $\mathbf{u}$) e é calculado a partir dos resíduos ordinários da regressão de $\mathbf{y}$ como função de todas as variáveis explanatórias, exceto $\mathbf{u} = \mathbf{x}_j$, versus os resíduos ordinários da regressão de $\mathbf{u} = \mathbf{x}_j$ como função das mesmas variáveis explanatórias usadas para analisar $\mathbf{y}$. Assim, por exemplo, para um modelo com três variáveis explanatórias, o gráfico da variável adicionada para $\mathbf{x}_3$ é obtido a partir de duas regressões lineares:

$$\hat{\boldsymbol{\mu}} = \hat{\beta}_0 + \hat{\beta}_1\mathbf{x}_1 + \hat{\beta}_2\mathbf{x}_2 \Rightarrow \mathbf{r} = \mathbf{y} - \hat{\boldsymbol{\mu}}$$

e

$$\hat{\mathbf{x}}_3 = \hat{\beta}'_0 + \hat{\beta}'_1\mathbf{x}_1 + \hat{\beta}'_2\mathbf{x}_2 \Rightarrow \mathbf{u}^* = \mathbf{x}_3 - \hat{\mathbf{x}}_3.$$

O padrão nulo do gráfico de $\mathbf{r}$ versus $\mathbf{u}^*$ indicará a não necessidade de inclusão da variável $\mathbf{u}$.

(h) **Gráfico de resíduos parciais ou gráfico de resíduos mais componente (*partial residual plot*)**

Caso se deseje detectar uma estrutura omitida, tal como uma forma diferente de dependência em $\mathbf{u}$ (que poderá ser, por exemplo, um termo quadrático no modelo), um gráfico usando $\mathbf{u}$ pode ser de maior interesse. Esse gráfico consiste em se plotarem os resíduos do modelo $\mathrm{E}(\mathbf{Y}) = \mathbf{X}\boldsymbol{\beta} + \gamma\mathbf{u}$ mais $\hat{\gamma}\mathbf{u}$ (isto é, os resíduos aumentados $\tilde{\mathbf{r}} = \mathbf{r} + \hat{\gamma}\mathbf{u}$) versus $\mathbf{u}$. O padrão nulo desse gráfico indicará a não necessidade de inclusão da variável $\mathbf{u}$.

(i) **Gráficos normal e meio-normal de probabilidades (*normal plots* e *half normal plots*)**

O gráfico normal de probabilidades destaca-se por dois aspectos (WEISBERG, 2005):

- identificação da distribuição originária dos dados e
- identificação de valores que se destacam no conjunto.

Seja uma amostra aleatória de tamanho n. As estatísticas de ordem correspondentes aos resíduos padronizados obtidos a partir do ajuste de um determinado modelo são $d_{(1)}, \ldots, d_{(i)}, \ldots, d_{(n)}$. O fundamento geral para a construção do gráfico normal de probabilidades é que se os valores de uma dada amostra provêm de uma distribuição normal, então os valores das estatísticas de ordem e os z_i correspondentes, obtidos da distribuição normal padrão, são linearmente relacionados. Portanto, o gráfico de $d_{(i)}$

versus z_i deve ser, aproximadamente, uma reta. Formatos aproximados comuns que indicam ausência de normalidade são:

- **S**: indica distribuições com caudas muito curtas, isto é, distribuições cujos valores estão muito próximos da média;

- **S invertido**: indica distribuições com caudas muito longas e, portanto, presença de muitos valores extremos;

- **J e J invertido**: indicam distribuições assimétricas, positivas e negativas, respectivamente.

Esses gráficos, na realidade, são muito dependentes do número de observações, atingindo a estabilidade quando o número de observações é grande (em torno de 300). Para a construção desse gráfico, seguem-se as etapas:

(a) ajuste um determinado modelo a um conjunto de dados e obtenha $d_{(i)}$, os valores ordenados de uma certa estatística de diagnóstico (resíduos, distância de Cook, h_{ii}, etc.);

(b) a partir da estatística de ordem na posição (i), calcule a respectiva probabilidade acumulada p_i e o respectivo quantil, ou seja, o inverso da função de distribuição normal $\Phi(\cdot)$ no ponto p_i. Essa probabilidade p_i é, em geral, aproximada por

$$p_i = \frac{i - c}{n - 2c + 1},$$

sendo $0 < c < 1$. Diversos valores têm sido propostos para a constante c. Vários autores recomendam a utilização de $c = 3/8$, ficando, então,

$$z_i = \Phi^{-1}\left(\frac{i - 0,375}{n + 0,25}\right), \text{ para } i = 1, \ldots, n.$$

(c) coloque, em um gráfico, $d_{(i)}$ versus z_i.

Esse gráfico tem, também, o nome de *Q-Q plot*, por relacionar os valores de um quantil amostral ($d_{(i)}$) versus os valores do quantil correspondente da distribuição normal (z_i). Se forem plotados os valores $|d_{(i)}|$ versus z_i, em que

$$z_i = \Phi^{-1}\left(\frac{i + n - 0,125}{2n + 0,5}\right),$$

tem-se o gráfico meio-normal de probabilidades.

McCullagh e Nelder (1989) sugerem o uso do gráfico normal de probabilidades para os resíduos e o gráfico meio-normal de probabilidades para medidas positivas, como é o caso de h_{ii} e da distância de Cook modificada. No caso do gráfico normal de probabilidades para os resíduos, espera-se que, na ausência de pontos discrepantes, o aspecto seja linear, mas não há razão para se esperar que o mesmo ocorra quando são usados h_{ii} ou a distância de Cook modificada. Os valores extremos aparecerão nos extremos do gráfico, possivelmente com valores que desviam da tendência indicada pelos demais.

Para auxiliar na interpretação do gráfico meio-normal de probabilidades, Atkinson (1985) propôs a adição de um envelope simulado, que é obtido seguindo-se as etapas:

(a) ajuste um determinado modelo a um conjunto de dados e obtenha $d_{(i)}$, os valores absolutos ordenados de uma certa estatística de diagnóstico (resíduos, distância de Cook, h_{ii}, etc.);
(b) simule 19 amostras da variável resposta, usando as estimativas obtidas após um determinado modelo ser ajustado aos dados e os mesmos valores para as variáveis explanatórias;
(c) ajuste o mesmo modelo a cada uma das 19 amostras e calcule os valores absolutos ordenados da estatística de diagnóstico de interesse, $d^*_{j(i)}$, $j = 1, \ldots, 19$, $i = 1, \ldots, n$;
(d) para cada i, calcule a média, o mínimo e o máximo dos $d^*_{j(i)}$;
(e) coloque as quantidades determinadas no item anterior em um gráfico de $d_{(i)}$ versus z_i.

Esse envelope é tal que, sob o modelo correto, as estatísticas (resíduos, *leverage*, distância de Cook etc.) obtidas a partir das observações ficam inseridas no envelope. Moral, Hinde e Demétrio (2017) apresentam um pacote com funções que possibilitam a construção desses gráficos para uma grande variedade de modelos, usando o software R.

(j) **Valores observados (y) ou resíduos versus tempo**

Mesmo que o tempo não seja uma variável incluída no modelo, gráficos de respostas (y) ou de resíduos versus tempo devem ser apresentados sempre que possível. Esse tipo de gráfico pode conduzir à detecção de padrões não revelados, devido ao tempo ou, então, a alguma variável muito correlacionada com o tempo.

5.4 ANÁLISE DE RESÍDUOS E DIAGNÓSTICO PARA MLGs

As técnicas usadas para análise de resíduos e diagnóstico para MLGs são semelhantes àquelas usadas para o modelo clássico de regressão, com algumas adaptações. Assim, por exemplo, na verificação da pressuposição de linearidade para o modelo clássico de regressão, usam-se os vetores $\mathbf{y}$ e $\hat{\boldsymbol{\mu}}$, enquanto para o MLG devem ser usados $\hat{\mathbf{z}}$, a variável dependente ajustada estimada e $\hat{\boldsymbol{\eta}}$, o preditor linear estimado. A variância residual s^2 é substituída por uma estimativa consistente do parâmetro de dispersão ϕ e a matriz de projeção $\mathbf{H}$ é definida por

$$\mathbf{H} = \mathbf{W}^{1/2}\mathbf{X}(\mathbf{X}^T\mathbf{W}\mathbf{X})^{-1}\mathbf{X}^T\mathbf{W}^{1/2}, \tag{5.1}$$

o que é equivalente a substituir $\mathbf{X}$ por $\mathbf{W}^{1/2}\mathbf{X}$. Nota-se que $\mathbf{H}$, agora, depende das variáveis explanatórias, da função de ligação e da função de variância, tornando mais difícil a interpretação da medida de *leverage*. Demonstra-se que

$$\mathbf{V}^{-1/2}(\hat{\boldsymbol{\mu}} - \boldsymbol{\mu}) \cong \mathbf{H}\mathbf{V}^{-1/2}(\mathbf{Y} - \boldsymbol{\mu}), \tag{5.2}$$

sendo $\mathbf{V} = \text{diag}\{V(\mu_i)\}$. A equação (5.2) indica que $\mathbf{H}$ mede a influência em unidades estudentizadas de $\mathbf{y}$ sobre $\hat{\boldsymbol{\mu}}$ (MCCULLAGH; NELDER, 1989, p. 397).

A matriz $\mathbf{H}$ em (5.1) desempenha um papel importante na análise dos resíduos nos MLGs e tem as propriedades $\text{tr}(\mathbf{H}) = p$ e $0 \leq h_{ii} \leq 1$, descritas na Seção 5.3.2, no contexto do modelo clássico de regressão. Outra matriz importante de projeção é definida como $\mathbf{I} - \mathbf{H} = \mathbf{I} - \mathbf{W}^{1/2}\mathbf{X}(\mathbf{X}^T\mathbf{W}\mathbf{X})^{-1}\mathbf{X}^T\mathbf{W}^{1/2} = \mathbf{I} - \mathbf{W}^{1/2}\mathbf{Z}\mathbf{W}^{1/2}$, em que $\mathbf{Z} = \{z_{ij}\} = \mathbf{X}(\mathbf{X}^T\mathbf{W}\mathbf{X})^{-1}\mathbf{X}^T$ é a matriz de covariância assintótica de $\hat{\boldsymbol{\eta}}/\phi$ (ver Seção 3.4), sendo $\mathbf{W} = \text{diag}\{g'(\mu_i)^{-2}V(\mu_i)^{-1}\} = \mathbf{V}^{-1}\mathbf{G}^{-2}$. Essa aproximação está correta até termos de ordem $O(n^{-1})$ (CORDEIRO, 2004b).

5.4.1 Tipos de resíduos

Em geral, a escolha do tipo de resíduo a ser usado depende, basicamente, do tipo de anomalia que se deseja detectar no modelo. O resíduo r_i deve expressar uma discrepância (distância) entre a observação y_i e o seu valor ajustado $\hat{\mu}_i$, isto é,

$$r_i = h_i(y_i, \hat{\mu}_i), \tag{5.3}$$

em que h_i é uma função adequada de fácil interpretação, usualmente escolhida para estabilizar a variância e/ou induzir simetria na distribuição amostral de R_i (COX; SNELL, 1968). Em geral, usa-se a mesma função $h_i(\cdot) = h(\cdot)$ para todas as observações.

Na expressão geral dos resíduos $r_i = h_i(y_i, \hat{\mu}_i)$, em (5.3), a função h_i deve ser escolhida visando satisfazer as propriedades de segunda ordem: $\text{E}(R_i) = 0$, $\text{Var}(R_i) =$ constante e $\text{Cov}(R_i, R_j) = 0, i \neq j$, pois, em muitos casos, essas condições são suficientes para especificar a forma da distribuição de R_i. Cox e Snell (1968) apresentam fórmulas gerais para $\text{E}(R_i)$, $\text{Cov}(R_i, R_j)$ e $\text{Var}(R_i)$ até termos de ordem n^{-1}, válidas para qualquer função h_i especificada. Essas fórmulas possibilitam calcular resíduos modificados cujas distribuições são melhor aproximadas pelas distribuições de probabilidade de referência.

O número de observações para estimar os parâmetros do modelo e proporcionar informações sobre a distribuição de probabilidade dos resíduos deve ser grande. Frequentemente, o número de parâmetros, p, é pequeno comparado ao número de observações, n, e as combinações de parâmetros são estimadas com erro padrão de ordem $n^{-1/2}$. Nesse caso, o resíduo R_i difere do **erro verdadeiro** $\epsilon_i = h_i(y_i, \mu_i)$ por uma quantidade de ordem $n^{-1/2}$ em probabilidade, e muitas propriedades estatísticas dos R_i são equivalentes às propriedades respectivas dos ϵ_i (CORDEIRO, 2004b).

Em geral, a distribuição exata de R_i não é conhecida e trabalha-se com resultados assintóticos, tais como, valor esperado $\text{E}(R_i)$ e variância $\text{Var}(R_i)$ até ordem n^{-1}. Cordeiro (2004b) baseia-se nos resultados de Cox e Snell (1968) para calcular expressões matriciais aproximadas, até ordem n^{-1}, para os valores esperados, variâncias e covariâncias dos resíduos de Pearson, válidas para qualquer MLG. Essas expressões dependem das funções de ligação e de variância e de suas duas primeiras derivadas. Theil (1965) sugere usar uma combinação linear dos resíduos $\mathbf{R}^* = \mathbf{CR}$, no lugar de $\mathbf{R} = (R_1, \ldots, R_n)^T$, para testes e gráficos, em que $\mathbf{C}$ é uma matriz $(n-p) \times n$, escolhida de modo que $\mathbf{R}^*$ tenha, aproximadamente, distribuição normal multivariada $\text{N}(\mathbf{0}, \sigma^2\mathbf{I})$.

As escolhas mais comuns de h_i são $r_i = (y_i - \hat{\mu}_i)/[\text{Var}(Y_i)]^{1/2}$ e $r_i = (y_i - \hat{\mu}_i)/[\text{Var}(Y_i - \hat{\mu}_i)]^{1/2}$, a primeira forma sendo a mais usual, em que as expressões da variância nos denominadores são estimadas segundo o modelo sob pesquisa. Escolhendo h_i, adequadamente, essas anomalias podem ser encontradas, usando-se gráficos como descritos em 5.4.2. Apresentam-se, a seguir, os tipos de resíduos mais comuns para os MLGs.

(a) **Resíduos ordinários**

Embora esses resíduos não sejam de interesse direto para os MLGs, entram na definição de outros resíduos. São definidos por

$$r_i = y_i - \hat{\mu}_i.$$

(b) **Resíduos de Pearson**

O resíduo de Pearson é definido por

$$r_i^P = \frac{y_i - \hat{\mu}_i}{\hat{V}_i^{1/2}}, \tag{5.4}$$

um componente da estatística de Pearson generalizada $X_p^2 = \sum_{i=1}^{n} r_i^{P^2}$ especificada em (4.8). Podem-se incorporar pesos a priori na Fórmula (5.4). Para o modelo linear clássico, o resíduo de Pearson coincide com o resíduo ordinário.

Além disso, a partir da expressão (4.9), o vetor de resíduos de Pearson pode ser expresso, matricialmente, por

$$\mathbf{r}_p = \widehat{\mathbf{V}}^{-1/2}(\mathbf{y} - \hat{\boldsymbol{\mu}}) = \widehat{\mathbf{W}}^{1/2}(\hat{\mathbf{z}} - \hat{\boldsymbol{\eta}}), \tag{5.5}$$

em que $\mathbf{V} = \text{diag}\{V_1, \ldots, V_n\}$, $\mathbf{W} = \text{diag}\{g'(\mu_i)^{-2}V_i^{-1}\}$ e $\hat{\mathbf{z}} = \hat{\boldsymbol{\eta}} + \widehat{\mathbf{G}}(\mathbf{y} - \hat{\boldsymbol{\mu}})$ com $\mathbf{G} = \text{diag}\{g'(\mu_i)\}$.

A desvantagem do resíduo de Pearson é que sua distribuição é, geralmente, bastante assimétrica para modelos não-normais. Para os modelos log-lineares tem-se que $r_i^P = (y_i - \hat{\mu}_i)\hat{\mu}_i^{-1/2}$ e Haberman (1974) sugere a correção $r_i^{P*} = r_i^P/(1 - \hat{\mu}_i\hat{z}_{ii})^{1/2}$, em que $\mathbf{Z} = \{z_{ij}\} = \mathbf{X}(\mathbf{X}^T\mathbf{W}\mathbf{X})^{-1}\mathbf{X}^T$ com $\mathbf{W} = \text{diag}\{\mu_i\}$, para tornar a distribuição do resíduo R_i^{P*}, aproximadamente, N(0, 1). A variância média dos R_i^{P*} é $1 - (1 + p)/n$.

Cordeiro (2004b) apresenta expressões para a média e a variância de R_i^P válidas até ordem n^{-1}. Partindo do resultado do algoritmo de estimação da Seção 3.2, a expressão (3.5) avaliada na EMV, $\hat{\boldsymbol{\beta}}$, implica em

$$\hat{\boldsymbol{\beta}} = (\mathbf{X}^T\widehat{\mathbf{W}}\mathbf{X})^{-1}\mathbf{X}^T\widehat{\mathbf{W}}\hat{\mathbf{z}},$$

sendo $\hat{\mathbf{z}} = \hat{\boldsymbol{\eta}} + \widehat{\mathbf{G}}(\mathbf{y} - \hat{\boldsymbol{\mu}})$. Logo, usando-se a definição da matriz $\mathbf{Z}$, tem-se

$$\hat{\mathbf{z}} - \hat{\boldsymbol{\eta}} = (\mathbf{I} - \widehat{\mathbf{Z}\mathbf{W}})\hat{\mathbf{z}}.$$

Supondo que $\mathbf{Z}$ e $\mathbf{W}$ são tais que, aproximadamente, pelo menos o produto $\widehat{\mathbf{Z}}\widehat{\mathbf{W}}$ é constante, pode-se escrever

$$\text{Cov}(\hat{\mathbf{z}} - \hat{\boldsymbol{\eta}}) \approx (\mathbf{I} - \mathbf{Z}\mathbf{W})\text{Cov}(\hat{\mathbf{z}})(\mathbf{I} - \mathbf{Z}\mathbf{W})^T,$$

e, como $\text{Cov}(\hat{\mathbf{z}}) = \phi\mathbf{W}^{-1}$, conforme equação (3.6) da Seção 3.2, tem-se

$$\text{Cov}(\hat{\mathbf{z}} - \hat{\boldsymbol{\eta}}) \approx \phi\mathbf{W}^{-1/2}(\mathbf{I} - \mathbf{H})\mathbf{W}^{-1/2}.$$

Logo,

$$\text{Cov}(\mathbf{r}_P) = \text{Cov}[\widehat{\mathbf{W}}^{1/2}(\hat{\mathbf{z}} - \hat{\boldsymbol{\eta}})] \approx \phi\mathbf{H}_2, \tag{5.6}$$

em que $\mathbf{H}_2 = \mathbf{I} - \mathbf{W}^{1/2}\mathbf{Z}\mathbf{W}^{1/2}$.

Convém enfatizar que Cordeiro (2004b) mostra que a expressão de $\text{Cov}[\widehat{\mathbf{W}}^{1/2}(\hat{\mathbf{z}} - \hat{\boldsymbol{\eta}})]$ está correta até ordem n^{-1} para os elementos fora da diagonal, mas não para os elementos da diagonal.

(c) **Resíduos de Anscombe**

Anscombe (1953) apresenta uma definição geral de resíduos, usando uma transformação $N(y_i)$ da observação y_i, escolhida visando tornar a sua distribuição o mais próxima possível da distribuição normal. Barndorff-Nielsen (1978) demonstra que, para os MLGs, $N(\cdot)$ é calculada por $N(\mu) = \int V^{-1/3}d\mu$. Como $N'(\mu)(V/\phi)^{1/2}$ é a aproximação de primeira ordem do desvio padrão de $N(y)$, o resíduo de Anscombe, visando à normalização e à estabilização da variância, é expresso por

$$A_i = \frac{N(y_i) - N(\hat{\mu}_i)}{N'(\hat{\mu}_i)\hat{V}_i^{1/2}}, \tag{5.7}$$

que para os modelos de Poisson, binomial, gama e normal inverso têm as expressões apresentados na Tabela 5.1. Cox e Snell (1968) expressam esse resíduo para a distribuição binomial, usando a função beta incompleta. Da definição do resíduo de Anscombe, conclui-se que a transformação aplicada aos dados para normalizar os resíduos é a mesma que, aplicada às médias das observações, normaliza a distribuição de $\hat{\beta}$.

Tabela 5.1 Expressões para os resíduos de Pearson (r^P), de Anscombe (A) e o definido como a raiz quadrada do componente do desvio (r^D) para algumas distribuições, em que $N(\mu) = \int [\mu(m-\mu)]^{-1/3} d\mu$ e δ representa o sinal de $(y - \hat{\mu})$

Distribuições	r^P	A	r^D
Poisson	$\frac{y-\hat{\mu}}{\mu^{1/2}}$	$3\frac{y^{2/3}-\hat{\mu}^{2/3}}{2\hat{\mu}^{1/6}}$	$\delta\left[2\left(y\log\frac{y}{\hat{\mu}}+\hat{\mu}-y\right)\right]^{1/2}$
Binomial	$\frac{y-\hat{\mu}}{[m\hat{\pi}(1-\hat{\pi})]^{1/2}}$	$m^{1/2}\frac{N(y)-N(\hat{\mu})}{[\hat{\mu}(m-\hat{\mu})]^{1/6}}$	$\delta\left\{2m\left[y\log\frac{y}{\hat{\mu}}+(1-y)\log\frac{1-y}{1-\hat{\mu}}\right]\right\}^{1/2}$
Gama	$\frac{y-\hat{\mu}}{\mu}$	$3\frac{y^{1/3}-\hat{\mu}^{1/3}}{\hat{\mu}^{1/3}}$	$\delta\left\{2[\log\frac{\hat{\mu}}{y}+\frac{y-\hat{\mu}}{\hat{\mu}}]\right\}^{1/2}$
Normal inverso	$\frac{y-\hat{\mu}}{\mu^{3/2}}$	$\frac{\log y-\log\hat{\mu}}{\hat{\mu}^{1/2}}$	$\frac{y-\hat{\mu}}{y^{1/2}\hat{\mu}}$

(d) **Resíduos de Pearson estudentizados internamente**

A partir da expressão (5.6), tem-se que $\text{Var}(r_i^P) \approx \phi(1-\hat{h}_{ii})$. Logo, os resíduos de Pearson estudentizados internamente são definidos por

$$r_i^{P'} = \frac{y_i - \hat{\mu}_i}{\sqrt{\hat{\phi}V(\hat{\mu}_i)(1-\hat{h}_{ii})}}, \qquad (5.8)$$

sendo h_{ii} o i-ésimo elemento da diagonal da matriz definida em (5.1). Os resíduos $r_i^{P'}$ definidos pela expressão (5.8) apresentam propriedades razoáveis de segunda ordem, mas podem ter distribuições bem diferentes da distribuição normal; têm, aproximadamente, variância igual a 1 quando o parâmetro de dispersão $\phi \to 0$. Nota-se, ainda, que $(r_i^{P'})^2$ é a estatística do teste escore para determinar se a observação i é aberrante.

(e) **Componentes do desvio**

Outro tipo de resíduos usados para os MLGs são as raízes quadradas dos componentes do desvio com o sinal igual ao sinal de $y_i - \hat{\mu}_i$, isto é,

$$r_i^D = \text{sinal}(y_i - \hat{\mu}_i)\sqrt{2}[v(y_i) - v(\hat{\mu}_i) + q(\hat{\mu}_i)(\hat{\mu}_i - y_i)]^{1/2}, \qquad (5.9)$$

em que a função $v(x) = xq(x) - b(q(x))$ é expressa em termos das funções $b(\cdot)$ e $q(\cdot)$ definidas na Seção 1.3. Para os modelos de Poisson, binomial, gama e normal inverso, os resíduos definidos como as raízes quadradas dos componentes do desvio estão apresentados na Tabela 5.1.

O resíduo r_i^D representa uma distância da observação y_i ao seu valor ajustado $\hat{\mu}_i$, medida na escala do logaritmo da função de verossimilhança. Tem-se $D_p = \sum_{i=1}^{n} (r_i^D)^2$. Um valor grande para r_i^D indica que a i-ésima observação está mal ajustada pelo modelo. Pregibon (1979) demonstra que, se existe uma transformação h_i que normaliza a distribuição do resíduo $R_i = h_i(y_i, \hat{\mu}_i)$, então as raízes quadradas dos componentes do desvio são resíduos que exibem as mesmas propriedades induzidas por essa transformação. Assim, os resíduos r_i^D podem ser considerados, aproximadamente, como variáveis aleatórias normais reduzidas e, consequentemente, $(r_i^D)^2$ como tendo, aproximadamente, uma distribuição χ_1^2.

As vantagens dos resíduos (5.9) são: (a) não requerem o conhecimento da função normalizadora; (b) possuem computação simples após o ajuste do MLG; e (c) são definidos para todas as observações, até mesmo para observações censuradas, desde que contribuam para o logaritmo da função de verossimilhança.

(f) **Componentes do desvio estudentizados internamente**

Pregibon (1979) sugere trabalhar com as raízes quadradas dos componentes do desvio estudentizadas internamente, isto é, resíduos definidos a partir da equação (5.9) como

$$r_i^{D'} = \frac{r_i^D}{\sqrt{\hat{\phi}(1 - \hat{h}_{ii})}}. \tag{5.10}$$

Entretanto, a adequação da distribuição normal para aproximar a distribuição de $r_i^{D'}$ ainda continua sendo um problema a ser pesquisado.

(g) **Resíduos estudentizados externamente** (*deletion residuals, jackknifed residuals*)

A obtenção de resíduos estudentizados externamente pode ser computacionalmente intensiva e muito demorada. Em função disso, foram propostas aproximações usando-se apenas a 1ª iteração do ajuste de um determinado modelo de interesse (PREGIBON, 1981; WILLIAMS, 1987; MCCULLAGH; NELDER, 1989). Isso significa substituir a expressão (5.8) por

$${}_1r_{(i)}^{P'} = \frac{y_i - \hat{\mu}_i}{\sqrt{\hat{\phi}_{(i)} V(\hat{\mu}_i)(1 - \hat{h}_{ii})}}, \tag{5.11}$$

o que mede a mudança na estatística de Pearson generalizada X_p^2 dividida por ϕ, pela omissão do ponto i. A aproximação análoga para a mudança no desvio foi obtida por Williams (1987)

$$_1r_{(i)}^J = \text{sinal}(y_i - \hat{\mu}_i)\sqrt{(1 - h_{ii})(_1r_i^D)^2 + h_{ii}(_1r_i^P)^2}$$

em que $_1r_{(i)}^{P'}$ é dado pela expressão (5.11) e

$$_1r_{(i)}^{D'} = \frac{r_i^D}{\sqrt{\hat{\phi}_{(i)}(1 - \hat{h}_{ii})}}.$$

(h) **Resíduo quantílico**

Um outro tipo de resíduo, proposto por Dunn e Smyth (1996), é chamado "resíduo quantílico"e, para uma variável aleatória contínua Y_i, pode ser escrito como

$$r_i^Q = \Phi^{-1}\left\{F(y_i; \hat{\mu}_i, \hat{\phi})\right\},$$

em que $\hat{\mu}_i$ é a estimativa do parâmetro de média e $\hat{\phi}$ do parâmetro de dispersão. A função $F(\cdot)$ é a função de distribuição acumulada de Y_i e $\Phi^{-1}(\cdot)$ é a inversa da função de distribuição acumulada da distribuição normal padrão. A distribuição do resíduo r_i^Q converge para uma distribuição normal padrão se as estimativas para os parâmetros μ_i e ϕ forem consistentes.

Se Y_i é uma variável aleatória discreta, entretanto, Dunn e Smyth (1996) propõem o uso do resíduo quantílico aleatorizado, como uma definição mais geral para r_i^Q:

$$r_i^Q = \Phi^{-1}(u_i),$$

em que u_i é um valor amostrado da distribuição uniforme no intervalo $[a_i, b_i]$, sendo $a_i = \lim_{y \to y_i^+} F(y_i; \hat{\mu}_i, \hat{\phi})$ e $b_i = F(y_i; \hat{\mu}_i, \hat{\phi})$. O objetivo da aleatorização é prevenir discretização na distribuição residual resultante. O resíduo quantílico é o tipo de resíduo padrão utilizado em alguns pacotes para o software estatístico R, por exemplo, o pacote `gamlss` (RIGBY; STASINOPOULOS, 2005) (neste pacote, r_i^Q é chamado de "escore-z").

Os resíduos de Pearson, de Anscombe e componentes do desvio, expressos em (5.4), (5.7) e (5.9), respectivamente, são os mais importantes nas aplicações dos MLGs. No modelo normal, nenhuma distinção é feita entre esses três tipos de resíduos. Para modelos bem ajustados, as diferenças entre r_i^D e r_i^P devem ser pequenas. Entretanto, para os modelos mal-ajustados e/ou para observações aberrantes, podem ocorrer diferenças consideráveis entre esses resíduos. Embora os resíduos, definidos por (5.7) e (5.9), apresentem formas bem diferentes para modelos não-normais, os seus valores, especificados y e $\hat{\mu}$, são similares. Admite-se que $\hat{\mu} = cy$, em que c é um real qualquer. Seja A/D o quociente entre o resíduo de Anscombe (A) e aquele definido como a raiz quadrada do componente do desvio (D). Para os modelos de Poisson, gama e normal inverso, esse quociente é igual a $3\delta(1-c^{2/3})/(2\sqrt{2})c^{1/6}(c-1-\log c)^{1/2}$, $3\delta(1-c^{1/3})c^{1/6}/\sqrt{2}(c\log c+1-c)^{1/2}$ e $c^{1/2}\log c/(c-1)$, respectivamente, em que $\delta = +1(-1)$ quando $c < 1(> 1)$. Na Tabela 5.2, são apresentados valores do quociente A/D para esses três modelos. Dessa tabela, conclui-se que esses dois resíduos são, aproximadamente, equivalentes. Essa equivalência poderia ainda ser determinada por expansões em série de Taylor. McCullagh e Nelder (1989) comparam os resíduos de Pearson, de Anscombe e aqueles definidos como a raiz quadrada dos componentes do desvio, para o modelo de Poisson.

Tabela 5.2 Relação A/D entre o resíduo de Anscombe e o definido como a raiz quadrada do componente do desvio, para três modelos.

c	Poisson	gama	normal inverso
0,1	1,0314	0,9462	0,8090
0,2	1,0145	0,9741	0,8997
0,4	1,0043	0,9918	0,9658
0,6	1,0014	0,9977	0,9892
0,8	1,0010	0,9994	0,9979
2,0	1,0019	0,9958	0,9802
3,0	1,0048	0,9896	0,9514
5,0	1,0093	0,9790	0,8997
10,0	1,0169	0,9598	0,8090

Definindo-se uma distribuição teórica conveniente para os resíduos, podem-se aplicar as diversas técnicas analíticas e gráficas para detectar desvios do modelo sob pesquisa. Em geral, o resíduo definido como a raiz quadrada do componente do desvio, estudentizado ou não, é melhor para verificar ajustes de modelos, pois tem propriedades melhores (PIERCE; SCHAFER, 1986).

5.4.2 Tipos de gráficos

Os gráficos mais usados para auxiliar na análise de resíduos e diagnósticos para os MLGs são basicamente os mesmos apresentados na Seção 5.3.3, com pequenas modificações e com interpretações semelhantes.

(a) **Resíduos versus alguma função dos valores ajustados**

É recomendado o gráfico de algum tipo de resíduo estudentizado ($r_i^{P'}$ ou $r_i^{D'}$) versus $\hat{\eta}_i$, ou então, versus os valores ajustados transformados de tal forma a se ter variância constante para a distribuição em uso. Assim, usa-se, no eixo das abscissas, $\hat{\mu}_i$ para a distribuição normal, $2\sqrt{\hat{\mu}_i}$ para a Poisson, $2\text{arcsen}\sqrt{\hat{\mu}_i/m_i}$ para a binomial, $2\log(\hat{\mu}_i)$

para a gama e $-2\hat{\mu}_i^{-1/2}$ para a normal inversa. O padrão nulo desse gráfico é uma distribuição dos resíduos em torno de zero com amplitude constante. Desvios sistemáticos podem apresentar algum tipo de curvatura ou, então, mudança sistemática da amplitude com o valor ajustado.

(b) **Resíduos versus variáveis explanatórias não incluídas**

Esse gráfico pode mostrar se existe uma relação entre os resíduos do modelo ajustado e uma variável ainda não incluída no modelo. Uma alternativa melhor para esse tipo de gráfico é o gráfico da variável adicionada (*added variable plot*). O padrão nulo desse gráfico é uma distribuição dos resíduos em torno de zero com amplitude constante.

(c) **Resíduos versus variáveis explanatórias já incluídas**

Esse gráfico pode mostrar se ainda existe uma relação sistemática entre os resíduos e uma variável que está incluída no modelo. Uma alternativa melhor é o gráfico de resíduos parciais (*partial residual plot*). O padrão nulo para esse tipo de gráfico é uma distribuição aleatória de média zero e amplitude constante.

(d) **Gráfico da variável adicionada ou da regressão parcial (*added variable plot*)**

Para a obtenção do gráfico da variável adicionada, inicialmente ajusta-se o MLG com preditor linear $\boldsymbol{\eta} = \mathbf{X}\boldsymbol{\beta}$. Em seguida, faz-se o gráfico de $\widehat{\mathbf{W}}^{-1/2}\mathbf{s}$ versus $(\mathbf{I} - \widehat{\mathbf{H}})\widehat{\mathbf{W}}^{1/2}\mathbf{u}$, sendo s o vetor com elementos estimados por

$$s_i = \frac{(y_i - \hat{\mu}_i)}{V(\hat{\mu}_i)} \widehat{\frac{d\mu_i}{d\eta_i}}$$

e $\mathbf{u}$ o vetor com os valores da variável a ser adicionada (WANG, 1985). Aqui, $\widehat{\mathbf{W}}^{-1/2}\mathbf{s}$ representa o vetor de elementos $(y_i - \hat{\mu}_i)V(\hat{\mu}_i)^{-1/2}$ (resíduo de Pearson generalizado da regressão ponderada de $\mathbf{y}$ em relação a $\mathbf{X}$ com matriz de pesos estimada $\widehat{\mathbf{W}}$) e $(\mathbf{I}-\widehat{\mathbf{H}})\widehat{\mathbf{W}}^{1/2}\mathbf{u}$ representa os resíduos da regressão ponderada de $\mathbf{u}$ em relação a $\mathbf{X}$ com matriz de pesos estimada $\widehat{\mathbf{W}}$. O padrão nulo para esse tipo de gráfico é uma distribuição aleatória de média zero e amplitude constante.

(e) **Gráfico de resíduos parciais ou gráfico de resíduos mais componente (*partial residual plot*)**

Para a obtenção do gráfico de resíduos parciais, inicialmente ajusta-se o MLG com preditor linear $\boldsymbol{\eta} = \mathbf{X}\boldsymbol{\beta} + \gamma\mathbf{u}$, obtendo-se $\widehat{\mathbf{W}}^{-1}\mathbf{s}$ e $\hat{\gamma}$. Em seguida, faz-se o gráfico de $\widehat{\mathbf{W}}^{-1}\mathbf{s} + \hat{\gamma}\mathbf{u}$ versus $\mathbf{u}$ (WANG, 1987). O padrão nulo desse gráfico é linear com coeficiente angular $\hat{\gamma}$ se a escala da variável **u** está adequada. A forma desse gráfico pode sugerir uma escala alternativa para **u**.

(f) **Gráficos de índices**

Consistem em se plotarem medidas de diagnósticos d_i versus i. Servem para localizar observações com medida de diagnóstico grandes, como por exemplo resíduo, *leverage* (h_{ii}), distância de Cook modificada, entre outras.

(g) **Gráficos normal e meio-normal de probabilidades (*normal plots* e *half normal plots*)**

Esses gráficos são construídos da mesma maneira que aqueles para o modelo clássico de regressão, usando-se, porém, a distribuição pertinente. Moral, Hinde e Demétrio (2017) apresentam um pacote com funções que possibilitam a construção desses gráficos para uma grande variedade de modelos usando o software R. Aplicações desse pacote a diversos conjuntos de dados entomológicos podem ser encontradas em Demétrio, Hinde e Moral (2014) e Moral, Hinde e Demétrio (2017). Esses gráficos podem mostrar a falta de ajuste geral de um modelo.

(h) **Valores observados ou resíduos versus tempo**

Mesmo que o tempo não seja uma variável incluída no modelo, gráficos de valores observados (y) ou de resíduos versus tempo devem ser construídos sempre que possível. Esse tipo de gráfico pode conduzir à detecção de padrões concebidos a priori, devido ao tempo ou, então, a alguma variável muito correlacionada com o tempo.

5.5 MÉTODO DAS VARIÁVEIS EXPLANATÓRIAS ADICIONAIS NA SELEÇÃO DE MODELOS

O método das variáveis explanatórias adicionais (PREGIBON, 1979, Capítulo 3) consiste em aumentar a estrutura linear do modelo, usando-se variáveis explanatórias bastante adequadas para representar anomalias específicas no MLG usual. A forma mais comum do método tem origem no trabalho de Box e Tidwell (1962), que consideraram uma regressão com parâmetros não-lineares nas variáveis explanatórias. Se existir, no preditor, uma função $h(x;\gamma)$, em que γ é não-linear em x, expande-se essa função em série de Taylor ao redor de um valor próximo conhecido $\gamma^{(o)}$, tornando γ um parâmetro linear na variável explanatória adicional $\partial h(x;\gamma)/\partial\gamma\big|_{\gamma=\gamma^{(o)}}$.

No método, a estrutura linear do modelo aumentado é do tipo

$$g(\boldsymbol{\mu}) = \mathbf{X}\boldsymbol{\beta} + \mathbf{Z}\boldsymbol{\gamma}, \qquad (5.12)$$

em que $\mathbf{Z} = (\mathbf{z}_1, \cdots, \mathbf{z}_q)$, sendo $\mathbf{z}_r$ um vetor coluna de dimensão n conhecido e $\boldsymbol{\gamma} = (\gamma_1, \cdots, \gamma_q)^T$. Em casos especiais, as colunas $\mathbf{z}_r$ podem ser funções do ajuste do modelo usual, isto é, $\mathbf{Z} = \mathbf{Z}(\mathbf{X}\hat{\boldsymbol{\beta}})$, ou funções específicas das variáveis explanatórias originais $\mathbf{z}_r = \mathbf{z}_r(\mathbf{x}^{(r)})$.

A importância das variáveis explanatórias adicionais é expressa pela diferença dos desvios dos modelos $g(\boldsymbol{\mu}) = \mathbf{X}\boldsymbol{\beta}$ e aquele com expressão (5.12). Se a adição das variáveis explanatórias $\mathbf{Z}\boldsymbol{\gamma}$ altera substancialmente o ajuste, as anomalias em questão afetam, seriamente, o modelo original. Em geral, quando isso ocorre, as formas das variáveis explanatórias adicionais produzem uma ação corretiva.

Um bom exemplo do uso de uma variável explanatória adicional está no teste de Tukey (1949) de um grau de liberdade para verificar a não-aditividade de um modelo. Em termos de MLGs, considera-se $(\mathbf{X}\hat{\boldsymbol{\beta}}) \odot (\mathbf{X}\hat{\boldsymbol{\beta}})$, em que $\odot$ é o produto termo a termo, como uma variável adicional e, se no ajuste do modelo aumentado, o coeficiente dessa variável explanatória for significativamente diferente de zero, aceita-se a não-aditividade no modelo original. Uma transformação do tipo potência da variável resposta pode ser uma medida corretiva para eliminar a não-aditividade.

Para verificar se a escala de uma variável explanatória isolada $\mathbf{x}^{(r)}$ está correta, o teste de Tukey considera $\hat{\beta}_r^2(\mathbf{x}^{(r)} \odot \mathbf{x}^{(r)})$, em que $\hat{\beta}_r$ é o coeficiente estimado de $\mathbf{x}^{(r)}$, como uma variável adicional. Quando o coeficiente associado a essa variável explanatória, no ajuste do modelo aumentado, for estatisticamente zero, aceita-se a linearidade de $\boldsymbol{\eta}$ em $\mathbf{x}^{(r)}$.

Pregibon (1979) recomenda um método gráfico alternativo, baseado na estatística $\mathbf{v}_r = \hat{\beta}_r\mathbf{x}^{(r)} + \hat{\mathbf{z}} - \hat{\boldsymbol{\eta}} = \hat{\beta}_r\mathbf{x}^{(r)} + \hat{\mathbf{H}}(\mathbf{y} - \hat{\boldsymbol{\mu}})$, que representa uma medida da linearidade da variável explanatória $\mathbf{x}^{(r)}$. A estatística $\mathbf{v}_r$ é, simplesmente, um resíduo parcial generalizado para a variável explanatória $\mathbf{x}^{(r)}$, expresso na escala da variável dependente modificada $\mathbf{z}$. A escala de $\mathbf{x}^{(r)}$ é considerada correta se o gráfico de $\mathbf{v}_r$ versus $\mathbf{x}^{(r)}$ é, aproximadamente, linear. Caso contrário, a forma do gráfico deve sugerir a ação corretiva.

A inferência sobre $\boldsymbol{\gamma}$ pode ser realizada a partir da redução do desvio do modelo com a inclusão de $\mathbf{Z}\boldsymbol{\gamma}$, ou por meio da distribuição normal assintótica de $\hat{\boldsymbol{\gamma}}$, de média igual ao parâmetro verdadeiro $\boldsymbol{\gamma}$ e matriz de covariância expressa por

$$(\mathbf{Z}^T\mathbf{W}\mathbf{Z})^{-1} + \mathbf{L}(\mathbf{X}^T\mathbf{W}\mathbf{X} - \mathbf{X}^T\mathbf{W}\mathbf{Z}\mathbf{L})^{-1}\mathbf{L}^T,$$

em que $\mathbf{L} = (\mathbf{Z}^T\mathbf{W}\mathbf{Z})^{-1}\mathbf{Z}^T\mathbf{W}\mathbf{X}$. O método das variáveis explanatórias adicionais é bastante usado para estimar a função de ligação e para identificar observações que não são importantes para o modelo.

5.6 VERIFICAÇÃO DA FUNÇÃO DE LIGAÇÃO

Muitas vezes, para um conjunto particular de observações, pode ser difícil decidir qual a melhor função de ligação que pode não pertencer a uma família especificada.

Um método informal para verificar a adequação da função de ligação usada é o gráfico da variável dependente ajustada estimada $\hat{\mathbf{z}} = \hat{\boldsymbol{\eta}} + \widehat{\mathbf{G}}(\mathbf{y} - \hat{\boldsymbol{\mu}})$ versus o preditor linear estimado $\hat{\boldsymbol{\eta}}$. O padrão nulo é uma reta, indicando a adequação da função de ligação usada. O gráfico da variável adicionada também pode ser usado considerando-se $\mathbf{u} = \hat{\boldsymbol{\eta}} \odot \hat{\boldsymbol{\eta}}$, em que $\odot$ significa produto termo a termo. O padrão nulo indicará que a função de ligação usada é adequada.

Para funções de ligação na família potência, $\eta = \mu^\lambda$ (ver Seção 2.3), uma curvatura para cima no gráfico indica que deve ser usada uma função de ligação com expoente maior, enquanto uma curvatura para baixo indica um expoente menor. Esse tipo de gráfico não é adequado para dados binários.

Existem dois métodos formais para verificar a adequação da função de ligação utilizada:

(i) o mais simples consiste em se adicionar $\mathbf{u} = \hat{\boldsymbol{\eta}} \odot \hat{\boldsymbol{\eta}}$ como uma variável explanatória extra e examinar a mudança ocorrida no desvio, o que equivale ao teste da razão de verossimilhanças. Se ocorrer uma diminuição drástica, há evidência de que a função de ligação é insatisfatória. Pode-se usar, também, o teste escore;

(ii) outro método formal de estimação da função de ligação, desenvolvido por Pregibon (1980), usa variáveis explanatórias adicionais, obtidas de uma linearização da função de ligação. Seja a função de ligação $g(\boldsymbol{\mu}; \boldsymbol{\lambda}) = \boldsymbol{\eta} = \mathbf{X}\boldsymbol{\beta}$ dependente de um conjunto de parâmetros $\boldsymbol{\lambda} = (\lambda_1, \cdots, \lambda_r)^T$, supostos desconhecidos. Uma família de funções de ligação com um único parâmetro é a família potência $g(\mu; \lambda) = (\mu^\lambda - 1)/\lambda$ ou $g(\mu; \lambda) = \mu^\lambda$. Incerteza sobre a função de ligação é mais comum com dados contínuos que têm distribuição gama e com proporções cujo número de sucessos segue a distribuição binomial. Assim, por exemplo, para observações com distribuição gama, pode-se usar a família de funções de ligação $\eta = \mu^\lambda$. Para dados com distribuição binomial, pode-se usar a família de funções de ligação $\eta = \log\left[(1-\pi)^{-\lambda} - 1\right]/\lambda$ de Aranda-Ordaz (1981), que tem como casos especiais a função de ligação logística para $\lambda = 1$ e a complemento log-log quando $\lambda \to 0$. Em geral, usa-se o método do logaritmo da função de verossimilhança perfilada para se estimar λ. Para o modelo clássico de regressão, esse teste equivale ao teste proposto por Tukey (1949) para não-aditividade.

Um teste aproximado da hipótese nula composta $H_0 : \boldsymbol{\lambda} = \boldsymbol{\lambda}^{(0)}$, em que $\boldsymbol{\lambda}^{(0)}$ é um valor especificado para $\boldsymbol{\lambda}$, versus $H : \boldsymbol{\lambda} \neq \boldsymbol{\lambda}^{(0)}$, pode ser deduzido expandindo $g(\boldsymbol{\mu}; \boldsymbol{\lambda}) = \boldsymbol{\eta}$ em série de Taylor ao redor de $\boldsymbol{\lambda}^{(0)}$ até primeira ordem. Tem-se

$$g(\boldsymbol{\mu}; \boldsymbol{\lambda}) = g(\boldsymbol{\mu}; \boldsymbol{\lambda}^{(0)}) + \mathbf{D}(\boldsymbol{\mu}; \boldsymbol{\lambda}^{(0)})(\boldsymbol{\lambda} - \boldsymbol{\lambda}^{(0)}), \tag{5.13}$$

em que $\mathbf{D}(\boldsymbol{\mu}; \boldsymbol{\lambda}) = \dfrac{\partial g(\boldsymbol{\mu}; \boldsymbol{\lambda})}{\partial \boldsymbol{\lambda}}$ é uma matriz de dimensões $n \times r$ que depende de $\boldsymbol{\beta}$ e $\boldsymbol{\lambda}$. Seja $\hat{\boldsymbol{\beta}}_0$ a EMV de $\boldsymbol{\beta}$ calculada do ajuste do modelo $g(\boldsymbol{\mu}; \boldsymbol{\lambda}^{(0)}) = \mathbf{X}\boldsymbol{\beta}$ e $\hat{\boldsymbol{\mu}}_0 = g^{-1}(\mathbf{X}\hat{\boldsymbol{\beta}}_0; \boldsymbol{\lambda}^{(0)})$. Estima-se $\mathbf{D}(\boldsymbol{\mu}; \boldsymbol{\lambda}^{(0)})$ por $\widehat{\mathbf{D}}^{(0)} = \mathbf{D}(\hat{\boldsymbol{\mu}}_0; \boldsymbol{\lambda}^{(0)})$.

Se a expansão (5.13) for adequada, pode-se considerar a estrutura linear

$$g(\boldsymbol{\mu}; \boldsymbol{\lambda}^{(0)}) = \begin{pmatrix}\mathbf{X} & -\widehat{\mathbf{D}}^{(0)}\end{pmatrix} \begin{pmatrix}\boldsymbol{\beta} \\ \boldsymbol{\lambda}\end{pmatrix} + \widehat{\mathbf{D}}^{(0)}\boldsymbol{\lambda}^{(0)} \tag{5.14}$$

como uma aproximação de $g(\boldsymbol{\mu}; \boldsymbol{\lambda}) = \mathbf{X}\boldsymbol{\beta}$ com $\boldsymbol{\lambda}$ desconhecido.

Na estrutura (5.14), o vetor de parâmetros $\boldsymbol{\lambda}$ aparece como linear nas variáveis adicionais $-\widehat{\mathbf{D}}^{(0)}$ e o preditor linear envolve $\widehat{\mathbf{D}}^{(0)}\boldsymbol{\lambda}^{(0)}$ como *offset*. Essas variáveis adicionais representam uma medida da distância da função de ligação definida por $\boldsymbol{\lambda}^{(0)}$ à função de ligação verdadeira. A inferência sobre $\boldsymbol{\lambda}$ pode ser realizada de maneira análoga a $\boldsymbol{\beta}$, como descrito na Seção 4.5.2.

Logo, testar $H_0 : \boldsymbol{\lambda} = \boldsymbol{\lambda}^{(0)}$ versus $H : \boldsymbol{\lambda} \neq \boldsymbol{\lambda}^{(0)}$ corresponde, aproximadamente, a comparar os modelos $\mathbf{X}$ e $(\mathbf{X} - \widehat{\mathbf{D}}^{(0)})$, ambos tendo a mesma função de ligação $g(\boldsymbol{\mu}; \boldsymbol{\lambda}^{(0)}) = \boldsymbol{\eta}$. Se a diferença de desvios entre esses modelos é maior do que $\chi^2_r(\alpha)$, rejeita-se a hipótese nula H_0.

A aproximação do teste depende fortemente da linearização (5.13). Quando o $\boldsymbol{\lambda}$ verdadeiro estiver distante de $\boldsymbol{\lambda}^{(0)}$, não existirá garantia de convergência no ajuste de (5.14) e, mesmo convergindo, a estimativa de $\boldsymbol{\lambda}$ obtida pode diferir substancialmente do valor correto de sua EMV. Para calcular uma melhor aproximação dessa estimativa, o processo (5.14) deverá ser repetido com as variáveis explanatórias adicionais, sendo reestimadas a cada etapa, a partir das estimativas correspondentes de $\boldsymbol{\beta}$ e $\boldsymbol{\lambda}$.

Um processo alternativo para obter uma boa estimativa de $\boldsymbol{\lambda}$ é considerar $\boldsymbol{\lambda}$ fixado e pertencendo a um conjunto amplo de valores arbitrários e, então, computar o desvio $S_p(\boldsymbol{\lambda})$ como função de $\boldsymbol{\lambda}$. Traça-se o gráfico da superfície $S_p(\boldsymbol{\lambda})$ versus $\boldsymbol{\lambda}$, escolhendo a estimativa $\tilde{\boldsymbol{\lambda}}$ correspondente ao valor mínimo de $S_p(\boldsymbol{\lambda})$ nesse conjunto. Se $\boldsymbol{\lambda}$ é unidimensional, o processo é bastante simples; caso contrário, pode ser impraticável. Uma região de $100(1-\alpha)\%$ de confiança para $\boldsymbol{\lambda}$ é determinada no gráfico por $\{\boldsymbol{\lambda}; S_p(\boldsymbol{\lambda}) - S_p(\tilde{\boldsymbol{\lambda}}) \leq \chi^2_r(\alpha)\}$, sendo independente da parametrização adotada. Um teste de $H_0 : \boldsymbol{\lambda} = \boldsymbol{\lambda}^{(0)}$ pode ser baseado nessa região. Pode-se calcular, numericamente, a EMV de $\boldsymbol{\lambda}$, embora com uma maior complexidade computacional.

A verificação da adequação da função de ligação é, inevitavelmente, afetada pela falha em estabelecer escalas corretas para as variáveis explanatórias no preditor linear. Em particular, se o teste formal construído pela adição de $\hat{\boldsymbol{\eta}} \odot \hat{\boldsymbol{\eta}}$ ao preditor linear produz uma redução significativa no desvio do modelo, isso pode indicar uma função de ligação errada ou escalas erradas para as variáveis explanatórias ou ambas. Observações atípicas, também, podem afetar a escolha da função de ligação.

Exemplo 5.1

Seja a função de ligação $g_0(\boldsymbol{\mu}) = g(\boldsymbol{\mu}; \lambda_0) = X\boldsymbol{\beta}$, incluída em uma família paramétrica $g(\boldsymbol{\mu}; \lambda)$, indexada pelo parâmetro escalar λ, por exemplo,

$$g(\boldsymbol{\mu}; \lambda) = \begin{cases} \dfrac{\boldsymbol{\mu}^\lambda - 1}{\lambda} & \lambda \neq 0 \\ \log(\boldsymbol{\mu}) & \lambda = 0 \end{cases} \tag{5.15}$$

que inclui as funções de ligação identidade, logarítmica, etc., ou então, a família de Aranda-Ordaz,

$$\boldsymbol{\mu} = \begin{cases} 1 - (1 + \lambda e^{\boldsymbol{\eta}})^{-\frac{1}{\lambda}} & \lambda e^{\boldsymbol{\eta}} > -1 \\ 1 & c.c. \end{cases}$$

que inclui as funções de ligação logística, complemento log-log, etc.

A expansão de Taylor, no caso unidimensional, para $g(\boldsymbol{\mu}, \lambda)$ ao redor de um valor conhecido λ_0, produz

$$g(\boldsymbol{\mu}, \lambda) \simeq g(\boldsymbol{\mu}, \lambda_0) + (\lambda - \lambda_0)\mathbf{u}(\lambda_0) = X\boldsymbol{\beta} + \gamma\mathbf{u}(\lambda_0),$$

em que $\mathbf{u}(\lambda_0) = \left.\dfrac{\partial g(\boldsymbol{\mu}, \lambda)}{\partial \lambda}\right|_{\lambda=\lambda_0}$.

De uma forma geral, usa-se $\mathbf{u} = \hat{\boldsymbol{\eta}} \odot \hat{\boldsymbol{\eta}}$, cuja justificativa é mostrada a seguir, como variável adicionada ao preditor linear do modelo para o teste de adequação da função de ligação de um MLG.

Suponha que a função de ligação considerada é $\boldsymbol{\eta} = g(\boldsymbol{\mu})$ e que a função de ligação verdadeira seja $g^*(\boldsymbol{\mu})$. Então,

$$g(\boldsymbol{\mu}) = g[g^{*-1}(\boldsymbol{\eta})] = h(\boldsymbol{\eta}).$$

A hipótese nula é $H_0 : h(\boldsymbol{\eta}) = \boldsymbol{\eta}$ e a alternativa é $H : h(\boldsymbol{\eta}) =$ não linear.

Fazendo-se a expansão de $g(\boldsymbol{\mu})$ em série de Taylor, tem-se

$$g(\boldsymbol{\mu}) \simeq h(0) + h'(0)\boldsymbol{\eta} + \frac{h''(0)}{2}\boldsymbol{\eta} \odot \boldsymbol{\eta}$$

e, então, a variável adicionada é $\hat{\boldsymbol{\eta}} \odot \hat{\boldsymbol{\eta}}$, desde que o modelo tenha termos para o qual a média geral seja marginal.

Exemplo 5.2

Considere os dados do Exemplo 2.1. A variável resposta tem distribuição binomial, isto é, $Y_i \sim B(m_i, \pi_i)$. Adotando-se a função de ligação logística (canônica) e os preditores lineares expressos por

$$\eta_i = \log\left(\frac{\mu_i}{m_i - \mu_i}\right) = \beta_1 + \beta_2 d_i,$$

e

$$\eta_i = \log\left(\frac{\mu_i}{m_i - \mu_i}\right) = \beta_1 + \beta_2 d_i + \gamma u_i,$$

sendo $u_i = \hat{\eta}_i^2$, usa-se a diferença de desvios para testar a adequação da função de ligação, obtendo-se os resultados da Tabela 5.3. Verifica-se que se rejeita a hipótese nula $H_0 : \gamma = 0$, ao nível de 5% de significância, indicando que a função de ligação logística não é adequada. A estimativa para γ é $\hat{\gamma} = -0,2087$ com erro padrão 0,0757.

Tabela 5.3 Análise de desvio e teste da função de ligação para os dados do Exemplo 2.1.

Causa de variação	g.l.	Desvio	Valor de p
Regressão linear	1	153,480	$< 0,0001$
Função de ligação	1	9,185	0,0024
Novo Resíduo	3	1,073	
(Resíduo)	4	10,260	0,0527
Total	5	163,740	

Fazendo-se uma análise de resíduos, verifica-se que a primeira observação é discrepante. Eliminando-a e refazendo-se o teste para a função de ligação, a hipótese nula $H_0 : \gamma = 0$ não é rejeitada, indicando a adequação da função de ligação logística. Tem-se, então, $\hat{\gamma} = 0,0757$ com erro padrão 0,086 e,

$$\eta_i = \log\left(\frac{\hat{\mu}_i}{m_i - \hat{\mu}_i}\right) = -3,5823 + 0,7506 d_i.$$

5.7 VERIFICAÇÃO DA FUNÇÃO DE VARIÂNCIA

Um método informal para verificar a adequação da função de variância (que é definida ao se escolher uma determinada distribuição) é o gráfico dos resíduos absolutos versus os valores ajustados transformados em uma escala com variância constante (vide Seção 5.4.2, item a). O padrão nulo para esse tipo de gráfico é uma distribuição aleatória de média zero e amplitude constante. A escolha errada da função de variância mostrará uma tendência na média. Em geral, a não adequação da função de variância será considerada como superdispersão (HINDE; DEMÉTRIO, 1998a; HINDE; DEMÉTRIO, 1998b).

Um método formal para verificar a adequação da função de variância consiste em indexar essa função por um parâmetro λ e fazer um teste de hipótese $H_0 : \lambda = \lambda_0$, usando-se os testes da razão de verossimilhanças e escore. Assim, por exemplo, pode-se usar $V(\mu) = \mu^\lambda$ e observar como o ajuste varia em função de λ. Em geral, usa-se o logaritmo da função de verossimilhança perfilada para se estimar λ. Para se compararem ajustes de modelos com diferentes funções de variância, o desvio não pode ser usado, e há necessidade de se usar a teoria de quase verossimilhança estendida. A verificação da adequação da função de variância é, inevitavelmente, afetada pela falha em estabelecer escalas corretas para as variáveis explanatórias no preditor linear, escolha errada da função de ligação e observações atípicas.

5.8 VERIFICAÇÃO DAS ESCALAS DAS VARIÁVEIS EXPLANATÓRIAS

O gráfico de resíduos parciais é uma ferramenta importante para saber se um termo βx no preditor linear pode ser melhor expresso como $\beta h(x; \lambda)$ para alguma função monótona $h(.; \lambda)$. Nos MLGs, o vetor de resíduos parciais (ou resíduos + componente) é especificado por

$$\tilde{r} = \hat{\mathbf{z}} - \hat{\boldsymbol{\eta}} + \hat{\gamma}\mathbf{x},$$

sendo $\hat{\mathbf{z}}$ a variável dependente ajustada estimada, $\hat{\boldsymbol{\eta}}$ o preditor linear estimado e $\hat{\gamma}$ a estimativa do parâmetro referente à variável explanatória $\mathbf{x}$.

O gráfico de $\tilde{\mathbf{r}}$ versus $\mathbf{x}$ conduz a um método informal. Se a escala de $\mathbf{x}$ é satisfatória, o gráfico deve ser, aproximadamente, linear. Se não, sua forma pode sugerir um modelo alternativo. Poderão, entretanto, ocorrer distorções se as escalas das outras variáveis explanatórias estiverem erradas e, então, pode ser necessário analisar gráficos de resíduos parciais para diversos xs.

Um método formal consiste em colocar x em uma família $h(\cdot; \lambda)$ indexada por λ; calcular, então, o logaritmo da função de verossimilhança maximizada para um conjunto de valores de λ e determinar $\hat{\lambda}$ como aquele valor que conduz a um logaritmo da função de verossimilhança maximal (método da verossimilhança perfilada). O ajuste para $\hat{\lambda}$ será, então, comparado com o ajuste para a escolha inicial λ_0 que, em geral, é 1. Esse procedimento pode ser usado para vários xs simultaneamente e é particularmente útil quando se têm as mesmas dimensões físicas, tal que seja necessária uma transformação comum. A família mais comum de transformações é a família de Box e Cox (1964), expressa por $h(x; \lambda) = (x^\lambda - 1)/\lambda$, se $\lambda \neq 0$, e $h(x; \lambda) = \log(x)$, se $\lambda = 0$.

Um método informal para o estudo de uma única variável explanatória implica na forma $\mathbf{u}(\lambda_0) = dh(\boldsymbol{\mu}, \lambda)/d\lambda\big|_{\lambda=\lambda_0}$ que é, então, usada como variável adicional para o teste de adequação da escala usada para a variável explanatória de interesse. Pode-se, então, fazer o gráfico dos resíduos parciais como descrito na Seção 5.4.2, item e). Essa mesma variável u construída pode ser usada como uma variável adicional no modelo para o teste da hipótese $H_0 : \lambda = \lambda_0$ (o que equivale ao teste de $H_0 : \gamma = 0$) que, se não rejeitada, indicará a adequação da escala escolhida para a variável explanatória de interesse.

Exemplo 5.3

Transformação para a variável dependente

Seja a família de transformações de Box-Cox normalizada

$$\mathbf{z}(\lambda) = \mathbf{X}\boldsymbol{\beta} + \boldsymbol{\epsilon} = \begin{cases} \dfrac{\mathbf{y}^{\lambda} - 1}{\lambda \dot{y}^{\lambda-1}} + \boldsymbol{\epsilon} & \lambda \neq 0 \\ \dot{y}\log(\mathbf{y}) + \boldsymbol{\epsilon} & \lambda = 0, \end{cases}$$

sendo $\dot{y}$ a média geométrica das observações. A expansão de $\mathbf{z}(\lambda)$ em série de Taylor em relação a λ_0, suposto conhecido, é

$$\mathbf{z}(\lambda) \approx \mathbf{z}(\lambda_0) + (\lambda - \lambda_0)\mathbf{u}(\lambda_0),$$

sendo $\mathbf{u}(\lambda_0) = \left.\dfrac{d\mathbf{z}(\lambda)}{d\lambda}\right|_{\lambda=\lambda_0}$. Então, o modelo linear aproximado é

$$\mathbf{z}(\lambda_0) = \mathbf{z}(\lambda) - (\lambda - \lambda_0)\mathbf{u}(\lambda_0) = \mathbf{X}\boldsymbol{\beta} + \gamma\mathbf{u} + \boldsymbol{\epsilon}.$$

Mas $\mathbf{z}(\lambda) = \dfrac{\mathbf{y}^{\lambda} - 1}{\lambda \dot{y}^{\lambda-1}} + \boldsymbol{\epsilon}$ e, portanto,

$$\mathbf{u}(\lambda) = \frac{d\mathbf{z}(\lambda)}{d\lambda} = \frac{\mathbf{y}^{\lambda}\log(\mathbf{y}) - (\mathbf{y}^{\lambda} - 1)[\lambda^{-1} + \log(\dot{y})]}{\lambda \dot{y}^{\lambda-1}}.$$

O interesse, em geral, está em testar alguns valores de λ, tais como $\lambda_0 = 1$ (sem transformação) e $\lambda_0 = 0$ (transformação logarítmica). Desde que são necessários apenas os resíduos de $\mathbf{u}(\lambda)$, então, constantes podem ser ignoradas se $\boldsymbol{\beta}$ contém uma constante. Então,

$$\mathbf{u}(1) = \mathbf{y}\left[\log\left(\frac{\mathbf{y}}{\dot{y}}\right) - 1\right], \text{ variável construída para testar se } \lambda_0 = 1$$

e

$$\mathbf{u}(0) = \dot{y}\log(\mathbf{y})\left[\frac{\log(\mathbf{y})}{2} - \log(\dot{y})\right], \text{ variável construída para testar se } \lambda_0 = 0.$$

Como $-\gamma = \lambda - \lambda_0$, tem-se que uma estimativa para λ pode ser obtida como $\hat{\lambda} = \lambda_0 - \hat{\gamma}$. Usa-se, em geral, um valor para λ próximo de $\hat{\lambda}$ que tenha uma interpretação prática.

Exemplo 5.4

Transformação para as variáveis explanatórias

Se em lugar de transformar y houver necessidade de transformar x_k, tem-se que o componente sistemático mais amplo é especificado por

$$E(\mathbf{Y}) = \beta_0 + \sum_{j \neq k} \beta_j \mathbf{x}_j + \beta_k \mathbf{x}_k^{\lambda}.$$

A expansão de $\mathbf{z}(\lambda)$ em série de Taylor em relação a λ_0, suposto conhecido, é

$$\mathbf{z}(\lambda) \approx \mathbf{z}(\lambda_0) + (\lambda - \lambda_0) \left. \frac{d\mathbf{z}(\lambda)}{d\lambda} \right|_{\lambda=\lambda_0}.$$

Então,

$$\mathbf{z}(\lambda) \approx \beta_0 + \sum_{j \neq k} \beta_j \mathbf{x}_j + \beta_k \mathbf{x}_k^{\lambda_0} + \beta_k (\lambda - \lambda_0) \mathbf{x}_k^{\lambda_0} \log(\mathbf{x}_k) = \beta_0 + \sum_{j \neq k} \beta_j \mathbf{x}_j + \beta_k \mathbf{x}_k^{\lambda_0} + \gamma \mathbf{u}(\lambda_0),$$

pois $d\mathbf{z}(\lambda)/d\lambda = \beta_k \mathbf{x}_k^{\lambda} \log(x_k)$. Portanto, testar $\lambda = \lambda_0$ é equivalente a testar $\gamma = 0$ para a regressão com a variável construída $\mathbf{u}_x(\lambda_0) = \mathbf{x}_k^{\lambda_0} \log(\mathbf{x}_k)$ com $\mathbf{x}_k^{\lambda_0}$ incluída no modelo. Para $\lambda_0 = 1$, tem-se

$$E(\mathbf{Y}) = \beta_0 + \sum_{j \neq k} \beta_j \mathbf{x}_j + \beta_k \mathbf{x}_k + \beta_k (\lambda - 1) \mathbf{x}_k \log(\mathbf{x}_k) = \mathbf{X}\boldsymbol{\beta} + \gamma \mathbf{u}_x,$$

sendo $\mathbf{u}_x = \mathbf{x}_k \log(\mathbf{x}_k)$ e $\gamma = \beta_k(\lambda - 1)$. Portanto, faz-se a regressão de $\mathbf{Y}$ em relação a todos os $\mathbf{x}_j$, $j = 1, \ldots, p-1$, e a $\mathbf{u}_x = \mathbf{x}_k \log(\mathbf{x}_k)$. Rejeita-se $H_0 : \lambda = 1$ se $t = \hat{\gamma}/\text{se}(\hat{\gamma}) > t_{n-p-1,\gamma/2}$ e, nesse caso, mostra-se que a escala das observações não está adequada. A contribuição de observações individuais pode ser examinada, usando-se o gráfico da variável adicionada.

Exemplo 5.5

Transformação simultânea para as variáveis resposta e explanatórias

Para a transformação simultânea da variável resposta e das $p-1$ variáveis explanatórias (exceto a constante $1^{\lambda}=1$), o modelo para um vetor de p parâmetros $\boldsymbol{\lambda}=(\lambda_1,\cdots,\lambda_p)^T$ é

$$\mathbf{z}(\lambda_p)=\beta_0+\sum_{j=1}^{p-1}\beta_j\mathbf{x}_j^{\lambda_j}+\boldsymbol{\epsilon}. \quad (5.16)$$

Na equação (5.16), cada variável, incluindo a variável resposta, pode ter um parâmetro de transformação diferente. De forma semelhante aos Exemplos 5.3 e 5.4, a expansão de Taylor desse modelo ao redor de um λ_0 comum, suposto conhecido, é

$$\mathbf{z}(\lambda_0)=\beta_0-(\lambda_p-\lambda_0)\mathbf{u}(\lambda_0)+\sum_{j=1}^{p-1}\beta_j\mathbf{x}_j^{\lambda_0}+\sum_{j=1}^{p-1}(\lambda_j-\lambda_0)\beta_j\mathbf{x}_j^{\lambda_0}\log(\mathbf{x}_j)+\boldsymbol{\epsilon}.$$

Para o caso de $\lambda_0=1$, tem-se

$$\mathbf{z}(\lambda_0)=\beta_0+\sum_{j=1}^{p-1}\beta_j\mathbf{x}_j+\gamma\left[\sum_{j=1}^{p-1}\beta_j\mathbf{x}_j\log(\mathbf{x}_j)-\mathbf{u}(1)\right]+\boldsymbol{\epsilon},$$

sendo $\gamma=\lambda-1$ e definindo a variável construída por

$$\mathbf{u}_{xy}(1)=\beta_0+\sum_{j=1}^{p-1}\hat{\beta}_j\mathbf{x}_j\log(\mathbf{x}_j)-\mathbf{y}\left[\log\left(\frac{\mathbf{y}}{\dot{y}}\right)-1\right]$$

usando-se as estimativas $\hat{\beta}_j$ de mínimos quadrados do modelo sem transformação no lugar dos β_j. Rejeita-se $H_0:\boldsymbol{\lambda}=\mathbf{1}$ se $t=\hat{\gamma}/\mathrm{se}(\hat{\gamma})>t_{n-p-1,\gamma/2}$ e, nesse caso, mostra-se que a escala das observações e das variáveis explanatórias não está adequada. A contribuição de observações individuais pode ser examinada, usando-se o gráfico da variável adicionada.

5.9 VERIFICAÇÃO DE ANOMALIAS NO COMPONENTE SISTEMÁTICO, USANDO-SE ANÁLISE DOS RESÍDUOS

Considera-se um MLG com distribuição na família (1.4) e componente sistemático $g(\boldsymbol{\mu}) = \mathbf{X}\boldsymbol{\beta}$. As possíveis anomalias no componente aleatório do modelo podem ser descobertas pelos gráficos i'), ii') e iii') descritos na Seção 5.4.1, desde que os resíduos sejam definidos apropriadamente. Nesta seção, apresenta-se uma técnica geral para verificar anomalias no componente sistemático do modelo definido pelas equações (2.5) e (2.6).

Considera-se que o componente sistemático correto contém uma variável explanatória $\mathbf{z}$ adicional (Seção 5.5) e um parâmetro escalar γ, isto é,

$$g(\boldsymbol{\mu}) = \mathbf{X}\boldsymbol{\beta} + h(\mathbf{z}; \gamma), \tag{5.17}$$

em que $h(\mathbf{z}; \gamma)$ pode representar:

(a) um termo adicional em uma ou mais variáveis explanatórias originais, por exemplo: $h(\mathbf{z}; \gamma) = \gamma x_j^2$ ou $h(\mathbf{z}; \gamma) = \gamma x_j x_k$;
(b) uma contribuição linear ou não-linear de alguma variável explanatória omitida, por exemplo: $h(\mathbf{z}; \gamma) = \gamma \mathbf{z}$ ou $h(\mathbf{z}; \gamma) = \mathbf{z}^{\gamma}$.

O objetivo é definir resíduos modificados $\tilde{\mathbf{R}}$ para o modelo ajustado $g(\boldsymbol{\mu}) = \mathbf{X}\boldsymbol{\beta}$ tais que $\mathrm{E}(\tilde{\mathbf{R}}) = h(\mathbf{z}; \gamma)$. Se isso acontecer, um gráfico de $\tilde{\mathbf{R}}$ versus $\mathbf{z}$, desprezando a variação aleatória, exibirá a função $h(\mathbf{z}; \gamma)$.

Para fixar ideias, considere o modelo normal linear e os resíduos ordinários usuais: $\mathbf{R} = \mathbf{y} - \hat{\boldsymbol{\mu}} = [\mathbf{I} - \mathbf{X}(\mathbf{X}^T\mathbf{X})^{-1}\mathbf{X}^T]\mathbf{y} = (\mathbf{I} - \mathbf{H})\mathbf{y}$. Supondo que o componente sistemático correto é (5.17), tem-se $\mathbf{R} = (\mathbf{I}-\mathbf{H})[\mathbf{X}\boldsymbol{\beta}+h(\mathbf{z};\gamma)+\boldsymbol{\varepsilon}]$, em que $\boldsymbol{\varepsilon}$ é um ruído branco. Como $\mathbf{X}$ é ortogonal a $\mathbf{I} - \mathbf{H}$, tem-se $\mathbf{R} = (\mathbf{I} - \mathbf{H})h(\mathbf{z}; \gamma) + \boldsymbol{\varepsilon}$ e, portanto, $\mathrm{E}(\mathbf{R}) = (\mathbf{I} - \mathbf{H})h(\mathbf{z}; \gamma)$. Assim, um gráfico de $\mathbf{R}$ versus $\mathbf{z}$ não apresentará nenhuma semelhança com $h(\mathbf{z}; \gamma)$. Entretanto, se $h(\mathbf{z}; \gamma)$ for, aproximadamente, linear, um gráfico de $\mathbf{R}$ versus $(\mathbf{I} - \mathbf{H})\mathbf{z}$ poderá ser usado. A declividade da reta de mínimos quadrados ajustada aos pontos desse gráfico proporcionará uma estimativa de γ no modelo (5.17). Se a declividade for próxima de zero, o modelo $g(\boldsymbol{\mu}) = \mathbf{X}\boldsymbol{\beta}$ poderá ser aceito ao invés de (5.17).

Para o modelo normal linear, supondo $h(\mathbf{z}; \gamma)$, aproximadamente, linear, Larsen e McCleary (1972) definem *resíduos parciais* por

$$\tilde{\mathbf{R}} = \mathbf{y} - \hat{\boldsymbol{\mu}} + \hat{\gamma}\mathbf{H}\mathbf{z} = (\mathbf{I} - \mathbf{H})\mathbf{y} + \hat{\gamma}\mathbf{H}\mathbf{z}, \tag{5.18}$$

em que $\hat{\gamma}$ é a estimativa de mínimos quadrados de γ baseada na regressão de $\mathbf{y} - \hat{\boldsymbol{\mu}}$ sobre a matriz $(\mathbf{I}-\mathbf{H})\mathbf{z}$, isto é, $\hat{\gamma} = [\mathbf{z}^T(\mathbf{I}-\mathbf{H})\mathbf{z}]^{-1}\mathbf{z}^T(\mathbf{I}-\mathbf{H})(\mathbf{y}-\hat{\boldsymbol{\mu}})$, com $\mathbf{z} = (z_1, \ldots, z_n)^T$. Pode-se demonstrar que os resíduos parciais (5.18) podem ser expressos como combinações lineares dos resíduos $\mathbf{y} - \hat{\boldsymbol{\mu}}$ e, também, como combinações lineares das observações $\mathbf{y}$.

Ainda, no modelo normal linear, a noção de resíduos parciais pode ser estendida para determinar se variáveis explanatórias, com contribuições não-lineares, estão omissas no componente sistemático do modelo. Suponha, agora, que $\boldsymbol{\gamma}$ seja um vetor de parâmetros. Isso é possível, desde que a função $h(\mathbf{z};\boldsymbol{\gamma})$ possa ser aproximada por um polinômio de grau baixo, isto é, $h(\mathbf{z};\boldsymbol{\gamma}) \approx \mathbf{T}\boldsymbol{\gamma}$, em que $\mathbf{T} = \mathbf{T}(\mathbf{z}) = (\mathbf{z}, \mathbf{z}^{(2)}, \mathbf{z}^{(3)} \cdots)$ com $\mathbf{z}^{(i)} = (z_1^i, \cdots, z_n^i)^T$.

Com essa aproximação, definem-se os *resíduos aumentados* de Andrews e Pregibon (1978) por uma expressão análoga a (5.18),

$$\widetilde{\mathbf{R}} = \mathbf{y} - \hat{\boldsymbol{\mu}} + \mathbf{H}\mathbf{T}\hat{\boldsymbol{\gamma}} = (\mathbf{I} - \mathbf{H})\mathbf{y} + \mathbf{H}\mathbf{T}\hat{\boldsymbol{\gamma}}, \tag{5.19}$$

em que $\hat{\boldsymbol{\gamma}}$ é a estimativa de mínimos quadrados de $\boldsymbol{\gamma}$ na regressão linear de $\mathbf{y} - \hat{\boldsymbol{\mu}}$ sobre $(\mathbf{I} - \mathbf{H})\mathbf{T}$, isto é, $\hat{\boldsymbol{\gamma}} = [\mathbf{T}^T(\mathbf{I} - \mathbf{H})\mathbf{T}]^{-1}\mathbf{T}^T(\mathbf{I} - \mathbf{H})(\mathbf{y} - \hat{\boldsymbol{\mu}})$.

Tem-se $\mathrm{E}(\widetilde{\mathbf{R}}) = \mathbf{T}\boldsymbol{\gamma} \approx h(\mathbf{z};\boldsymbol{\gamma})$ e, portanto, exceto por variações aleatórias, um gráfico de $\widetilde{\mathbf{R}}$ versus $\mathbf{z}$ poderá exibir a forma da função $h(\mathbf{z};\boldsymbol{\gamma})$.

Para os MLGs os resíduos aumentados podem ser definidos a partir de resíduos medidos na escala linear

$$\mathbf{R} = \hat{\mathbf{z}} - \hat{\boldsymbol{\eta}} = (\mathbf{I} - \widehat{\mathbf{Z}\mathbf{W}})\hat{\mathbf{z}}. \tag{5.20}$$

Essa expressão foi introduzida na Seção 5.4.1. Aqui, estima-se $\boldsymbol{\gamma}$ ajustando o modelo aumentado $g(\boldsymbol{\mu}) = \mathbf{X}\boldsymbol{\beta} + \mathbf{T}\boldsymbol{\gamma}$ aos dados. Isso determinará opções de aperfeiçoamento da estrutura linear do modelo. O ajuste de polinômios de graus elevados é, numericamente, bastante instável, sendo melhor considerar no máximo $\mathbf{T} = (\mathbf{z}, \mathbf{z}^{(2)}, \mathbf{z}^{(3)})$.

Tem-se $\mathbf{R} = (\mathbf{I} - \widehat{\mathbf{Z}\mathbf{W}})(\mathbf{X}\hat{\boldsymbol{\beta}} + \mathbf{T}\hat{\boldsymbol{\gamma}} + \boldsymbol{\varepsilon}) = (\mathbf{I} - \widehat{\mathbf{Z}\mathbf{W}})(\mathbf{T}\hat{\boldsymbol{\gamma}} + \boldsymbol{\varepsilon})$ e, portanto, os resíduos aumentados nos MLG são expressos por

$$\widetilde{\mathbf{R}} = \mathbf{R} + \widehat{\mathbf{Z}\mathbf{W}}\mathbf{T}\hat{\boldsymbol{\gamma}} \tag{5.21}$$

e têm valores esperados próximos de $h(\mathbf{z};\boldsymbol{\gamma})$. Na Fórmula (5.21), as estimativas de $\mathbf{Z}$ e $\mathbf{W}$ são obtidas segundo o modelo reduzido $g(\boldsymbol{\mu}) = \mathbf{X}\boldsymbol{\beta}$.

A expressão (5.19) é um caso especial de (5.21) quando $\mathbf{W}$ é igual à matriz identidade. Um gráfico de $\widetilde{\mathbf{R}}$ versus $\mathbf{z}$ poderá indicar se essa variável explanatória deve estar incluída no modelo e, se isso acontecer, poderá ainda sugerir a forma de inclusão. Não se devem comparar os resíduos aumentados em (5.21) com os resíduos ordinários $\mathbf{R}$, pois os primeiros são baseados no ajuste do modelo aumentado.

A análise gráfica dos resíduos aumentados pode ser bastante útil nos estágios preliminares de seleção de variáveis explanatórias, quando se têm muitas dessas variáveis para serem consideradas. A formação do componente sistemático pode ser feita, passo a passo, com a introdução de uma única variável explanatória, a cada passo, pelo método descrito.

Para determinar a contribuição de uma variável explanatória $\mathbf{x}_i = (x_{i1}, \cdots, x_{in})^T$ da própria matrix $\mathbf{X}$ no ajuste do modelo reduzido $g(\boldsymbol{\mu}) = \mathbf{X}\boldsymbol{\beta}$ aos dados, pode-se trabalhar com os resíduos parciais generalizados

$$v_i = \hat{z}_i - \hat{\eta}_i + \hat{\beta}_j x_{ij}. \quad (5.22)$$

Os resíduos (5.22), descritos na Seção 5.8, são muito mais simples de serem computados do que os resíduos aumentados definidos em (5.21).

5.10 EXERCÍCIOS

1. Compare os resíduos de Anscombe, Pearson e como raiz quadrada do componente do desvio, para o modelo de Poisson. Como sugestão, suponha $\hat{\mu} = cy$ e varie c, por exemplo, $0(0.2)2(0.5)10$. Faça o mesmo para os modelos binomial, gama e normal inverso.

2. Defina os resíduos de Anscombe, Pearson e como raiz quadrada do componente do desvio para o modelo binomial negativo, comparando-os em algum modelo.

3. Seja um MLG com estrutura linear $\eta_i = \alpha + \beta x_i + x_i^\gamma$ e função de ligação $g(\cdot)$ conhecida.

   (a) formule, por meio da função desvio, critérios para os seguintes testes: $H_1 : \gamma = \gamma^{(0)}$ versus $H_1' : \gamma \neq \gamma^{(0)}$; $H_2 : \beta = \beta^{(0)}, \gamma = \gamma^{(0)}$ versus $H_2' : \beta \neq \beta^{(0)}, \gamma = \gamma^{(0)}$ e versus $H_2'' : \beta \neq \beta^{(0)}, \gamma \neq \gamma^{(0)}$; $H_3 : \beta = \beta^{(0)}$ versus $H_3 : \beta \neq \beta^{(0)}$;
   (b) como obter um intervalo de confiança para γ usando a função desvio?
   (c) se a função de ligação dependesse de um parâmetro λ desconhecido, como determinar critérios para os testes citados?

4. Os dados da Tabela A1 (RYAN; JOINER; JR., 1976, p. 329) do Apêndice A.1 referem-se a medidas de diâmetro a 4,5 pés acima do solo (D, polegadas) e altura (H, pés) de 21 cerejeiras (*black cherry*) em pé e de volume (V, pés cúbicos) de árvores derrubadas. O objetivo desse tipo de experimento é verificar de que forma essas variáveis estão relacionadas para poder predizer o volume de madeira em uma área de floresta (Allegheny National Forest), usando medidas nas árvores em pé.

(a) faça os gráficos de variáveis adicionadas para H e D;
(b) faça os gráficos de resíduos parciais para H e D;
(c) faça as transformações $LV = \log(V)$, $LH = \log(H)$ e $LD = \log(D)$ e repita os gráficos dos itens (a) e (b);
(d) verifique se existem pontos discrepantes em ambas as escalas;
(e) usando

$$\mathbf{u}(1) = \sum_{j=2}^{p} \hat{\beta}_j \mathbf{x}_j \log(\mathbf{x}_j) - \mathbf{y}\left[\log\left(\frac{\mathbf{y}}{\hat{y}}\right) - 1\right],$$

obtido como no Exemplo 5.5 da Seção 5.8, como variável adicionada, verifique se há necessidade da transformação simultânea de V, H e D.

5. Considerando os dados da Tabela 5.4 que se referem à mortalidade de escaravelhos após 5 h de exposição a diferentes doses de bissulfeto de carbono (CS^2):

(a) ajuste o modelo logístico linear e faça o teste para a função de ligação;
(b) ajuste o modelo complemento log-log e faça o teste para a função de ligação;
(c) faça o gráfico da variável adicionada para os itens (a) e (b);
(d) verifique se há necessidade de transformação para a variável dose usando o gráfico de resíduos parciais.

Tabela 5.4 Número de insetos mortos (y_i) de m_i insetos após 5 h de exposição a diferentes doses de CS^2.

log(Dose) (d_i)	m_i	y_i
1,6907	59	6
1,7242	60	13
1,7552	62	18
1,7842	56	28
1,8113	63	52
1,8369	59	53
1,8610	62	61
1,8839	60	60

6. Os dados da Tabela 5.5 (PHELPS, 1982) são provenientes de um experimento casualizado em três blocos em que foram usadas como tratamentos oito doses de um inseticida fosforado e foram contadas quantas (y) cenouras estavam danificadas de totais de m cenouras.

Tabela 5.5 Número de cenouras danificadas (y_i) de m_i cenouras (PHELPS, 1982).

log(Dose)	Bloco I		Bloco II		Bloco III	
d_i	m_i	y_i	m_i	y_i	m_i	y_i
1,52	10	35	17	38	10	34
1,64	16	42	10	40	10	38
1,76	8	50	8	33	5	36
1,88	6	42	8	39	3	35
2,00	9	35	5	47	2	49
2,12	9	42	17	42	1	40
2,24	1	32	6	35	3	22
2,36	2	28	4	35	2	31

(a) ajuste o modelo logístico linear e faça o teste para a função de ligação;
(b) ajuste o modelo complemento log-log e faça o teste para a função de ligação;
(c) faça o gráfico da variável adicionada para os itens (a) e (b);
(d) usando a família de funções de ligação de Aranda-Ordaz, obtenha a variável construída e estime λ;
(e) ajuste o modelo logístico com preditor linear quadrático e faça o teste para a função de ligação.

7. Considere a família (5.15) de funções de ligação. Mostre que a variável construída para o teste da hipótese $H_0 : \lambda = 0$ é expressa por (ATKINSON, 1985, p. 238)

$$\mathbf{u}(\lambda_0) = \left.\frac{dh(\boldsymbol{\mu}, \lambda)}{d\lambda}\right|_{\lambda=0} = -\frac{\log(\hat{\boldsymbol{\mu}}) \odot \log(\hat{\boldsymbol{\mu}})}{2} = -\frac{\hat{\boldsymbol{\eta}} \odot \hat{\boldsymbol{\eta}}}{2},$$

em que $\odot$ representa o produto termo a termo.

8. Seja $Y_i \sim \mathrm{B}(m_i, \mu_i)$ com a notação usual $\boldsymbol{\mu} = g^{-1}(\mathbf{X}\boldsymbol{\beta}), \boldsymbol{\beta} = (\beta_1, \cdots, \beta_p)^T$, etc. Demonstre que os resíduos podem ser definidos por

$$\frac{[G(Y_i/m_i) - G'(\hat{\mu}_i)]}{G'(\hat{\mu}_i)} \left[\frac{\hat{\mu}_i(1-\hat{\mu}_i)}{m_i}\right]^{1/2}.$$

Quais as vantagens das escolhas $G(\mu) = \mu$, $G(\mu) = \log[\mu/(1-\mu)]$ e $G(\mu) = \int_0^\mu x^{-1/3}(1-x)^{-1/3}dx$?

9. No modelo normal linear com estrutura para a média especificada por $\boldsymbol{\mu} = \mathrm{E}(\mathbf{Y}) = \mathbf{X}\boldsymbol{\beta} + g(\mathbf{z}; \boldsymbol{\gamma})$, sendo a função $g(\mathbf{z}; \boldsymbol{\gamma})$ aproximadamente linear, demonstre que os resíduos parciais $\widehat{\mathbf{R}} = (\mathbf{I} - \mathbf{H})\mathbf{y} + \mathbf{H}\mathbf{z}\hat{\boldsymbol{\gamma}}$, em que $\mathbf{H} = \mathbf{X}(\mathbf{X}^T\mathbf{X})^{-1}\mathbf{X}^T$ é a matriz de projeção, podem ser expressos como combinações lineares dos resíduos ordinários $\mathbf{y} - \hat{\boldsymbol{\mu}}$ e, também, como combinações lineares dos dados $\mathbf{y}$.

10. Demonstre as fórmulas das estatísticas para diagnóstico do MLG apresentadas na Seção 5.3.2.

11. Os resíduos $r_i^{P'}$ definidos em (5.8) são, também, denominados resíduos de Student (W.S. Gosset). Calcule expressões para $a_0^{(1)}$, b_i e c_i em função desses resíduos.

12. Seja um modelo normal, gama ou normal inverso com componente usual $g(\boldsymbol{\mu}) = \boldsymbol{\eta} = \mathbf{X}\boldsymbol{\beta}$ e suponha que o parâmetro ϕ seja constante para todas as observações, embora desconhecido. Determine, usando a função desvio, critérios para os seguintes testes:

    (a) $\phi = \phi^{(0)}$ versus $\phi \neq \phi^{(0)}$;
    (b) $\beta = \beta^{(0)}$ versus $\beta \neq \beta^{(0)}$ (CORDEIRO, 1986).

CAPÍTULO 6

Aplicações a Dados Contínuos

Neste capítulo, apresentam-se análises dos seguintes conjuntos de dados contínuos: volume de árvores, gordura no leite, importação brasileira, tempos de sobrevivência de ratos e assinaturas de TV a cabo.

6.1 DADOS DE VOLUME DE ÁRVORES

Os dados da Tabela A1, do Apêndice A, referem-se a medidas de diâmetro a 4,5 pés acima do solo (D, polegadas) e de altura (H, pés) de 31 cerejeiras ("black cherry") em pé e de volume (V, pés cúbicos) de árvores derrubadas (RYAN; JOINER; JR., 1976) em uma área da floresta Allegheny National Forest. O objetivo desse tipo de estudo é predizer o volume de madeira a ser extraída como função das medidas diâmetro e altura nas árvores em pé.

A Figura 6.1 apresenta os gráficos de dispersão das variáveis duas a duas para os dados observados nas escalas original e logarítmica. Pode-se verificar que existe uma relação funcional maior entre volume e diâmetro à altura do peito e entre volume e altura. Além disso, as observações da variável volume como função da altura têm variabilidade maior do que as observações da variável volume como função do diâmetro à altura do peito.

Como um primeiro modelo (M_1) para a análise desses dados, supõe-se que a variável resposta é $Y = \mu + \varepsilon_1$, em que $Y = V$ e $\varepsilon_1 \sim N(0, \sigma_1^2)$ e, portanto, $Y \sim N(\mu, \sigma_1^2)$, a função de ligação é a identidade $\eta = \mu$, e o preditor linear é expresso por

$$\eta = \beta_0 + \beta_1 x_1 + \beta_2 x_2, \tag{6.1}$$

em que $x_1 = D$ e $x_2 = H$.

Um segundo modelo (M_2) baseia-se no fato de que o volume é proporcional ao produto do diâmetro à altura do peito pela altura, isto é, $V \approx \gamma_0 D^{\beta_1} H^{\beta_2}$ e, portanto, $\log(V) \approx \beta_0 + \beta_1 \log(D) + \beta_2 \log(H)$. Então, pode-se supor que para a variável resposta na escala logarítmica $Y = \mu + \varepsilon_2$, em que $Y = \log(V)$ e $\varepsilon_2 \sim N(0, \sigma_2^2)$ e, portanto, $Y \sim N(\mu, \sigma_2^2)$, a função de ligação é a identidade, $\eta = \mu$, e o preditor linear é expresso por (6.1) com $x_1 = \log(D)$ e $x_2 = \log(H)$.

Como um terceiro modelo (M_3), supõe-se que a variável resposta é $Y = \mu + \varepsilon_3$, em que $Y = V$, $\mu = \gamma_0 D^{\beta_1} H^{\beta_2}$ e $\varepsilon_3 \sim N(0, \sigma_3^2)$ e, portanto, $Y \sim N(\mu, \sigma_3^2)$, a função de ligação é a logarítmica $\eta = \log(\mu)$ e o preditor linear é expresso por (6.1) com $x_1 = \log(D)$ e $x_2 = \log(H)$.

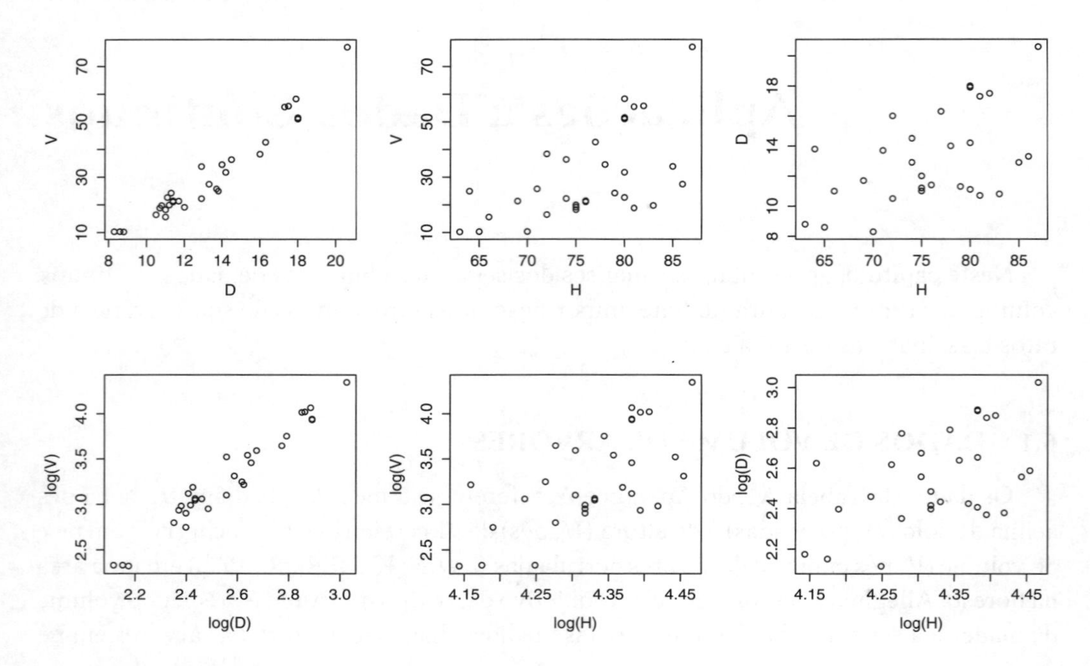

Figura 6.1 Gráfico de dispersão para os dados de cerejeiras nas escalas original e logarítmica.

Após o ajuste desses três modelos, foram feitos: (a) os gráficos de valores observados versus valores ajustados; (b) os gráficos dos resíduos estudentizados versus valores ajustados para os modelos M1 e M2 e dos componentes do desvio versus valores ajustados para o modelo M3; e (c) gráficos normais de probabilidade com envelopes simulados para os resíduos estudentizados para os modelos M1 e M2 e dos componentes do desvio para o modelo M3, usando-se o pacote hnp do software R (MORAL; HINDE; DEMÉTRIO, 2017). Verificou-se que existem evidências de um bom ajuste de todos eles, conforme revela a Figura 6.2.

A Tabela 6.1 apresenta os quadros da análise da variância e dos desvios para a análise dos dados na escala original (M_1), na escala logarítmica (M_2) e usando função de ligação logarítmica (M_3). Verifica-se que existem evidências, ao nível de 1% de significância, que os efeitos tanto do diâmetro à altura do peito, como da altura, são significativos, sendo que o efeito do diâmetro à altura do peito é maior do que o da altura, para os três modelos. Entretanto, é muito mais forte no caso dos modelos M_2 e M_3. Há evidências, portanto, de que ambas as variáveis explanatórias – altura e diâmetro – são necessárias para explicar o volume e que o melhor ajuste é obtido com os dados na escala logarítmica ou usando a função de ligação logarítmica. Testes t (equivalentes aos testes F) e intervalos de confiança para os parâmetros e intervalos de previsão para Y podem, então, ser calculados.

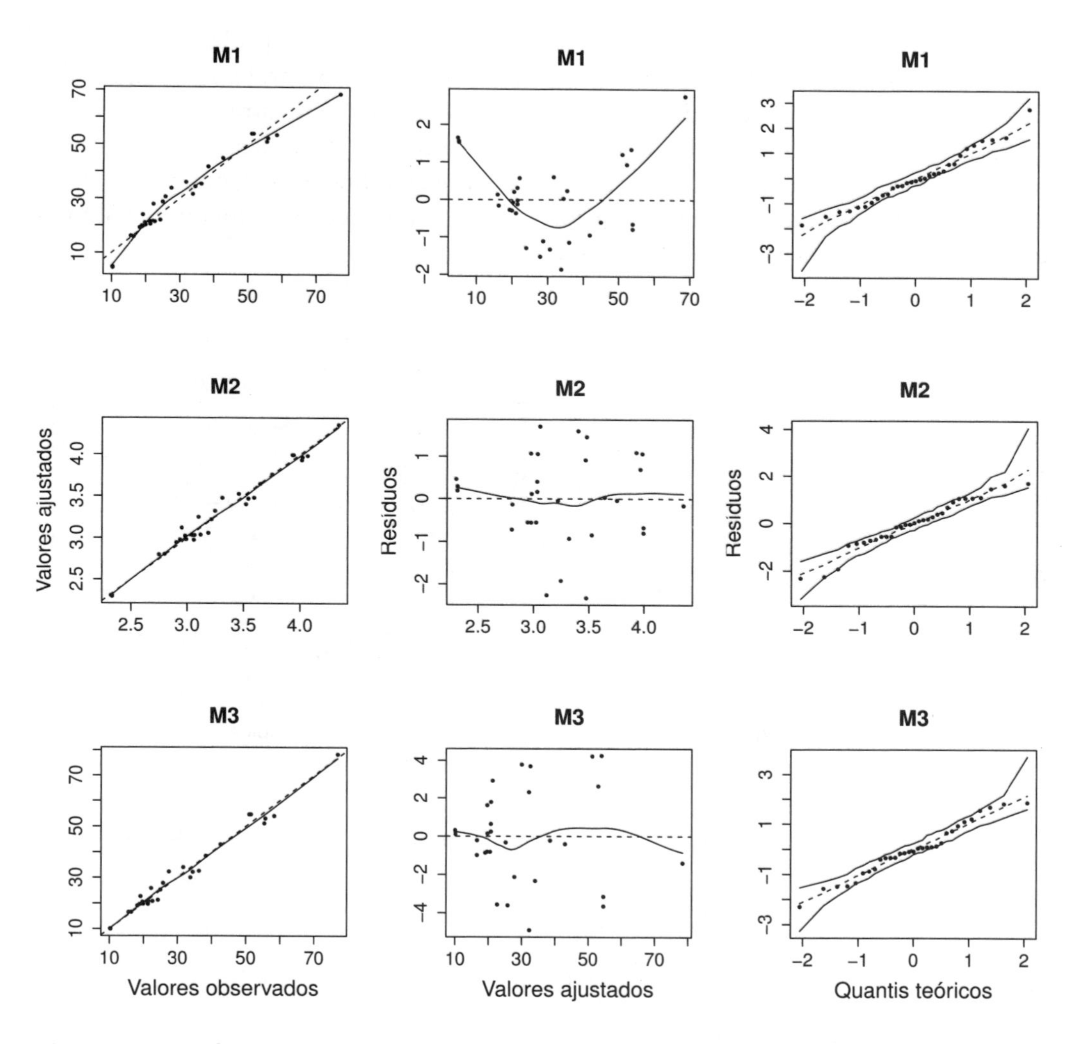

Figura 6.2 Gráficos de valores observados versus valores ajustados; gráficos dos resíduos estudentizados versus valores ajustados para os modelos M1 e M2 e dos componentes do desvio versus valores ajustados para o modelo M3 e gráficos normais de probabilidade com envelopes simulados para os resíduos estudentizados para os modelos M1 e M2 e dos componentes do desvio para o modelo M3, para os dados de cerejeiras.

Há necessidade, porém, de um estudo mais detalhado, fazendo-se uma análise dos resíduos e de diagnóstico, para a escolha do modelo final. Conforme pode-se verificar na Figura 6.3, há indicação de que o modelo M_1 não se ajusta bem às observações. No gráfico dos valores ajustados versus valores observados, destacam-se como pontos extremos as observações 1, 2, 3 e 31, enquanto no gráfico dos valores absolutos de DFFitS versus índices, destaca-se a observação 31. No gráfico normal de probabilidades, com envelope de simulação, destacam-se as observações 18 e 31. O gráfico para a escolha de uma transformação na família Box-Cox (BOX; COX, 1964) mostra um intervalo de confiança para o parâmetro λ que não inclui o valor $\lambda = 1$, indicando que a escala original é inadequada para a variável resposta e preditor linear (6.1), em que $x_1 = D$ e $x_2 = H$. É interessante notar que as árvores 1, 2 e 3 são aquelas de menores volumes, enquanto a árvore 31 é a de maior volume.

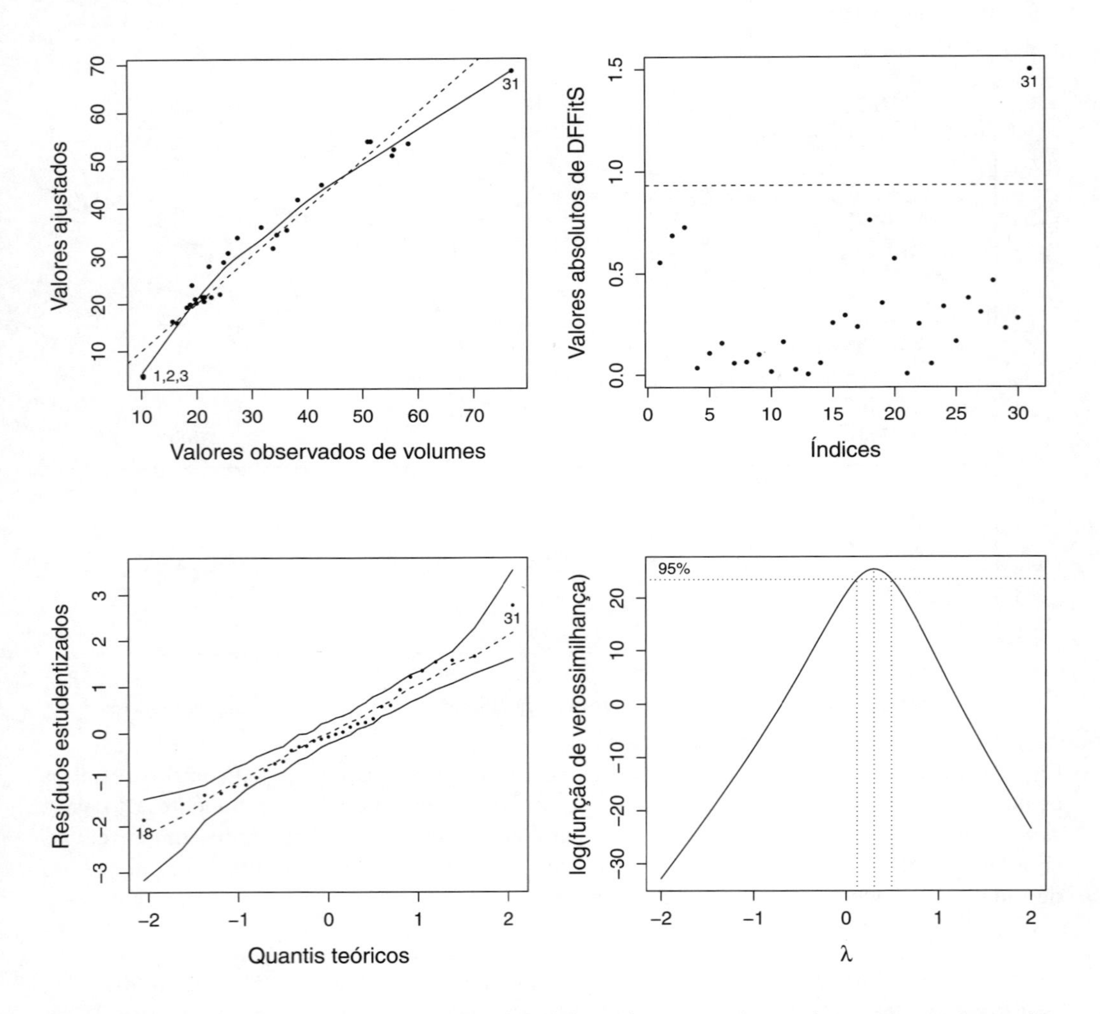

Figura 6.3 Gráficos de valores ajustados (modelo M_1) *versus* valores observados, valores absolutos de DFFits versus índices, gráfico normal de probabilidades com envelope de simulação e gráfico para escolha da transformação na família Box-Cox (dados de árvores na escala original).

Conforme pode-se verificar nas Figuras 6.4 e 6.5, há indicação de que os modelos M_2 e M_3 ajustam-se bem às observações. No gráfico de valores ajustados versus valores observados, continuam destacando-se como pontos extremos as observações 1, 2, 3 e 31, enquanto que no gráfico de valores absolutos de DFFitS versus índices, destaca-se a observação 18. No gráfico normal de probabilidades com envelope de simulação, destacam-se as observações 11 e 18. O gráfico para a escolha de uma transformação na família Box-Cox mostra um intervalo de confiança para o parâmetro λ que inclui o valor $\lambda = 1$, indicando que a escala logarítmica é adequada para a variável resposta com preditor linear (6.1), em que $x_1 = \log(D)$ e $x_2 = \log(H)$. O programa para as análises foi desenvolvido em R e encontra-se no Apêndice B.3.

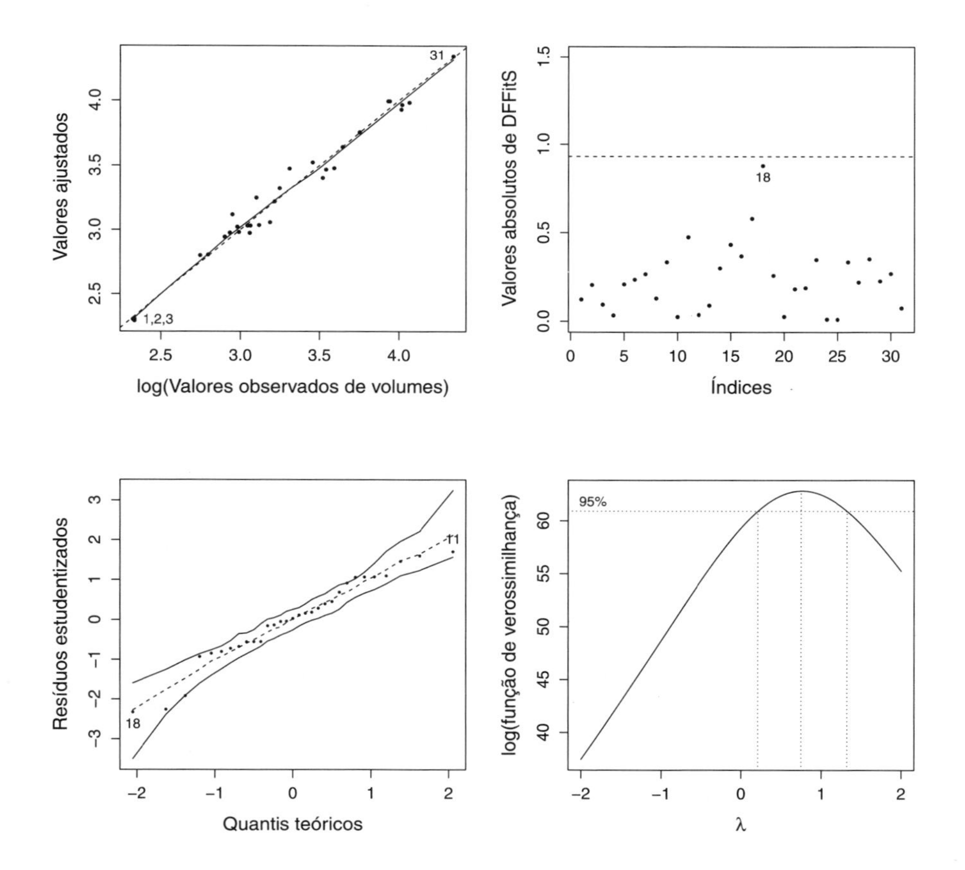

Figura 6.4 Gráficos de valores ajustados (modelo M_2) versus log(valores observados), valores absolutos de DFFits versus índices, gráfico normal de probabilidades com envelope de simulação e gráfico para escolha da transformação na família Box-Cox (dados de árvores na escala logarítmica).

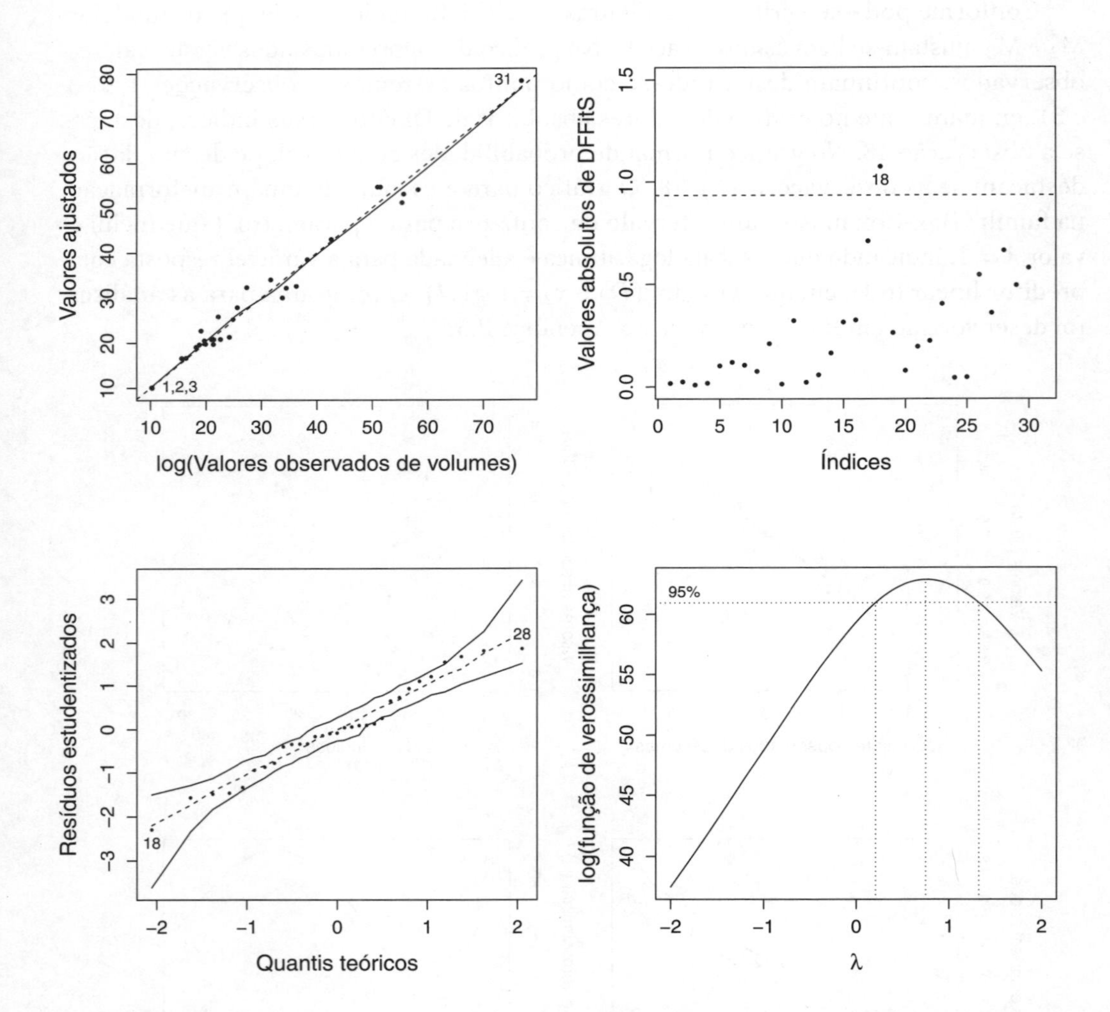

Figura 6.5 Gráficos de valores ajustados (modelo M_3) *versus* valores observados, valores absolutos de DFFits versus índices, gráfico normal de probabilidades com envelope de simulação e gráfico para escolha da transformação na família Box-Cox (dados de árvores na escala logarítmica).

Tabela 6.1 Análise de variância / desvios e teste F para os dados de árvores na escala original (M_1), escala logarítmica (M_2) e modelo linear generalizado com função de ligação logarítmica (M_3). Estatísticas F seguidas de um * são associadas a um valor-p menor do que $0,05$.

Modelo M_1				
Causas de variação	G.L.	S.Q.	Q.M.	F
DAP	1	7.581,8	7.581,8	503,1*
Altura|DAP	1	102,4	102,4	6,8*
Resíduo	28	421,9	15,1	
Total	30	8.106,1		
Causas de variação	G.L.	S.Q.	Q.M.	F
Altura	1	2.901,2	2.901,2	192,5*
DAP|Altura	1	4.783,0	4.783,0	317,4*
Resíduo	28	421,9	15,1	
Total	30	8.106,1		
Modelo M_2				
Causas de variação	G.L.	S.Q.	Q.M.	F
DAP	1	7,9254	7,9254	1196,5*
Altura|DAP	1	0,1978	0,1978	29,9*
Resíduo	28	0,1855	0,0066	
Total	30	8,3087		
Causas de variação	G.L.	S.Q.	Q.M.	F
Altura	1	3,4957	3,4957	527,8*
DAP|Altura	1	4,6275	4,6275	698,6*
Resíduo	28	0,1855	0,0066	
Total	30	8,3087		
Modelo M_3				
Causas de variação	G.L.	Desvios		F
DAP	1	7.792,3		1.214,4*
Altura|DAP	1	134,1		20,9*
Resíduo	28	179,7		
Total	30	8.106,1		
Causas de variação	G.L.	Desvios		F
Altura	1	2.996,5		467,0*
DAP|Altura	1	4930.0		768,3*
Resíduo	28	179,7		
Total	30	8.106,1		

6.2 DADOS DE GORDURA NO LEITE

A Tabela 6.2 refere-se a produções médias diárias de gordura (kg/dia) no leite de uma única vaca durante 35 semanas (McCulloch, 2001). A produção de gordura no leite está diretamente relacionada com a produção total de leite que, em geral, passa por duas fases, isto é, um crescimento inicial rápido que, após um pico, decresce lentamente. A modelagem dessa curva é importante para predição de produção em diferentes períodos, adequação de alimentação, manejo do rebanho e comparação de animais. O conhecimento da curva de lactação permite obter uma estimativa da produção total, do pico de lactação e da persistência da produção de leite.

Note que a possível dependência temporal entre as observações feitas no mesmo animal é enfraquecida por se terem médias diárias de sete dias. Além disso, esse exemplo considera apenas uma vaca, quando, na prática, trabalha-se com dados referentes a um grupo de animais. Assim, o interesse está em descrever o comportamento da produção de gordura no leite utilizando uma função suave ao longo do tempo. Essa abordagem permite estudar a função de velocidade de produção, a produção máxima, entre outras variáveis. Se o interesse fosse na extrapolação temporal da produção média diária, isto é, baseando-se no histórico de produção, quanto seria produzido no tempo seguinte, a utilização de modelos para séries temporais seria mais adequada (por exemplo, modelos autoregressivos, regressões dinâmicas, suavização exponencial, entre outros) (HYNDMAN; ATHANASOPOULOS, 2018).

É comum supor que a produção média de gordura Y_i é função não-linear do tempo e tem distribuição com média

$$\mu_i = \alpha t_i^{\beta} \mathrm{e}^{\gamma t_i},$$

em que t representa a semana e α, β e γ são parâmetros desconhecidos.

Tabela 6.2 Produções médias diárias de gordura (kg/dia) do leite de uma vaca.

0.31	0.39	0.50	0.58	0.59	0.64	0.68
0.66	0.67	0.70	0.72	0.68	0.65	0.64
0.57	0.48	0.46	0.45	0.31	0.33	0.36
0.30	0.26	0.34	0.29	0.31	0.29	0.20
0.15	0.18	0.11	0.07	0.06	0.01	0.01

Portanto, usando-se a função de ligação logarítmica, tem-se

$$\log(\mu_i) = \log(\alpha) + \beta \log(t_i) + \gamma t_i.$$

Pode-se supor, ainda, que $Y_i \sim \mathrm{N}(\mu_i, \tau^2)$, isto é,

$$Y_i = \mu_i + \delta_i = \alpha t_i^{\beta} \mathrm{e}^{\gamma t_i} + \delta_i,$$

em que $\delta_i \sim \mathrm{N}(0, \tau^2)$. Isso equivale ao MLG em que a variável resposta Y tem distribuição normal com função de ligação logarítmica, $\eta_i = \log(\mu_i)$, e preditor linear igual a $\log(\alpha) + \beta \log(t_i) + \gamma t_i$.

Entretanto, na prática, tem sido usado o modelo supondo que $\log(Y_i) \sim \mathrm{N}(\log(\mu_i), \sigma^2)$, isto é,

$$\log(Y_i) = \log(\mu_i) + \epsilon_i = \log(\alpha) + \beta \log(t_i) + \gamma t_i + \epsilon_i,$$

em que $\epsilon_i \sim \mathrm{N}(0, \sigma^2)$. Isso equivale ao MLG em que a variável resposta $\log(Y)$ tem distribuição normal com função de ligação identidade, $\eta_i = \mu_i$, e mesmo preditor linear $\log(\alpha) + \beta \log(t_i) + \gamma t_i$.

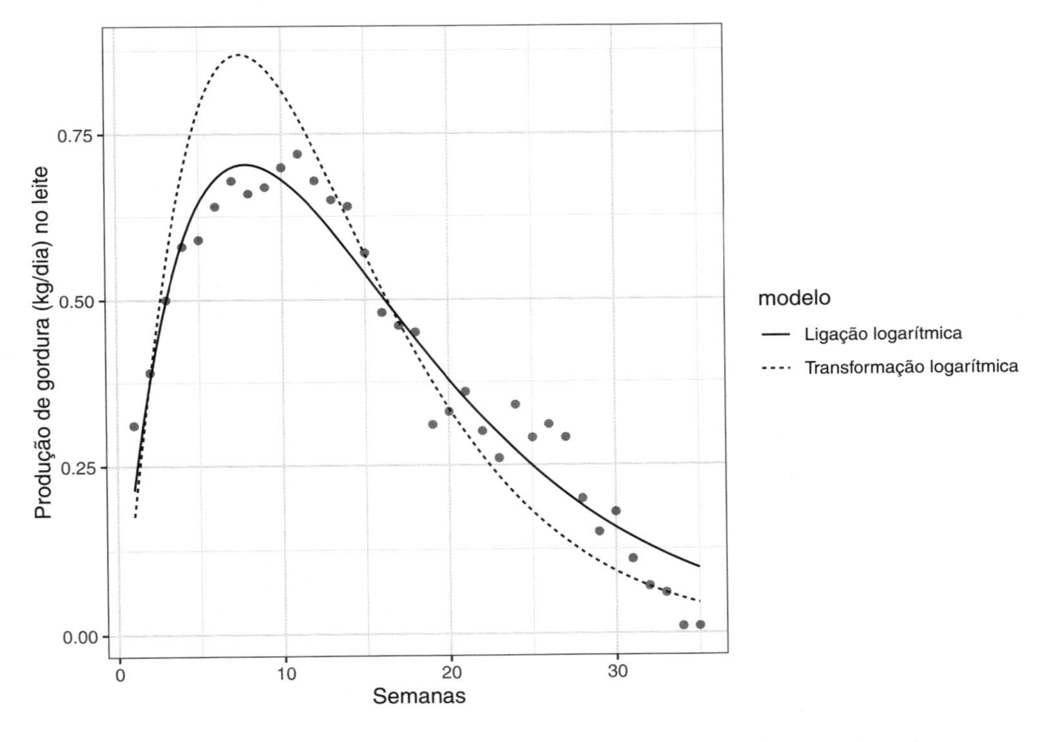

Figura 6.6 Valores observados e curvas ajustadas (dados da Tabela 6.2).

A Figura 6.6 mostra que a distribuição normal com função de ligação logarítmica produz um melhor ajuste do que adotar uma escala logarítmica para os dados e supor uma distribuição normal com função de ligação identidade. Isso é confirmado nos gráficos normais de probabilidade com envelopes de simulação, apresentados na Figura 6.7. Além disso, tem-se que o pico de produção de gordura fica melhor estimado usando-se o MLG com função de ligação logarítmica. O programa para as análises foi desenvolvido em R e encontra-se no Apêndice B.4.

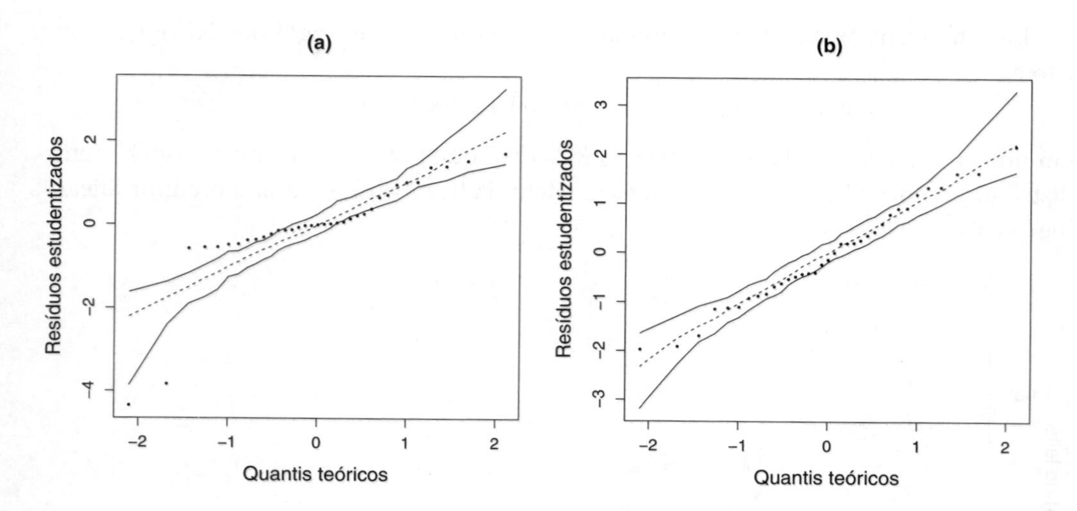

Figura 6.7 Gráficos normais de probabilidade com envelopes de simulação para (a) o modelo normal para $\log(Y)$ com função de ligação identidade e para (b) o modelo normal para Y com função de ligação logarítmica (dados da Tabela 6.2).

6.3 DADOS DE ACÁCIA NEGRA

Com o objetivo de predizer o volume de madeira produzida como função das medidas de diâmetro e altura, foi feito um levantamento, de junho a julho de 2014, em povoamentos comerciais de acácia negra (*Acacia mearnsii*), em três regiões (Cristal, Encruzilhada do Sul, Piratini) no Rio Grande do Sul. Em cada povoamento, foram demarcadas quatro parcelas circulares com diâmetro de 10 m (área de 78,54 m^2), sendo todas as árvores derrubadas e mensuradas. Os dados da Tabela A2, do Apêndice A, referem-se a medidas de diâmetro à altura do peito (DAP; cm), altura (altura; m) e volume (V; m^3) de 169 árvores derrubadas (dados não publicados).

A Figura 6.8 apresenta os gráficos de dispersão das variáveis duas a duas para os dados observados nos três povoamentos. Pode-se verificar que existe uma relação não-linear entre volume e altura e entre volume e diâmetro à altura do peito e uma relação aproximadamente linear entre diâmetro à altura do peito e altura. Além disso, nota-se uma dispersão crescente do volume e do diâmetro à altura do peito à medida que a altura aumenta.

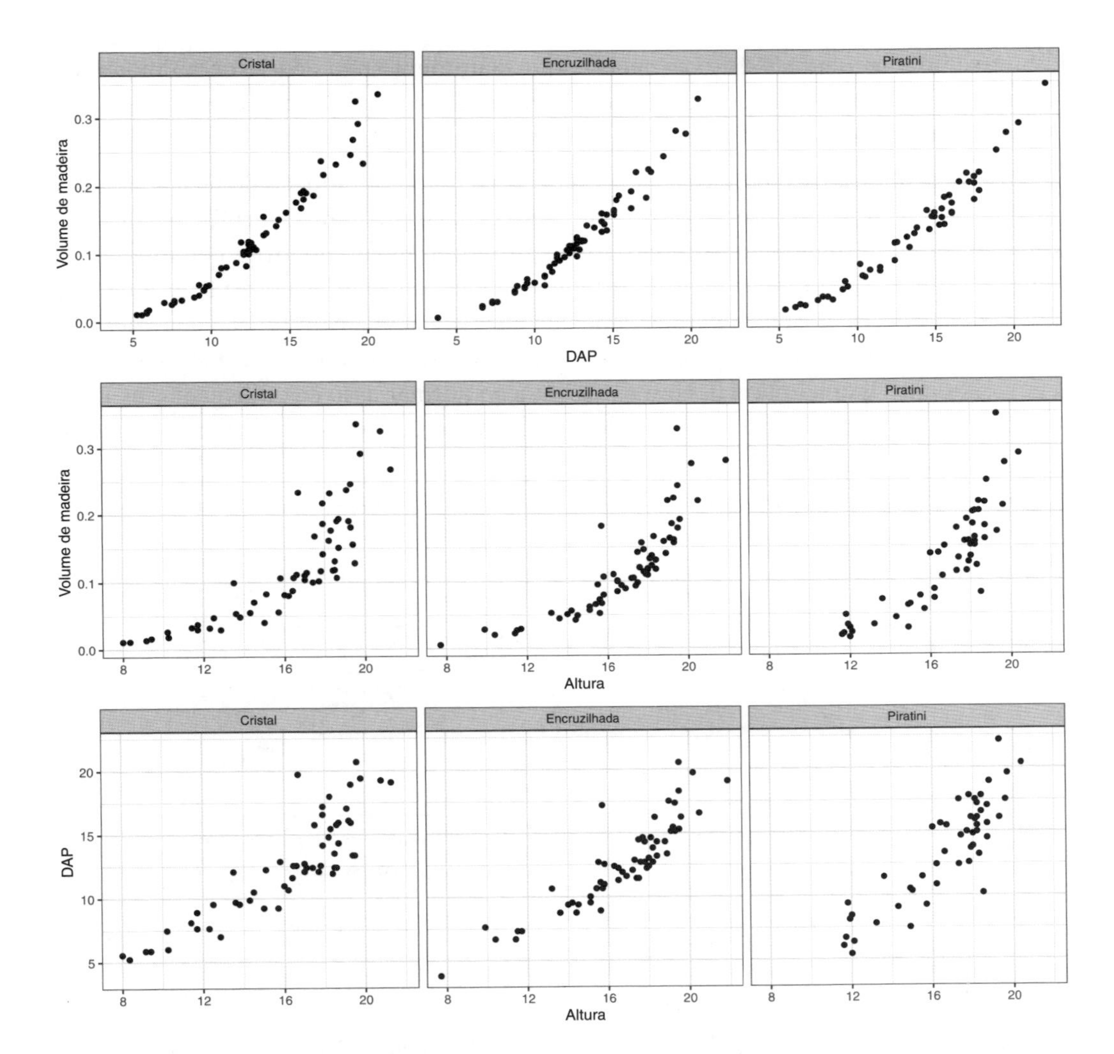

Figura 6.8 Gráficos de dispersão entre pares de variáveis para os três povoamentos florestais referentes aos dados de volume de acácia negra (Tabela A2).

Supõe-se, inicialmente, que a variável resposta $Y = \mu + \varepsilon$, em que $Y = V$, $\mu = \gamma_0 D^{\beta_1} H^{\beta_2}$ e $\varepsilon \sim \mathrm{N}(0, \sigma^2)$ e, portanto, $Y \sim \mathrm{N}(\mu, \sigma^2)$, a função de ligação é a logarítmica, $\eta = \log(\mu)$. A análise conjunta dos três povoamentos ($i = 1, 2, 3$) tem como preditor linear

$$\eta_{ij} = \beta_{0i} + \beta_{1i} x_{1ij} + \beta_{2i} x_{2ij}, \tag{6.2}$$

com $x_{1ij} = \log(D_{ij})$ e $x_{2ij} = \log(H_{ij})$, com j o índice que se refere à j−ésima árvore no povoamento i. Entretanto, ao se usar a distribuição normal para a variável resposta admite-se homogeneidade de variâncias, o que claramente não ocorre como mostrado na análise exploratória da Figura 6.8. A falta de ajuste é confirmada pelas análises dos resíduos apresentadas nas Figuras 6.9 e 6.10.

De forma alternativa, pode-se supor que $Y \sim G(\mu, \nu)$ com função de ligação logarítmica e preditor linear expresso por (6.2). Além disso, tem-se que $\text{Var}(Y) \approx \mu^2$ e, portanto, admite heterogeneidade de variâncias proporcional ao quadrado da média. Na Figura 6.9, têm-se os gráficos dos valores ajustados versus valores observados e de resíduos versus valores ajustados para os modelos normal e gama com função de ligação logarítmica. Nota-se que a distribuição gama ajusta-se bem ao conjunto de dados de acácia negra, enquanto isso não ocorre com a distribuição normal. Isso é confirmado nos gráficos normais de probabilidade com envelopes de simulação, apresentados na Figura 6.10.

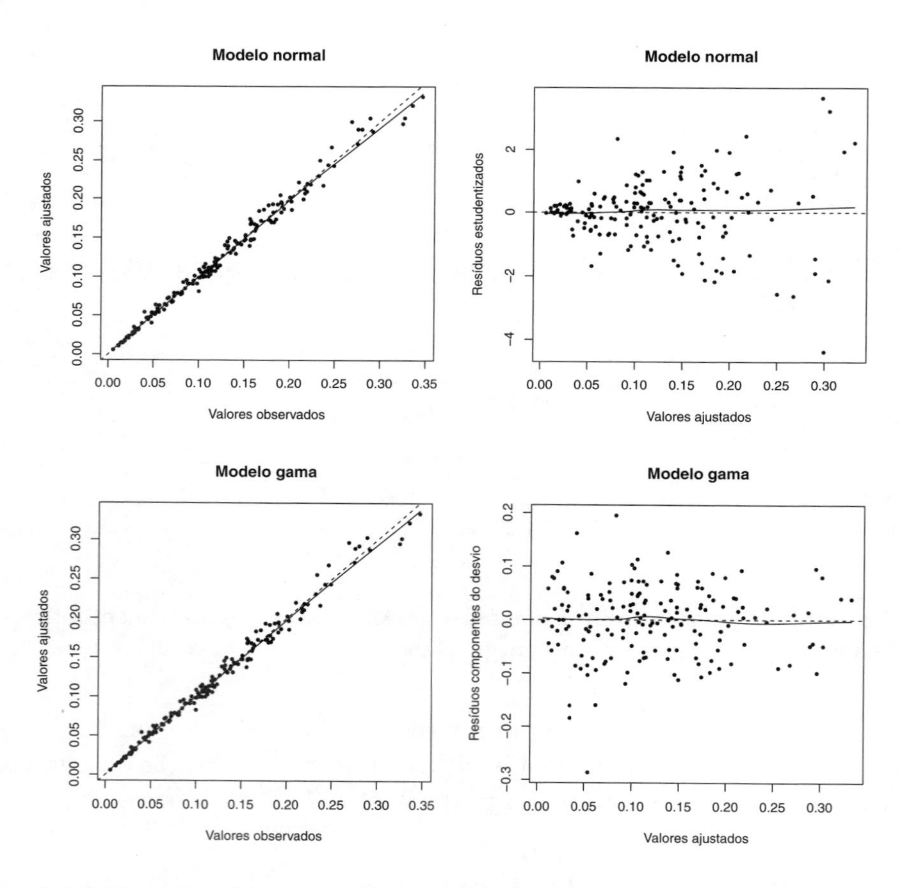

Figura 6.9 Gráficos de valores ajustados versus valores observados e de resíduos versus valores ajustados aos dados de volume de acácia negra (Tabela A2) para os modelos normal e gama com função de ligação logarítmica.

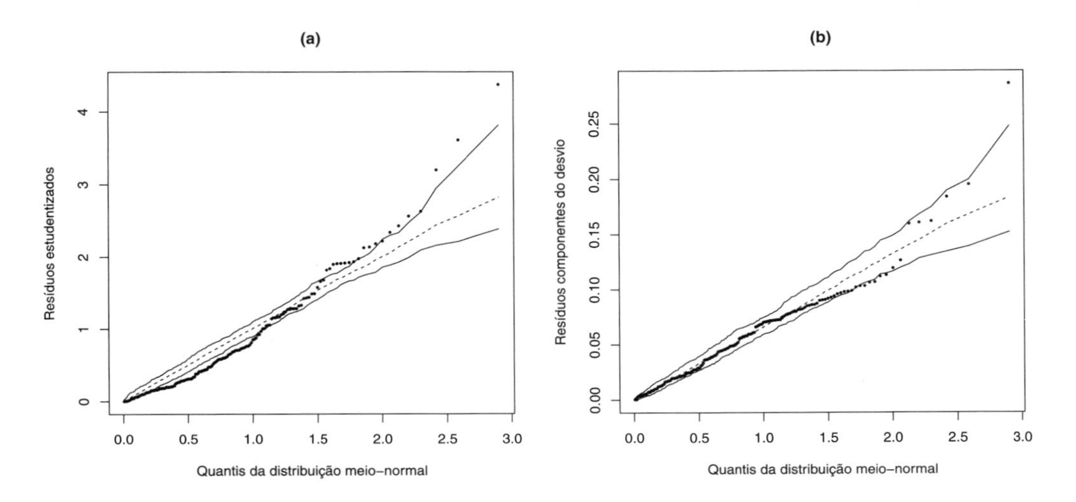

Figura 6.10 Gráficos meio-normais de probabilidade com envelopes de simulação para (a) o modelo normal com função de ligação logarítmica e para (b) o modelo gama para com função de ligação logarítmica, para os dados de volume de acácia negra (Tabela A2).

Os testes para as hipóteses $H_0 : \beta_{ki} = \beta_k$ versus $H_a : \beta_{ki} \neq \beta_{ki'}$ para algum $i \neq i'$, com $k = 1, 2$, indicam que se podem usar os mesmos coeficientes angulares para descrever o volume como função do diâmetro e da altura para os três povoamentos. O preditor linear simplifica-se para

$$\eta_{ij} = \beta_{0i} + \beta_1 x_{1ij} + \beta_2 x_{2ij}. \tag{6.3}$$

A diferença de desvios entre os dois modelos é $0,008$, com 4 graus de liberdade. A estatística F é igual a $0,43$, com valor de p associado igual a $0,79$ e, portanto, não significativo.

A análise de desvios com testes F associados para o modelo com preditor linear dado por 6.3 é dada na Tabela 6.3. O programa para as análises foi desenvolvido em R e encontra-se no Apêndice B.5.

Tabela 6.3 Análise de desvios para o modelo gama ajustado aos dados de volume de árvores de acácia negra utilizando o preditor linear dado por 6.3.

Fonte	GL	Desvios	F	Valor de p
Local	2	0,8634	11,30	$< 0,0001$
$\log(H)$	1	1,7841	221,59	$< 0,0001$
$\log(D)$	1	12,6113	2561,63	$< 0,0001$

6.4 DADOS DE TEMPOS DE SOBREVIVÊNCIA DE RATOS

Os dados da Tabela 6.4 referem-se a tempos de sobrevivência de ratos após envenenamento com quatro tipos de venenos e três diferentes tratamentos (BOX; COX, 1964). Como pode ser constatado na Figura 6.11, os dados sem transformação apresentam heterogeneidade de variâncias, que é amenizada quando se usam os inversos dos valores observados ou os valores observados elevados à potência -3/4.

Tabela 6.4 Tempos de sobrevivência de ratos após envenenamento.

Tempo	Tipo	Trat.	Tempo	Tipo	Trat.	Tempo	Tipo	Trat.	Tempo	Tipo	Trat.
0,31	1	1	0,45	1	1	0,46	1	1	0,43	1	1
0,82	1	2	1,10	1	2	0,88	1	2	0,72	1	2
0,43	1	3	0,45	1	3	0,63	1	3	0,76	1	3
0,45	1	4	0,71	1	4	0,66	1	4	0,62	1	4
0,36	2	1	0,29	2	1	0,4	2	1	0,23	2	1
0,92	2	2	0,61	2	2	0,49	2	2	1,24	2	2
0,44	2	3	0,35	2	3	0,31	2	3	0,40	2	3
0,56	2	4	1,02	2	4	0,71	2	4	0,38	2	4
0,22	3	1	0,21	3	1	0,18	3	1	0,23	3	1
0,30	3	2	0,37	3	2	0,38	3	2	0,29	3	2
0,23	3	3	0,25	3	3	0,24	3	3	0,22	3	3
0,30	3	4	0,36	3	4	0,31	3	4	0,33	3	4

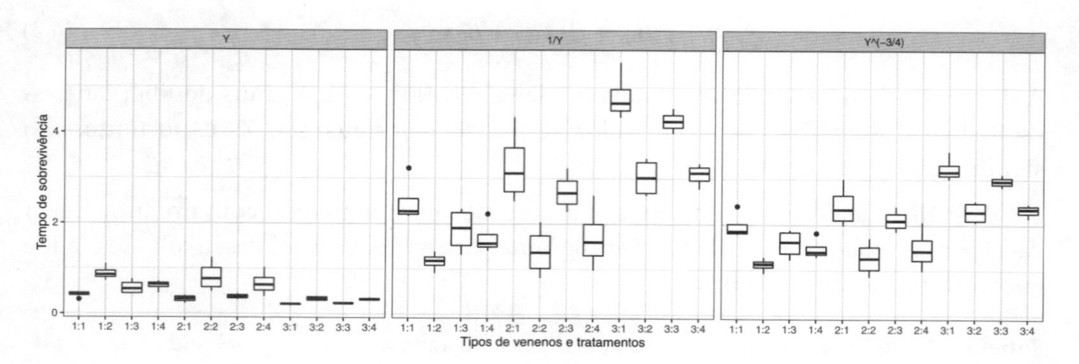

Figura 6.11 Box-plots para as observações da Tabela 6.4, com e sem transformação.

Seja, inicialmente, o modelo

$$Y_{ij} = \alpha_i + \beta_j + \alpha\beta_{ij} + \varepsilon_{ij},$$

em que Y_{ij} representa o tempo de sobrevivência do rato que recebeu o veneno i e o tratamento j, α_i representa o efeito do veneno i, β_j representa o efeito do tratamento j, $\alpha\beta_{ij}$ representa o efeito da interação do veneno i com o tratamento j, $\varepsilon_{ij} \sim \mathrm{N}(0, \sigma^2)$. O gráfico para verificar a necessidade de uma transformação na família Box-Cox indica que $\hat{\lambda} = -0,75$, conforme mostra a Figura 6.12. Entretanto, o valor $\hat{\lambda} = -1$ está no intervalo de confiança e $1/Y$ tem uma melhor interpretação nesse caso, isto é, representa a taxa de mortalidade.

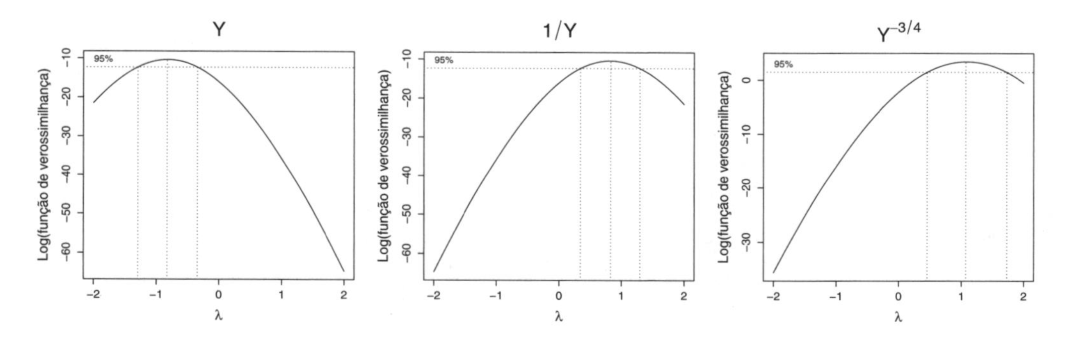

Figura 6.12 Gráficos para escolha de transformação na família Box-Cox (dados da Tabela 6.4).

Ajustando-se, então, os modelos

$$\frac{1}{Y_{ij}} = \alpha_i + \beta_j + \alpha\beta_{ij} + \epsilon_{ij}$$

e

$$Y_{ij}^{-3/4} = \alpha_i + \beta_j + \alpha\beta_{ij} + \varepsilon_{ij} + \delta_{ij},$$

em que $\epsilon_{ij} \sim \mathrm{N}(0, \tau^2)$ e $\delta_{ij} \sim \mathrm{N}(0, \zeta^2)$, obtêm-se os outros dois gráficos da Figura 6.12, mostrando que o valor $\hat{\lambda} = 1$ está incluído no intervalo de confiança e que, portanto, ambas as transformações tornam a escala da variável resposta adequada. A Figura 6.13 mostra os gráficos dos valores ajustados versus valores observados sem e com transformação, dos valores ajustados versus resíduos e gráficos normais de probabilidades. Esses gráficos revelam, claramente, a falta de ajuste para o caso do modelo normal para a variável sem transformação e que ambas as transformações resolvem o problema de heterogeneidade de variâncias e da falta de normalidade da variável resposta. Outros modelos, supondo distribuição normal com função de ligação inversa, distribuições gama e normal inversa, foram usados e apresentaram resultados piores.

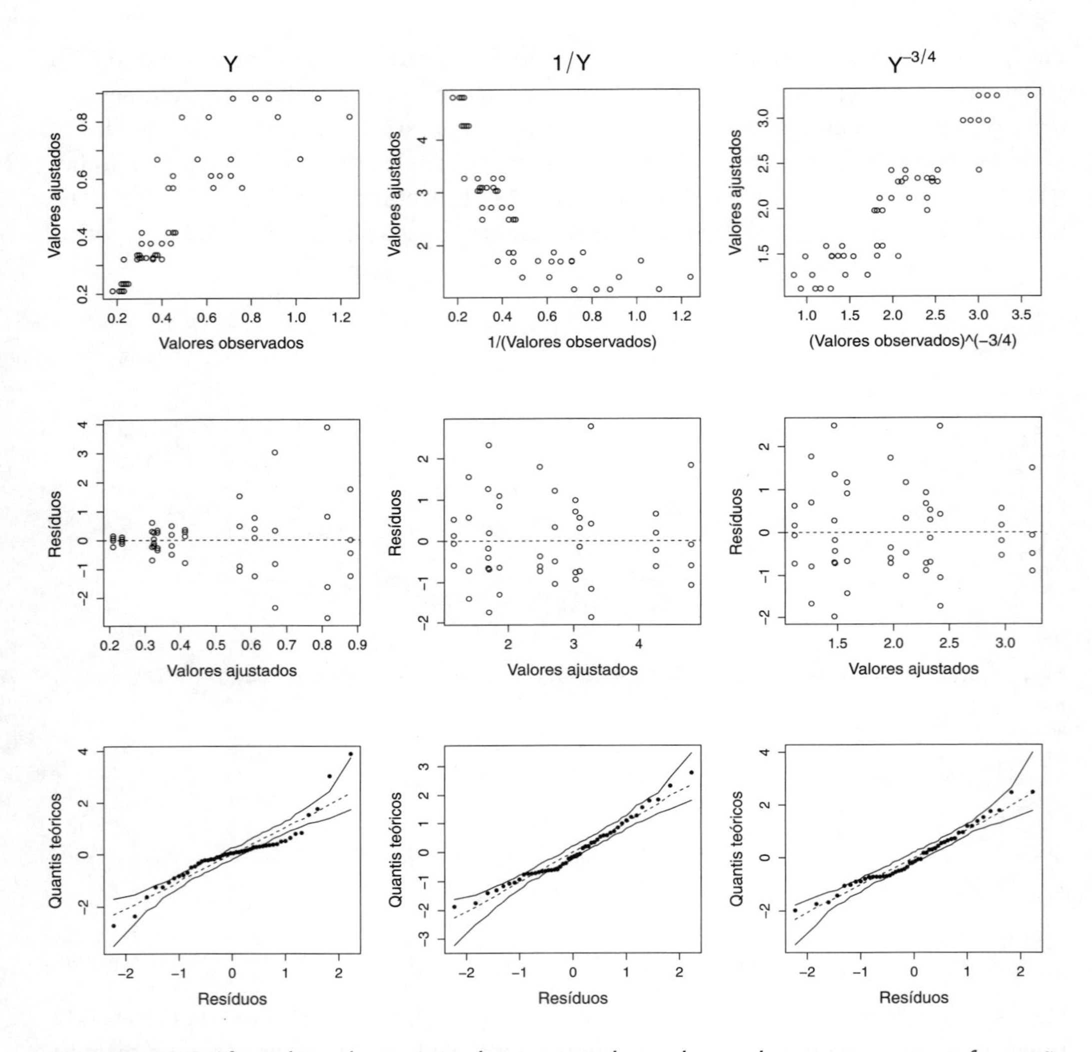

Figura 6.13 Gráficos dos valores ajustados versus valores observados sem e com transformação, dos resíduos versus valores ajustados e gráficos normais de probabilidades (dados da Tabela 6.4).

Os resultados da Tabela 6.5 mostram que, em ambos os casos, existem evidências do efeito significativo do tipo de veneno e do tratamento, mas não da interação entre eles. Entretanto, a evidência é muito mais forte para o caso em que foram feitas as transformações $1/Y$ e $Y^{-3/4}$. O programa para as análises foi desenvolvido em R e encontra-se no Apêndice B.6.

Tabela 6.5 Análise de variância para os tempos de sobrevivência de ratos após envenenamento, sem e com transformação inversa, descritos na Tabela 6.4. Estatísticas F seguidas de um * estão associadas a um valor-p menor do que $0,05$.

		Tempo			1/Tempo			$\text{Tempo}^{-3/4}$		
Fonte	GL	SQ	QM	F	SQ	QM	F	SQ	QM	F
Tipo	2	1,0330	0,5165	23,27*	34,877	17,439	72,46*	11,9261	5,9630	68,45*
Tratamento	3	0,9212	0,3071	16,71*	20,414	6,805	28,35*	7,1579	2,3860	27,39*
Interação	6	0,2501	0,0417	1,88	1,571	0,262	1,09	0,4859	0,0810	0,93
Resíduo	36	0,8007	0,0222		8,643	0,240		3,1361	0,0871	

6.5 DADOS DE ASSINATURAS DE TV A CABO

Os dados da Tabela A3 do Apêndice A referem-se ao número de assinantes (em milhares) de TV a cabo (y) em 40 áreas metropolitanas (Ramanathan, 1993), número de domicílios (em milhares) na área (x_1), renda per capita (em US$) por domicílio com TV a cabo (x_2), taxa de instalação (x_3), custo médio mensal de manutenção (x_4), número de canais a cabo disponíveis na área (x_5) e número de canais não pagos com sinal de boa qualidade disponíveis na área (x_6). O interesse está em analisar o número de assinantes (variável resposta) como função das demais variáveis explanatórias.

A Figura 6.14 mostra os gráficos de dispersão da variável resposta versus as explanatórias sem transformação e com transformação logarítmica. Nota-se que existe uma relação linear forte entre $\log(y)$ e $\log(x_1)$ e mais fraca de y e x_1 e de $\log(y)$ e $\log(x_5)$, sem muita evidência de relação entre y ou $\log(y)$ e as outras variáveis explanatórias. Embora não seja apresentado, verifica-se que há evidências, também, de relação entre as variáveis x_2, x_4, x_5 e x_6, o que pode mascarar a relação entre a variável resposta Y e as variáveis explanatórias.

A variável resposta Y, embora discreta, tem valores muito grandes, o que justifica o uso da distribuição normal para Y ou $\log(Y)$. Supondo-se que as demais variáveis sejam constantes, espera-se que o número de assinaturas de TV a cabo seja proporcional ao número de domicílios na área (x_1). Além disso, espera-se que outras variáveis afetem a média de uma forma multiplicativa. Isso sugere um modelo linear para $\log(Y)$ com pelo menos $\log(x_1)$ como um dos preditores com um coeficiente próximo de um.

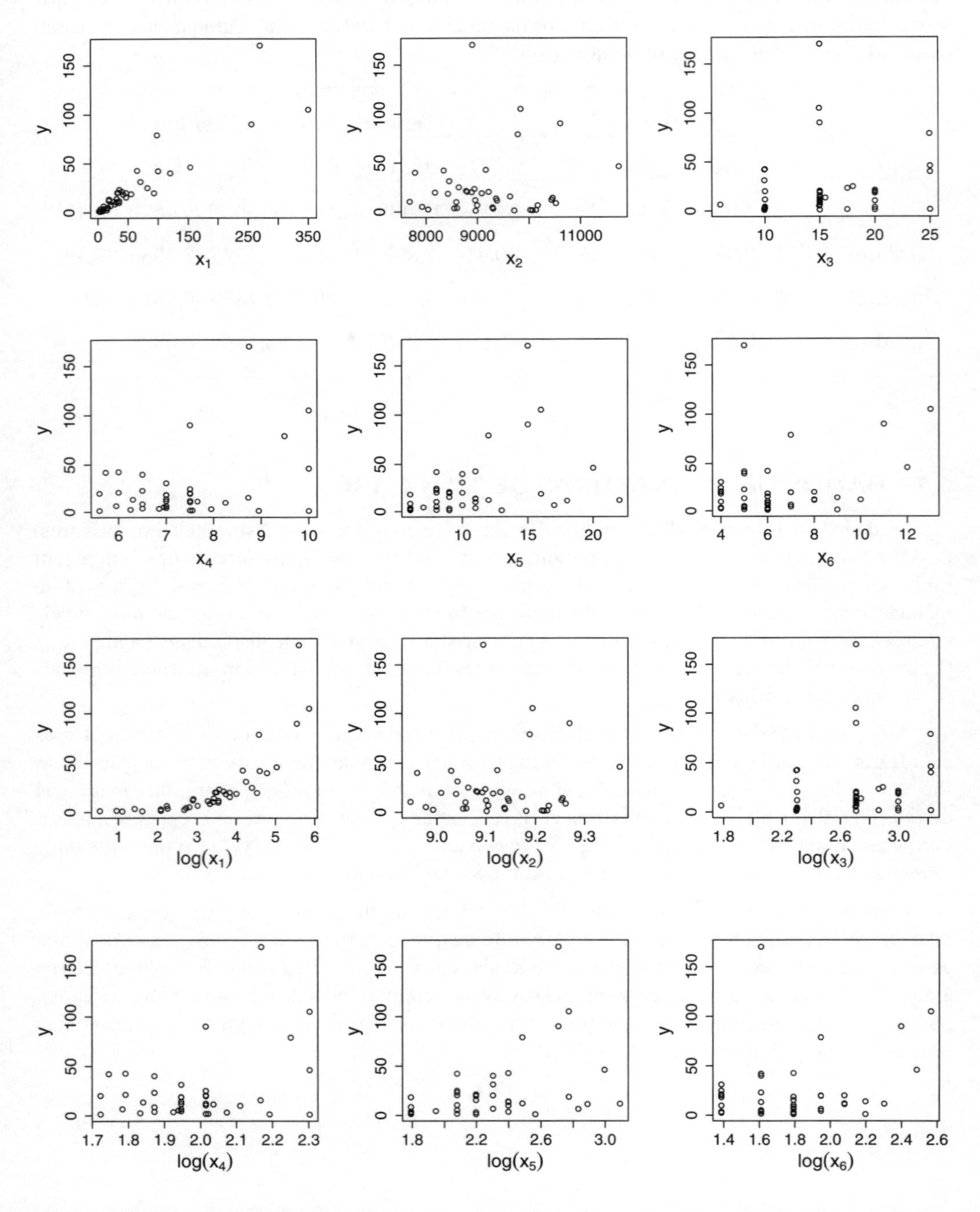

Figura 6.14 Gráfico de dispersão - valores observados e transformados na escala logarítmica (dados da Tabela A3).

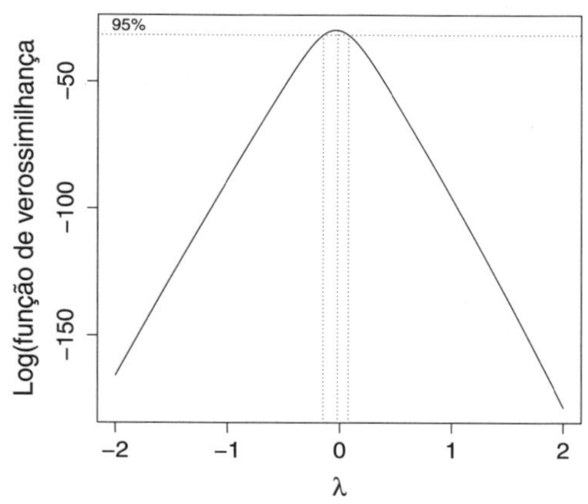

Figura 6.15 Gráfico dos valores ajustados versus valores observados e gráfico para a família de transformações Box-Cox, modelo (M_1) (dados da Tabela A3).

Ajustando-se, aos dados da Tabela A3, o modelo M_1

$$Y_i = \beta_0 + \beta_1 \log(x_{1i}) + \beta_2 \log(x_{2i}) + \beta_3 \log(x_{3i}) + \beta_4 \log(x_{4i}) + \beta_5 \log(x_{5i}) + \beta_6 \log(x_{6i}) + \varepsilon_i,$$

em que $\varepsilon_i \sim \mathrm{N}(0, \sigma^2)$, o gráfico na Figura 6.15 para a família de transformações Box-Cox evidencia a necessidade da transformação $\log(Y)$, pois $\lambda = 0$ pertence ao intervalo de confiança.

Considerando-se o modelo M_2

$$\log(Y_i) = \beta_0 + \beta_1 \log(x_{1i}) + \beta_2 \log(x_{2i}) + \beta_3 \log(x_{3i}) + \beta_4 \log(x_{4i}) + \beta_5 \log(x_{5i}) + \beta_6 \log(x_{6i}) + \epsilon_i,$$

em que $\epsilon_i \sim \mathrm{N}(0, \tau^2)$, verifica-se um melhor ajuste aos dados da Tabela A3. As estimativas dos parâmetros para o modelo M_2 com seus erros-padrão encontram-se na Tabela 6.6, revelando a não significância de $\log(x_2), \log(x_3), \log(x_4)$ e $\log(x_5)$.

Tabela 6.6 Resumo do ajuste do modelo M_2 com e sem $\log(x_3)$ (Dados da Tabela A3).

Parâmetro	Sem remover $\log(x_3)$				Removendo $\log(x_3)$			
	Estimativa	e.p.	t	Pr(> |t|)	Estimativa	e.p.	t	Pr(> |t|)
Intercepto	−16,44	7,46	−2,20	0,03	−18,27	7,45	−2,45	0,02
log(x1)	0,96	0,05	17,67	< 0,0001	0,98	0,05	18,38	< 0,0001
log(x2)	1,86	0,86	2,16	0,04	2,12	0,85	2,50	0,02
log(x3)	0,28	0,20	1,40	0,17	–	–	–	–
log(x4)	−1,10	0,45	−2,44	0,02	−0,90	0,43	−2,08	0,04
log(x5)	0,61	0,23	2,61	0,01	0,51	0,23	2,26	0,03
log(x6)	−0,70	0,28	−2,49	0,02	−0,73	0,28	−2,59	0,01

Eliminando-se $\log(x_3)$ do modelo M_2, as estimativas dos parâmetros com seus erros-padrão estão na Tabela 6.6. Os gráficos na Figura 6.16 dos valores ajustados versus $\log(y)$, dos resíduos versus valores ajustados e normal de probabilidade com envelope de simulação revelam o bom ajuste desse modelo. Nos gráfico da Figura 6.16, há três observações que se destacam das demais, a saber, 11, 14 e 26.

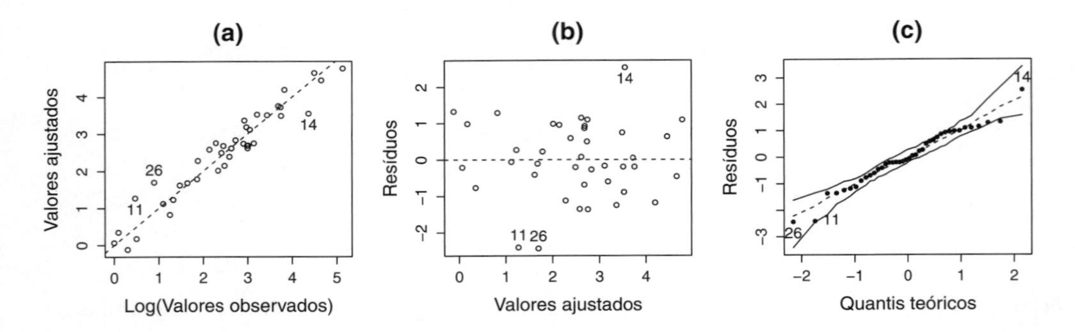

Figura 6.16 Gráfico dos (a) valores ajustados versus log(valores observados), (b) dos resíduos *versus* valores ajustados e (c) normal de probabilidade com envelope de simulação, para o modelo M_2, sem $\log(x_3)$ (dados da Tabela A3).

Logo, o valor estimado de y_i pode ser calculado por

$$\hat{\mu}_i = \exp[-18,27+0,98\log(x_{1i})+2,12\log(x_{2i})-0,90\log(x_{4i})+0,51\log(x_{5i})-0,73\log(x_{6i})].$$

Nota-se que o coeficiente de $\log(x_1)$ está muito próximo de 1, como previsto. Tem-se, portanto, evidência de que, aumentando-se o número de domicílios (em milhares) na área (x_1), a renda per capita (em US$) por domicílio com TV a cabo (x_2) e o número de canais a cabo disponíveis na área (x_5), há um aumento no número de assinantes e, também, que o aumento no custo médio mensal de manutenção (x_4) e o aumento do número de canais não pagos com sinal de boa qualidade disponíveis na área (x_6) causam um decréscimo no número de assinantes. Assim, para esse modelo, tem-se que, para cada aumento de uma unidade no número de domicílios em unidade logarítmica, há um aumento de 0,98 unidades no número de assinantes, mantidas constantes as demais covariáveis. Entretanto, para cada aumento de uma unidade no número de canais não pagos com sinal de boa qualidade disponíveis na área (x_6), corresponderá uma redução de 0,73 unidades no número de assinantes. O programa para as análises foi desenvolvido em R e encontra-se no Apêndice B.7.

CAPÍTULO 7

Aplicações a Dados Discretos

Neste capítulo, serão apresentadas diversas aplicações com dados nas formas de proporções e de contagens. Os programas em R estão no Apêndice B.

7.1 DADOS BINÁRIOS E PROPORÇÕES

7.1.1 Estimação da dose efetiva e seu intervalo de confiança

Como foi descrito na Seção 2.2 do Capítulo 2, ensaios do tipo dose-resposta são muito usados na área de toxicologia. Em geral, os dados resultantes são proporções e os modelos mais usados são logístico, probito e complemento log-log, que, quando o preditor linear é uma regressão linear simples, podem ser expressos por

$$F^{-1}(\pi_i) = \beta_0 + \beta_1 x_i, \tag{7.1}$$

em que π_i é a probabilidade de sucesso do evento sob estudo, $F(\cdot)$ uma f.d.a. de interesse e x_i é a variável explanatória. Esses modelos, ajustados a conjuntos de dados, podem ser usados para sumarizá-los pelo par de estimativas $(\hat{\beta}_0, \hat{\beta}_1)$ dos parâmetros e formam a base para comparação de diferentes conjuntos de dados (MORGAN, 1992). Assim, por exemplo, podem ser adotados para comparar a potência de diferentes produtos (inseticidas, fungicidas, herbicidas etc.).

Em geral, porém, o interesse está na determinação de estimativas de doses efetivas, θ_p (DE_{100p}), que são doses que, sob o modelo ajustado, causam uma mudança de estado em 100p% dos indivíduos. Um exemplo muito comum é a determinação da DL_{50} (também denominada dose mediana) que é a dose que causa 50% de uma mudança de estado (por exemplo, mortalidade) dos indivíduos. De (7.1) para um valor p especificado, tem-se

$$F^{-1}(p) = \beta_0 + \beta_1 \theta_p, \tag{7.2}$$

sendo que θ_p representa a dose efetiva. Portanto, de uma forma geral, a estimativa da dose efetiva θ_p é calculada pela expressão

$$\hat{\theta}_p = \frac{F^{-1}(p) - \hat{\beta}_0}{\hat{\beta}_1} = g(\hat{\beta}_0, \hat{\beta}_1), \tag{7.3}$$

que para os modelos comumente usados transforma-se em

$$\text{Logístico : logit}(p) = \log\left(\frac{p}{1-p}\right) = \hat{\beta}_0 + \hat{\beta}_1\hat{\theta}_p \Rightarrow \hat{\theta}_p = \frac{1}{\hat{\beta}_1}\left[\log\left(\frac{p}{1-p}\right) - \hat{\beta}_0\right]$$

$$\text{Probito : probit}(p) = \Phi^{-1}(p) = \hat{\beta}_0 + \hat{\beta}_1\hat{\theta}_p \Rightarrow \hat{\theta}_p = \frac{1}{\hat{\beta}_1}[\Phi^{-1}(p) - \hat{\beta}_0]$$

$$\text{Clog-log : } \log[-\log(1-p)] = \hat{\beta}_0 + \hat{\beta}_1\hat{\theta}_p \Rightarrow \hat{\theta}_p = \frac{1}{\hat{\beta}_1}\{\log[-\log(1-p)] - \hat{\beta}_0\}$$

$$\text{Aranda-Ordaz : } \log\left[\frac{1-(1-p)^{\lambda}}{\lambda(1-p)^{\lambda}}\right] = \hat{\beta}_0 + \hat{\beta}_1\hat{\theta}_p \Rightarrow \hat{\theta}_p = \frac{1}{\hat{\beta}_1}\left\{\log\left[\frac{1-(1-p)^{\lambda}}{\lambda(1-p)^{\lambda}}\right] - \hat{\beta}_0\right\}.$$

O modelo de Aranda-Ordaz tem como casos particulares o modelo logístico ($\lambda = 1$) e o modelo complemento log-log ($\lambda \to 0$). Uma estimativa de λ pode ser obtida pelo método de perfil de verossimilhança.

Se $p = 0,50$, verifica-se que, para qualquer modelo simétrico, portanto, incluindo os modelos logístico e probito, a dose efetiva é dada por

$$\hat{\theta}_{50} = -\frac{\hat{\beta}_0}{\hat{\beta}_1},$$

enquanto para o modelo complemento log-log é expressa por

$$\hat{\theta}_{50} = \frac{\log(\log 2) - \hat{\beta}_0}{\hat{\beta}_1}$$

e, para o modelo de Aranda-Ordaz, como

$$\hat{\theta}_{50} = \frac{1}{\hat{\beta}_1}\left[\log\left(\frac{2^{\lambda}-1}{\lambda}\right) - \hat{\beta}_0\right].$$

É importante notar que, se o modelo está como função do logaritmo, em uma base b qualquer, da dose, então, $\hat{\theta}_p = \log_b(\hat{d}_p)$ e, portanto, a dose efetiva é obtida considerando-se $\hat{d}_p = b^{\hat{\theta}_p}$.

A estimativa por ponto de uma dose efetiva nem sempre é suficiente, havendo necessidade de se obterem intervalos de confiança para θ_p. Entretanto, $\hat{\theta}_p$, calculada pela expressão (7.3), é um quociente de variáveis aleatórias que, assintoticamente, têm distribuição normal, ou seja, $\hat{\beta}_0 \sim \text{N}(\beta_0, \text{Var}(\hat{\beta}_0))$, $\hat{\beta}_1 \sim \text{N}(\beta_1, \text{Var}(\hat{\beta}_1))$ e $\text{Cov}(\hat{\beta}_0, \hat{\beta}_1) \neq 0$, isto é, $\hat{\boldsymbol{\beta}} \sim \text{N}(\boldsymbol{\beta}, \mathbf{V})$ (Seção 4.1), em que $\mathbf{V} = \text{Cov}(\hat{\boldsymbol{\beta}})$ é a matriz de variâncias e covariâncias dos estimadores dos parâmetros (inversa da matriz de informação de Fisher). Os métodos aproximados mais comumente usados para a construção de intervalos de confiança para doses efetivas são: o método delta, o de Fieller e o da razão de verossimilhanças (MORGAN, 1992; COLLET, 2002).

Método delta

A variância assintótica do EMV de uma função escalar $g(\hat{\boldsymbol{\beta}})$ de um vetor $\hat{\boldsymbol{\beta}}$, de dimensão p, de estimativas de parâmetros desconhecidos, quando a matriz de covariâncias de $\hat{\boldsymbol{\beta}}$ é conhecida, pode ser determinada usando-se o método delta. Esse método é baseado na expansão de Taylor até primeira ordem e supõe que, segundo condições gerais de regularidade, a distribuição assintótica do EMV $\hat{\boldsymbol{\beta}}$ é $N_p(\boldsymbol{\beta}, \mathbf{V})$, sendo $\mathbf{V}$ obtida pela inversa da matriz de informação.

Tem-se, supondo que as derivadas parciais $\partial g(\boldsymbol{\beta})/\partial\beta_r$ são contínuas e não todas nulas em $\hat{\boldsymbol{\beta}}$,

$$g(\hat{\boldsymbol{\beta}}) \stackrel{\mathcal{D}}{\rightarrow} N(g(\boldsymbol{\beta}), \sigma^2),$$

em que $\sigma^2 = \text{Var}[g(\hat{\boldsymbol{\beta}})] = \boldsymbol{\gamma}^T\mathbf{V}_\beta\boldsymbol{\gamma}$ e $\boldsymbol{\gamma} = (\partial g/\partial\beta_1, \ldots, \partial g/\partial\beta_p)^T$. Na prática, $g(\boldsymbol{\beta})$, $\mathbf{V}$ e $\boldsymbol{\gamma}$ são estimados em $\hat{\boldsymbol{\beta}}$, para que sejam realizados testes de hipóteses e contruídos intervalos de confiança para $g(\boldsymbol{\beta})$, baseando-se na aproximação normal $N(g(\boldsymbol{\beta}), \sigma^2)$.

Ilustra-se, agora, o método delta para estimar a variância da dose efetiva de um tratamento correspondente a uma taxa especificada $100p\%$ de mortalidade em um experimento de dose-resposta. Suponha que a matriz de informação $\mathbf{K}$ de $\hat{\boldsymbol{\beta}} = (\hat{\beta}_0, \hat{\beta}_1)^T$ é estimada. Seja $\widehat{\mathbf{K}}^{-1}$ a sua inversa, especificada por

$$\widehat{\mathbf{K}}^{-1} = \widehat{\mathbf{V}}_\beta = \begin{bmatrix} \hat{\kappa}^{\beta_0,\beta_0} & \hat{\kappa}^{\beta_0,\beta_1} \\ \hat{\kappa}^{\beta_0,\beta_1} & \hat{\kappa}^{\beta_1,\beta_1} \end{bmatrix} = \begin{bmatrix} \hat{v}_{11} & \hat{v}_{12} \\ \hat{v}_{12} & \hat{v}_{22} \end{bmatrix}.$$

De acordo com o método delta, fazendo-se uma expansão de Taylor de primeira ordem para a expressão (7.3) de $g(\hat{\beta}_0, \hat{\beta}_1)$ em torno de (β_0, β_1), tem-se

$$\hat{\theta}_p = g(\hat{\beta}_0, \hat{\beta}_1) \approx g(\beta_0, \beta_1) + (\hat{\beta}_0 - \beta_0)\left.\frac{\partial g(\hat{\beta}_0, \hat{\beta}_1)}{\partial\hat{\beta}_0}\right|_{(\beta_0,\beta_1)} + (\hat{\beta}_1 - \beta_1)\left.\frac{\partial g(\hat{\beta}_0, \hat{\beta}_1)}{\partial\hat{\beta}_1}\right|_{(\beta_0,\beta_1)},$$

$$\text{com } \boldsymbol{\gamma}^T = \left(\left.\frac{\partial g(\hat{\beta}_0, \hat{\beta}_1)}{\partial\hat{\beta}_0}\right|_{(\beta_0,\beta_1)}, \left.\frac{\partial g(\hat{\beta}_0, \hat{\beta}_1)}{\partial\hat{\beta}_1}\right|_{(\beta_0,\beta_1)} \right) = \left(-\frac{1}{\beta_1}, -\frac{F^{-1}(p) - \beta_0}{\beta_1^2} \right).$$

Logo, a estimativa de $\text{Var}(\hat{\theta}_p) = \boldsymbol{\gamma}^T\mathbf{V}\boldsymbol{\gamma} = \sigma^2$ é expressa por

$$\begin{aligned} \widehat{\text{Var}}(\hat{\theta}_p) = \hat{\sigma}_n^2 &= \frac{1}{\hat{\beta}_1^2}\{\widehat{\text{Var}}(\hat{\beta}_0) + \hat{\theta}_p^2\widehat{\text{Var}}(\hat{\beta}_1) + 2\hat{\theta}_p\widehat{\text{Cov}}(\hat{\beta}_0, \hat{\beta}_1)\} \\ &= \frac{1}{\hat{\beta}_1^2}(\hat{v}_{11} + 2\hat{\theta}\hat{v}_{12} + \hat{\theta}^2\hat{v}_{22}). \end{aligned} \quad (7.4)$$

Pelo método delta, supõe-se que a distribuição assintótica de $\hat{\theta}_p = g(\hat{\boldsymbol{\beta}})$ obtida usando-se a expressão (7.3) é normal $N(\theta_p, \sigma^2)$ e, portanto, um intervalo com $100(1-\gamma)\%$ de confiança aproximado para a dose efetiva θ_p é expresso por

$$IC(\theta_p) : \hat{\theta}_p \mp z_{\alpha/2}\sqrt{\widehat{\text{Var}}(\hat{\theta}_p)}, \quad (7.5)$$

em que $z_{\alpha/2}$ é o percentil $(1-\gamma/2)$ da distribuição normal reduzida.

Uma desvantagem desse método é que o intervalo de confiança é sempre simétrico, o que pode ser desfavorável à estimação de doses efetivas extremas correspondentes a valores de p próximos de 0 ou 1. Pode, também, implicar em limites inferiores negativos. Além disso, está baseado na distribuição normal assintótica de $g(\hat{\boldsymbol{\beta}})$.

Método baseado no teorema de Fieller

O teorema de Fieller é um resultado geral que permite a obtenção de intervalos de confiança para parâmetros cujos estimadores são razões de duas variáveis aleatórias normalmente distribuídas, que é o caso da dose efetiva θ_p. Esse teorema especifica a distribuição da soma de variáveis aleatórias que têm distribuição normal bivariada. O EMV $\hat{\boldsymbol{\beta}} = (\hat{\beta}_0, \hat{\beta}_1)^T$ tem, assintoticamente, distribuição normal bivariada de média $\boldsymbol{\beta}$ e matriz de covariâncias $\mathbf{V} = \mathbf{K}^{-1}$.

A partir da equação (7.3) pode-se construir a função $\hat{\psi} = \hat{\beta}_0 + \hat{\beta}_1\theta_p - F^{-1}(p)$. Então, usando-se a expressão (7.2), tem-se

$$\mathrm{E}(\hat{\psi}) = \beta_0 + \beta_1\theta_p - F^{-1}(p) = 0$$

e

$$\mathrm{Var}(\hat{\psi}) = \mathrm{Var}(\hat{\beta}_0) + 2\theta_p\mathrm{Cov}(\hat{\beta}_0, \hat{\beta}_1) + \theta_p^2\mathrm{Var}(\hat{\beta}_1) = v_{11} + 2\theta_p v_{12} + \theta_p^2 v_{22}.$$

Portanto, $\hat{\beta}_0 + \hat{\beta}_1\theta_p - F^{-1}(p) \sim \mathrm{N}(0, \mathrm{Var}(\hat{\psi}))$ e

$$\frac{\hat{\beta}_0 + \hat{\beta}_1\theta_p - F^{-1}(p)}{\sqrt{v_{11} + 2\theta_p v_{12} + \theta_p^2 v_{22}}} \sim \mathrm{N}(0, 1).$$

Logo, um intervalo para θ_p, com um coeficiente de confiança $100(1-\gamma)\%$, pode ser expresso pelo conjunto de valores de θ_p que satisfazem a inequação

$$\frac{[\hat{\beta}_0 + \hat{\beta}_1\theta_p - F^{-1}(p)]^2}{v_{11} + 2\theta_p v_{12} + \theta_p^2 v_{22}} \leq z_{\alpha/2}^2,$$

isto é,

$$[\hat{\beta}_0 + \hat{\beta}_1\theta_p - F^{-1}(p)]^2 - (v_{11} + 2\theta_p v_{12} + \theta_p^2 v_{22})z_{\alpha/2}^2 = 0, \tag{7.6}$$

sendo que, substituindo-se v_{11}, v_{12} e v_{22} por suas estimativas, os limites do intervalo de confiança igualam às raízes da correspondente equação de segundo grau. No caso de raízes complexas, o intervalo não existirá. Em geral, os resultados são semelhantes aos calculados pelo método delta. Se a variável explanatória for $x = \log_b(\text{dose})$, a dose efetiva é obtida fazendo-se $\hat{d}_p = b^{\hat{\theta}_p}$ e, de forma semelhante, os limites do intervalo de confiança para b^{θ_p}.

Método baseado na razão de verossimilhanças

Uma terceira alternativa para se obter um intervalo de confiança para uma dose efetiva θ_p é baseada na estatística da razão de verossimilhanças (MORGAN, 1992). O componente sistemático usual (7.1), especificado p, pode ser reparametrizado em termos de β_1 e θ_p, isto é,

$$F^{-1}(\pi_i) = \beta_0 + \beta_1 x_i = \beta_0 + \beta_1\theta_p - \beta_1\theta_p + \beta_1 x_i = F^{-1}(p) + \beta_1(x_i - \theta_p), \tag{7.7}$$

pois a dose efetiva satisfaz a condição dada pela equação (7.2). O componente sistemático (7.7) possibilita especificar $F^{-1}(p)$ como *offset*.

Supondo-se n amostras de tamanhos m_i, o logaritmo da função de verossimilhança expresso em termos de β_1 e θ_p é

$$\ell(\beta_1, \theta_p) = \sum_{i=1}^{n} [y_i \log \pi_i + (m_i - y_i) \log(1 - \pi_i)], \tag{7.8}$$

em que $y_i = 0, 1, \ldots, m_i$ e $\pi_i = F[F^{-1}(p) + \beta_1(x_i - \theta_p)]$. Pode-se, então, maximizar (7.8) para obter as EMVs $\hat{\beta}_1$ e $\hat{\theta}_p$ e seu valor máximo $\hat{\ell} = \ell(\hat{\beta}_1, \hat{\theta}_p)$.

Um intervalo de confiança para θ_p pode ser baseado na razão de verossimilhanças

$$w(\theta_p) = 2[\ell(\hat{\beta}_1, \hat{\theta}_p) - \ell(\tilde{\beta}_1, \theta_p)],$$

em que $\tilde{\beta}_1$ é a EMV restrita de β_1 fixado $\theta_p = \theta$, isto é, sob a hipótese de nulidade $H_0 : \theta_p = \theta$. Como, assintoticamente, $w(\theta_p)$ tem distribuição χ_1^2, tem-se que um intervalo com $100(1-\gamma)\%$ de confiança para θ_p é formado por todos os valores de θ para os quais H_0 não é rejeitada em favor da hipótese alternativa $H_a : \theta_p \neq \theta$, isto é, que verificam a inequação

$$\ell(\tilde{\beta}_1, \theta) \geq \ell(\hat{\beta}_1, \hat{\theta}_p) - \frac{1}{2}\chi^2_{1,\gamma} \Leftrightarrow \text{desvio}(\tilde{\beta}_1, \theta) \leq \text{desvio}(\hat{\beta}_1, \hat{\theta}_p) + \chi^2_{1,\gamma},$$

em que $\chi^2_{1,\gamma}$ é o percentil $(1-\gamma)$ da distribuição qui-quadrado com 1 grau de liberdade.

Exemplo 7.1

Toxicidade de Rotenona (cont.)

Usando-se os dados do **Exemplo 4.5**, tem-se que as estimativas dos parâmetros são $\hat{\beta}_0 = -3,2257$ e $\hat{\beta}_1 = 0,6051$ com $\widehat{\text{Var}}(\hat{\beta}_0) = 0,1368$, $\widehat{\text{Var}}(\hat{\beta}_1) = 0,0046$ e $\widehat{\text{Cov}}(\hat{\beta}_0, \hat{\beta}_1) = -0,0227$. Portanto, a dose que mata 50% dos insetos é dada por

$$\hat{\theta}_{50} = \frac{3,2257}{0,6051} = 5,3$$

com variância estimada, obtida a partir da equação (7.4),

$$\widehat{\text{Var}}(\hat{\theta}_{50}) = \frac{0,1368 - 2 \times 5,3 \times 0,0227 + 5,3^2 \times 0,0046}{0,6051^2} = 0,0708$$

enquanto que os intervalos de 95% de confiança, obtidos pelos três métodos, são:

(i) Método delta: $4,8 < \theta_{50} < 5,9$,
decorre da equação (7.5), isto é, de

$$5,3 \pm 1,96 \times \sqrt{0,0708};$$

(ii) Método de Fieller: $4,8 < \theta_{50} < 5,9$
obtido a partir da solução da equação (7.6), isto é, de

$$(-3,2257 + 0,6051 \times \theta)^2 - (0,1368 - 2 \times \theta \times 0,0227 + 5,3^2 \times 0,0046) \times 1,96^2 = 0;$$

(iii) Método da razão de verossimilhanças: $4,8 < \theta_{50} < 5,9$.

Na Figura 7.1, apresenta-se o perfil de verossimilhanças para esses dados com a estimativa de DL_{50} e o respectivo intervalo com 95% de confiança.

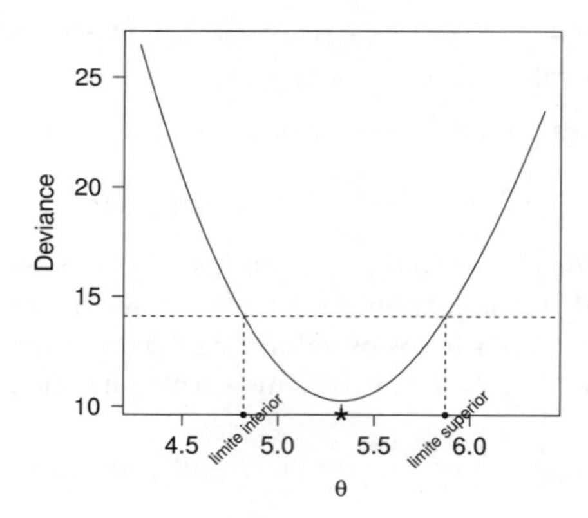

Figura 7.1 Perfil de verossimilhança para os dados de mortalidade de Rotenona, com a estimativa e o intervalo com 95% de confiança para DL_{50}

7.1.2 Probabilidade de resposta a uma dose especificada

Considere que a dose d recebida por um indivíduo i não é fixada, como descrito na Seção 2.2, mas corresponde à soma de uma dose nominal x mais um erro aleatório $\epsilon \sim \mathrm{N}(0, \sigma^2)$, isto é, $d = x + \epsilon$. Se a distribuição da tolerância U (independe do erro aleatório) tem a forma usual

$$\mathrm{P}(U \leq d) = F(d) = \Phi(\beta_0' + \beta_1' d),$$

pode-se concluir que $U \sim \mathrm{N}(-\beta_0'/\beta_1', \beta_1'^2)$ (ver item (a) da Seção 2.2.1). Logo, $U - \epsilon$ tem distribuição normal de média $-\beta_0'/\beta_1'$ e variância aumentada

$$\mathrm{Var}(U - \epsilon) = \beta_1'^2 + \sigma^2.$$

Então,

$$\mathrm{P}(U \leq d) = \mathrm{P}(U - \epsilon \leq x) = \mathrm{P}\left(\frac{U - \epsilon + \beta_0'/\beta_1'}{(\beta_1'^2 + \sigma^2)^{1/2}} \leq \frac{x + \beta_0'/\beta_1'}{(\beta_1'^2 + \sigma^2)^{1/2}}\right)$$

e, portanto,

$$F(d) = \Phi\left(\frac{\beta_0' + \beta_1' x}{(\beta_1'^2 + \sigma^2)^{1/2}}\right). \tag{7.9}$$

A equação (7.9) revela uma forma computacional simples de calcular a probabilidade de resposta a uma dose d. Na prática, procede-se à análise usual de ajuste do modelo, considerando d fixo, para o cálculo das EMVs de β_0 e β_1. Para usar a equação (7.9), obtêm-se as correções $\beta_0' = \beta_0 c$ e $\beta_1' = \beta_1 c$, em que $c = (1 - \beta_1^2 \sigma^2)^{-1/2}$, supondo $\beta_1 < \sigma^{-1}$ e σ^2 conhecido.

7.1.3 Paralelismo entre retas no modelo logístico linear e potência relativa

Na área de toxicologia, é muito comum o interesse na comparação da eficiência de produtos (fungicidas, inseticidas, herbicidas, medicamentos etc.) ou tratamentos. Considerando-se o modelo logístico linear com uma variável quantitativa x (dose ou log(dose)) e k produtos a serem testados, os preditores lineares considerados são:

Retas concorrentes:	$\text{logit}(p_{ij}) = \alpha_j + \beta_j \log(\text{dose}_i)$
Retas paralelas:	$\text{logit}(p_{ij}) = \alpha_j + \beta \log(\text{dose}_i)$
Retas com intercepto comum:	$\text{logit}(p_{ij}) = \alpha + \beta_j \log(\text{dose}_i)$
Retas coincidentes:	$\text{logit}(p_{ij}) = \alpha + \beta \log(\text{dose}_i)$

para $j = 1, \ldots, k$. Assim, por exemplo, no caso em que existem evidências de que o modelo de retas paralelas ajusta-se bem aos dados, tem-se que a dose efetiva ($\hat{\theta}_j^{(p)}$) para 100p% dos indivíduos é obtida como

$$\text{logit}(p) = \log\left(\frac{p}{1-p}\right) = \hat{\alpha}_j + \hat{\beta}\, \hat{\theta}_j^{(p)}, \quad j = 1, \ldots, k.$$

Portanto, para $j \neq j'$, tem-se

$$\frac{\hat{\alpha}_j - \hat{\alpha}_{j'}}{\hat{\beta}} = \hat{\theta}_{j'}^{(p)} - \hat{\theta}_j^{(p)}.$$

Se $x = \log(d)$, então,

$$\frac{\hat{\alpha}_j - \hat{\alpha}_{j'}}{\hat{\beta}} = \log\left(\frac{\hat{d}_{j'}^{(p)}}{\hat{d}_j^{(p)}}\right) = \log(\hat{\rho}_{jj'}) \Rightarrow \hat{\rho}_{jj'} = \exp\left(\frac{\hat{\alpha}_j - \hat{\alpha}_{j'}}{\hat{\beta}}\right) = \frac{DE_{j'}^{(50)}}{DE_j^{(50)}},$$

sendo $\hat{\rho}_{jj'}$ a estimativa da eficiência (potência) relativa $\rho_{jj'}$ do produto j em relação ao j' e $\log[\hat{d}_{j'}^{(p)}] - \log[\hat{d}_j^{(p)}]$, uma medida da diferença horizontal entre as duas retas paralelas. Portanto, $\rho_{jj'}$ é a razão de duas doses igualmente efetivas. Intervalos de confiança para $\rho_{jj'}$ podem ser calculados pelos métodos delta, de Fieller e da razão de verossimilhanças (perfil de verossimilhanças) (MORGAN, 1992; COLLET, 2002).

Exemplo 7.2

Resistência a cipermetrina

Como parte de estudos de resistência de insetos a piretróides, um experimento completamente casualizado foi conduzido. Amostras de 20 mariposas de *Heliothis virescens* (praga de algodão, soja, tabaco), de cada sexo, foram expostas a doses crescentes de cipermetrina, dois dias depois da emergência da pupa (COLLET, 2002). Após 72h, foram contados os números de insetos mortos, cujos resultados estão na Tabela 7.1.

Tabela 7.1 Números de insetos mortos em amostras de 20 insetos, machos e fêmeas, expostos a doses (d_i) crescentes de cipermetrina

	Número de insetos mortos	
Doses (d_i)	Machos	Fêmeas
1,0	1	0
2,0	4	2
4,0	9	6
8,0	13	10
16,0	18	12
32,0	20	16

Considerando-se que a variável aleatória número de insetos mortos Y_i tem distribuição binomial, isto é, $Y_i \sim B(20, \pi_i)$, ajusta-se, inicialmente, o modelo logístico, assumindo para o preditor linear um fatorial 2×6 e seus submodelos, sendo sexo um fator com dois níveis, e dose um fator com 6 níveis (em princípio, sem considerar o fato de serem quantitativos).

Tabela 7.2 Desvios e estatísticas X^2 residuais e respectivos números de graus de liberdade (G.L.) e níveis descritivos (p), para os dados de mortalidade de *Heliothis virescens* (Tabela 7.1).

Modelo	G.L.	Desvio	p	X^2	p
Constante	11	124,88	$< 0,0001$	101,42	$< 0,0001$
Sexo	10	118,80	$< 0,0001$	97,39	$< 0,0001$
Dose	6	15,15	$0,0191$	12,94	$0,0441$
Sexo + Dose	5	5,01	$0,4143$	3,70	$0,5932$
Dose * Sexo	0	0		0	

Na Tabela 7.2, são apresentados os desvios residuais e as estatísticas X^2 para os diversos modelos e seus respectivos números de graus de liberdade (G.L.). Verifica-se que existem evidências de que o modelo com preditor linear com dois fatores aditivos ajusta-se bem aos dados, enquanto os modelos mais simples, não. Não há, portanto, evidência de efeito de interação entre os dois fatores. Por outro lado, a análise de desvios (Tabela 7.3) evidencia o efeito significativo de sexo e de dose. Nota-se, ainda, que os desvios para sexo ignorando dose e, para sexo ajustado para dose, são diferentes devido à não ortogonalidade por se estar considerando a distribuição binomial. O mesmo ocorre para dose ignorando sexo e para dose ajustada para sexo.

Tabela 7.3 Análise de desvios para os dados de mortalidade de *Heliothis virescens* (Tabela 7.1), considerando-se sexo e dose como fatores.

Fonte	G.L.	Desvio	p	Fonte	G.L.	Desvio	p
Sexo	1	6,08	0,0137	Dose	5	109,72	$< 0,0001$
Dose|Sexo	5	113,79	$< 0,0001$	Sexo|Dose	1	10,14	0,0014
Resíduo	5	5,01	0,4143	Resíduo	5	5,01	0,4143
Total	11	124,88			11	124,88	

É importante observar que a fonte de variação "resíduo" na realidade representa uma composição de erros aleatórios e interação, pois o experimento foi conduzido com apenas uma repetição de cada combinação dos níveis dos fatores sexo e dose de cipermetrina.

Pode-se, ainda, tentar uma simplificação desse modelo, considerando que dose é um fator quantitativo e que há interesse em se estudar a relação entre a proporção de insetos mortos e a dose de cipermetrina, para ambos os sexos. Se for usada como preditor linear uma regressão polinomial para x = dose, verifica-se que há necessidade de um polinômio de terceiro grau. Como, porém, as doses estão em progressão geométrica, é conveniente usar como variável regressora $x = \log_2(\text{dose})$, considerando-se os modelos de retas concorrentes, paralelas, com intercepto comum e coincidentes. Os resultados para o desvio e para a estatística X^2 residuais estão apresentados na Tabela 7.4.

Tabela 7.4 Desvios e estatísticas X^2 residuais e correspondentes números de graus de liberdade (G.L.) e níveis descritivos (p) para os dados de mortalidade de *Heliothis virescens* (Tabela 7.1).

Modelo	G.L.	Desvio	p	X^2	p
Constante	11	124,88	< 0.0001	101,42	$< 0,0001$
Const. + $\log_2$(dose)	10	16,98	$0,0747$	14,76	$0,1409$
Const. + Sexo.$\log_2$(dose)	9	5,04	$0,8304$	3,50	$0,9410$
Sexo + $\log_2$(dose)	9	6,76	$0,6624$	5,31	$0,8069$
Sexo + Sexo.$\log_2$(dose)	8	4,99	$0,7582$	3,50	$0,8988$

Pela Tabela 7.4, nota-se que existem evidências de que os modelos com retas concorrentes, paralelas, com intercepto comum e coincidentes ajustam-se aos dados. Adicionalmente, tem-se que as diferenças de desvios, ambas com um grau de liberdade, entre os modelos com retas paralelas e retas concorrentes $(6,76 - 4,99 = 1,77)$ e entre os modelos com intercepto comum e retas concorrentes $(5,04 - 4,99 = 0,05)$ não são estatisticamente significativas. Utilizando de parcimônia e da facilidade de interpretação prática, pode-se optar pelo modelo de retas paralelas, com análise de desvios apresentada na Tabela 7.5.

Tabela 7.5 Análise de desvios para os dados de mortalidade de *Heliothis virescens* (Tabela 7.1), considerando-se o modelo de retas paralelas.

Fonte de Variação	G.L.	Desvio	p
Sexo	1	6,08	0,0137
Regressão Linear	1	112,04	$< 0,0001$
Resíduo	9	6,76	0,6624
Total	11	124,88	

É importante observar que a fonte de variação "resíduo" na realidade representa uma composição de erros aleatórios e falta de ajuste (não-linearidade), pois o experimento foi conduzido com apenas uma repetição de cada combinação dos níveis dos fatores sexo e dose de cipermetrina. Pelo gráfico meio-normal de probabilidades com envelope simulado (Figura 7.2(a)), confirma-se que esse modelo é adequado.

A partir do modelo linear logístico escolhido, obtêm-se, então, respectivamente, as equações para machos e fêmeas:

$$\text{Machos: } \log\left(\frac{\hat{p}_i}{1-\hat{p}_i}\right) = -2,3724 + 1,0642 \log_2(\text{dose}_i);$$
$$\text{Fêmeas: } \log\left(\frac{\hat{p}_i}{1-\hat{p}_i}\right) = -3,4732 + 1,0642 \log_2(\text{dose}_i),$$

cujas curvas com as proporções observadas estão representadas na Figura 7.2(b).

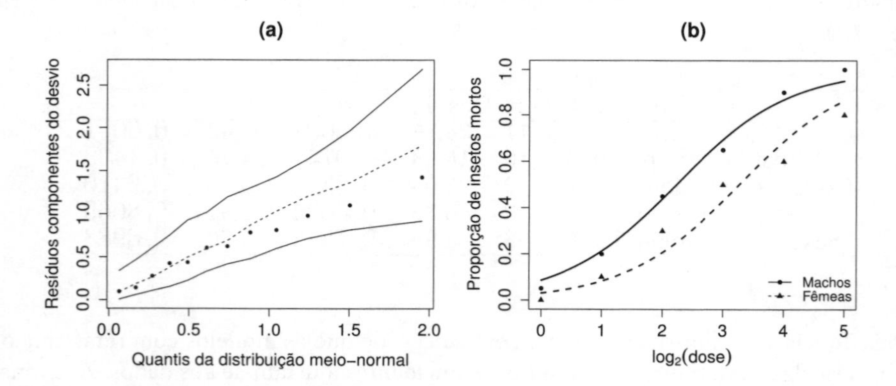

Figura 7.2 Modelo logístico linear para $\log_2$(dose) de cipermetrina: (a) gráfico meio-normal de probabilidades com envelope simulado; e (b) curvas ajustadas com as proporções observadas.

A partir dos coeficientes estimados, podem-se estimar as doses que matam, por exemplo, 50% dos insetos

$$\text{Machos: } \log_2(\widehat{DL}_{50}) = \frac{2,3724}{1,0642} = 2,2293 \Rightarrow \widehat{DL}_{50} = 4,69;$$
$$\text{Fêmeas: } \log_2(\widehat{DL}_{50}) = \frac{3,4732}{1,0642} = 3,2636 \Rightarrow \widehat{DL}_{50} = 9,60,$$

com erros-padrão iguais a $\sqrt{0,0527} = 0,2298$ e $\sqrt{0,0511} = 0,2260$, respectivamente. Os intervalos de confiança para as doses que matam 50% dos insetos são dados por:

	Machos	Fêmeas
Método delta:	$[2^{1,7864}, 2^{2,6721}] = [3,45; 6,37]$	$[2^{2,8133}, 2^{3,7139}] = [7,03; 13,12]$
Método de Fieller:	$[2^{1,7685}, 2^{2,6813}] = [3,41; 6,41]$	$[2^{2,8122}, 2^{3,7406}] = [7,02; 13,37]$
Método de PV:	$[2^{1,7771}, 2^{2,6743}] = [3,43; 6,38]$	$[2^{2,8176}, 2^{3,7315}] = [7,05; 13,28]$

Verifica-se que as fêmeas são mais tolerantes, pois, para matar $100p\%$ das fêmeas, há necessidade de uma dose duas vezes maior do que para matar $100p\%$ dos machos. Pode-se verificar que a dose letal correspondente a $p = 0,9$ para as fêmeas está fora do intervalo estudado, pois acima da dose 32 não se sabe se o comportamento será o mesmo. Se o interesse for estimar essa dose, há necessidade de se aumentar a amplitude de doses para fêmeas em um novo experimento. O programa para as análises foi desenvolvido em R e encontra-se no Apêndice B.9.

Exemplo 7.3

Potência relativa – mortalidade do besouro da farinha

Grupos de insetos (*Tribolium castaneum*, ou praga de grãos) foram expostos a doses (mg/l) crescentes de DDT, γ-BHC e mistura dos dois. Depois de 6 dias, foram contados os números de insetos mortos, cujos resultados estão na Tabela 7.6 (COLLET, 2002).

Tabela 7.6 Proporções de insetos mortos quando expostos a doses crescentes de DDT, γ-BHC e mistura dos dois.

Inseticida	Doses					
	2,00	2,64	3,48	4,59	6,06	8,00
DDT	3/50	5/49	19/47	19/50	24/49	35/50
γ-BHC	2/50	14/49	20/50	27/50	41/50	40/50
Mistura	28/50	37/50	46/50	48/50	48/50	50/50

Considerando-se que a variável aleatória número de insetos mortos Y_i tem distribuição binomial, isto é, $Y_i \sim \text{B}(m_i, \pi_i)$, ajusta-se, inicialmente, o modelo logístico assumindo para o preditor linear um fatorial 3×6 e seus submodelos, sendo inseticida um fator com três níveis, e dose, um fator com 6 níveis (em princípio, sem considerar o fato de serem quantitativos). Na Tabela 7.7, são apresentados os desvios residuais e as estatísticas X^2 para os diversos modelos e seus correspondentes números de graus de liberdade (G.L.).

Tabela 7.7 Desvios e estatísticas X^2 residuais e correspondentes números de graus de liberdade e níveis descritivos (p), para os dados de mortalidade de *Tribolium castaneum* (Tabela 7.6).

Modelo	G.L.	Desvio	p	X^2	p
Constante	17	413,65	$< 0,0001$	347,14	$< 0,0001$
Inseticida	15	234,71	$< 0,0001$	215,05	$< 0,0001$
Dose	12	242,64	$< 0,0001$	218,95	$< 0,0001$
Inseticida + Dose	10	12,86	$0,2317$	11,80	$0,2989$

Verifica-se que existem evidências de que o modelo com preditor linear com dois fatores aditivos, inseticida (com três níveis) e dose (com 6 níveis, em princípio sem levar em consideração o fato de serem quantitativos), ajusta-se bem aos dados, enquanto os modelos mais simples, não. Não há, portanto, evidência de efeito de interação entre os dois fatores. Por outro lado, a análise de desvios (Tabela 7.8) evidencia o efeito significativo de inseticida e de dose. Nota-se, ainda, que os desvios para inseticida ignorando dose e, para inseticida ajustado para dose, são diferentes devido à não ortogonalidade por se estar considerando a distribuição binomial. O mesmo ocorre para dose ignorando inseticida e para dose ajustada para inseticida.

Tabela 7.8 Análise de desvios para os dados de mortalidade de *Tribolium castaneum* (Tabela 7.6), considerando-se inseticida e dose como fatores.

Fonte	G.L.	Desvio	p	Fonte	G.L.	Desvio	p
Inseticida	2	178,93	$< 0,0001$	Dose	5	171,00	$< 0,0001$
Dose|Inseticida	5	221,85	$< 0,0001$	Inseticida|Dose	2	229,78	$< 0,0001$
Resíduo	10	12,86		Resíduo	10	12,86	
Total	17	413,65		Total	17	413,65	

É importante observar que a fonte de variação "resíduo" na realidade representa uma composição de erros aleatórios e interação, pois o experimento foi conduzido com apenas uma repetição de cada combinação dos níveis dos fatores inseticida e dose.

Pode-se, ainda, tentar uma simplificação desse modelo, considerando que dose é um fator quantitativo e que há interesse em estudar a relação entre a proporção de insetos mortos e a dose, para os três produtos inseticidas. Pode-se usar como preditor linear uma regressão polinomial para $x = \log(\text{dose})$, considerando-se os modelos de retas concorrentes, paralelas, com intercepto comum e coincidentes. Os resultados para o desvio e para a estatística X^2 residuais estão apresentados na Tabela 7.9.

Tabela 7.9 Desvios e estatísticas X^2 residuais e correspondentes números de graus de liberdade e níveis descritivos (p), para os dados de mortalidade de *Tribolium castaneum* (Tabela 7.6).

Preditor	G.L.	Desvio	p	X^2	p
α	17	413,65	$< 0,0001$	347,14	$< 0,0001$
$\alpha + \beta x$	16	246,83	$< 0,0001$	219,84	$< 0,0001$
$\alpha + \beta_j x$	14	24,71	$0,0375$	28,04	$0,0141$
$\alpha_j + \beta x$	14	21,28	$0,0946$	20,32	$0,1203$
$\alpha_j + \beta_j x$	12	17,89	$0,1191$	17,61	$0,1280$

Pela Tabela 7.9, nota-se que existem evidências de que os modelos com retas concorrentes, paralelas e com intercepto comum ajustam-se aos dados. Adicionalmente, tem-se que as diferenças de desvios, ambas com dois graus de liberdade, entre os modelos com intercepto comum e retas concorrentes ($24,71 - 17,89 = 6,82$, $p = 0,03299$) e entre os modelos com retas paralelas e retas concorrentes ($21,28 - 17,89 = 3,39$, $p = 0,1834$), mostram evidências significativas no primeiro caso e não significativas no segundo. Utilizando-se de parcimônia, opta-se pelo modelo de retas paralelas, com análise de desvios apresentada na Tabela 7.10.

Tabela 7.10 Análise de desvios para os dados de mortalidade de *Tribolium castaneum* (Tabela 7.6), considerando-se o modelo de retas paralelas.

Fonte de Variação	G.L.	Desvio	p
Inseticida	2	178,93	$< 0,0001$
Regressão Linear	1	213,43	$< 0,0001$
Resíduo	14	21,28	
Total	17	413,65	

É importante observar que a fonte de variação "resíduo" na realidade representa uma composição de erros aleatórios e falta de ajuste (não-linearidade), pois o experimento foi conduzido com apenas uma repetição de cada combinação dos níveis dos fatores inseticida e dose. Pelo gráfico meio-normal de probabilidade com envelope simulado (Figura 7.3(a)), confirma-se que o modelo de retas paralelas é adequado.

A partir do modelo linear logístico escolhido, obtêm-se, então, respectivamente, as equações para os três produtos inseticidas:

$$\begin{aligned}
\text{DDT:} \quad & \log\left(\frac{\hat{p}_i}{1-\hat{p}_i}\right) = -4,5553 + 2,6958 \log(\text{dose}_i); \\
\gamma\text{-BHC:} \quad & \log\left(\frac{\hat{p}_i}{1-\hat{p}_i}\right) = -3,8425 + 2,6958 \log(\text{dose}_i); \\
\text{Mistura:} \quad & \log\left(\frac{\hat{p}_i}{1-\hat{p}_i}\right) = -1,4248 + 2,6958 \log(\text{dose}_i),
\end{aligned}$$

cujas curvas com as proporções observadas estão representadas na Figura 7.3(b).

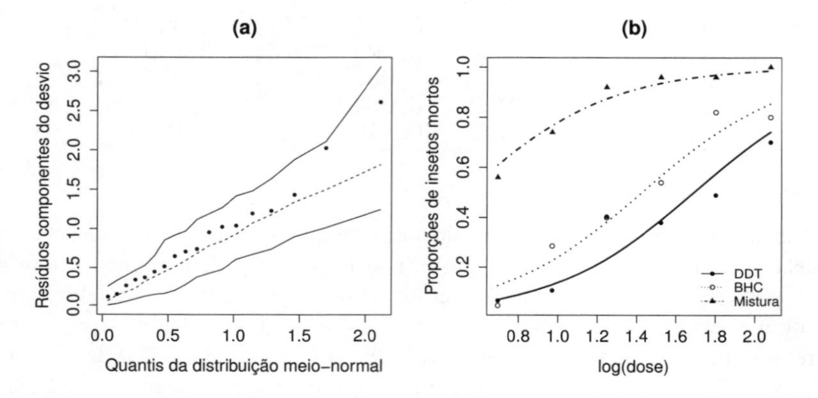

Figura 7.3 Modelo logístico linear para log(dose) dos inseticidas: (a) gráfico meio-normal de probabilidade com envelope simulado; (b) curvas ajustadas com as proporções observadas.

A partir dos coeficientes estimados, podem-se estimar as doses que matam, por exemplo, 50% dos insetos

$$\begin{aligned}
\text{DDT:} \quad & \log(\widehat{DL}_{50}) = \frac{4,5553}{2,6958} = 1,69 \Rightarrow \widehat{DL}_{50} = 5,42; \\
\gamma\text{-BHC:} \quad & \log(\widehat{LD}_{50}) = \frac{3,8425}{2,6958} = 1,43 \Rightarrow \widehat{DL}_{50} = 4,16; \\
\text{Mistura:} \quad & \log(\widehat{DL}_{50}) = \frac{1,4248}{2,6958} = 0,53 \Rightarrow \widehat{DL}_{50} = 1,70,
\end{aligned}$$

com erros-padrão iguais a $\sqrt{0,0029} = 0,0537$, $\sqrt{0,0025} = 0,05048$ e $\sqrt{0,0060} = 0,0773$, respectivamente.

Os intervalos com um nível de confiança de 95%, para as doses que matam 50% dos insetos, são dados por:

	DDT	BHC	Mistura
Delta :	[4, 89; 6, 02]	[3, 77; 4, 59]	[1, 46; 1, 97]
Fieller :	[4, 89; 6, 06]	[3, 76; 4, 60]	[1, 44; 1, 95]
PV :	[4, 89; 6, 05]	[3, 77; 4, 60]	[1, 43; 1, 95]

e as potências relativas

$$\text{da mistura em relação ao DDT:} \quad \frac{4,16}{1,70} = 2,45,$$
$$\text{da mistura em relação ao } \gamma\text{-BHC:} \quad \frac{5,42}{1,70} = 3,19,$$

mostrando evidência de **sinergismo**, isto é, a mistura dos inseticidas potencializa o efeito de ação.

Entretanto, pela Figura 7.3, sugere-se que seja testada a coincidência das retas para os inseticidas DDT e γ-BHC. Para esse teste, supõe-se que as observações referentes a esses inseticidas são provenientes de inseticidas de efeitos semelhantes, isto é, ajusta-se um modelo de retas paralelas para dois (e não três) tratamentos, o primeiro com 10 observações e o segundo com 5 observações, obtendo-se um desvio residual de $34,52$ com 15 graus de liberdade. Esse valor comparado com o valor obtido na Tabela 7.9 resulta em $34,52 - 21,28 = 13,24$ com um grau de liberdade, mostrando evidência de rejeição da hipótese de nulidade que os inseticidas DDT e γ-BHC têm efeitos semelhantes. Portanto, permanecem os resultados obtidos anteriormente. O programa para as análises foi desenvolvido em R e encontra-se no Apêndice B.10.

Exemplo 7.4

Proporções de gemas florais de macieiras

Os dados da Tabela 7.11 referem-se a um experimento em que gemas de galhos de três macieiras foram classificadas em florais ou vegetativas. Para cada variedade, os galhos foram agrupados de acordo com o número de frutos (de 0 a 4) produzidos no ano anterior. O objetivo do experimento era estudar a relação entre a proporção de gemas florais e o número de frutos produzidos no ano anterior e verificar se essa relação era diferente para as variedades estudadas.

A variável resposta, Y_i, é o número de gemas florais em totais de m_i gemas, e, portanto, a distribuição a ser considerada é a binomial. Como função de ligação, pode ser usada a logística, $g(\mu_i/m_i) = \log[\mu_i/(m_i - \mu_i)]$ e, como parte sistemática, tem-se um delineamento inteiramente casualizado com os fatores variedades (qualitativo) e número de frutos no ano anterior (quantitativo). Os preditores lineares a serem considerados são retas que podem ser concorrentes, paralelas, com intercepto comum ou coincidentes, para as três variedades.

Na Tabela 7.12, são apresentados os desvios e as estatísticas X^2 residuais e seus correspondentes números de graus de liberdade (G.L.).

Tabela 7.11 Número de frutos produzidos no ano anterior e número de gemas em galhos de macieiras de três variedades.

Variedades	Número de frutos no ano anterior (X)	Número total de gemas (N)	Número de gemas florais (Y)	Proporção de gemas florais (P)
Crispin	0	69	42	0,61
	1	93	43	0,46
	2	147	59	0,40
	3	149	57	0,38
	4	151	43	0,28
Cox	0	34	12	0,35
	1	92	15	0,16
	2	133	18	0,14
	3	146	14	0,10
	4	111	9	0,08
Golden Delicious	0	21	6	0,29
	1	89	20	0,22
	2	118	20	0,17
	3	124	21	0,10
	4	81	4	0,00

Tabela 7.12 Desvios e estatísticas X^2 residuais e correspondentes números de graus de liberdade (G.L.) e níveis descritivos (p), para proporções de gemas florais em galhos de macieiras como função do número de frutos produzidos no ano anterior (Tabela 7.11).

Preditor linear	G.L.	Desvio	p	X^2	p
α	14	182,16	$< 0,0001$	181,06	$< 0,0001$
$\alpha + \beta x$	13	138,99	$< 0,0001$	139,04	$< 0,0001$
α_j	12	53,04	$< 0,0001$	54,51	$< 0,0001$
$\alpha + \beta_j x$	11	31,08	0,0011	30,97	0,0011
$\alpha_j + \beta x$	11	8,80	0,6400	8,67	0,6524
$\alpha_j + \beta_j x$	9	7,87	0,5469	7,76	0,5585

Verifica-se que existem evidências de que os modelos com retas paralelas e com retas concorrentes ajustam-se bem aos dados, enquanto os outros modelos, não. Adicionalmente, tem-se que as diferenças de desvios, ambas com dois graus de liberdade, entre os modelos com intercepto comum e retas concorrentes ($31,08 - 7,87 = 23,21$, $p > 0,001$) e entre os modelos com retas paralelas e retas concorrentes ($8,80 - 7,87 = 0,93$, $p = 0,6281$) mostram evidências significativas no primeiro caso e não significativas no segundo. Utilizando-se de parcimônia, opta-se pelo modelo de retas paralelas, com análise de desvios apresentada na Tabela 7.13. Observa-se que existem evidências para o efeito de variedades e para o efeito de regressão linear.

Tabela 7.13 Análise de desvios para proporções de gemas florais em galhos de macieiras como função do número de frutos produzidos no ano anterior (Tabela 7.11), considerando o preditor linear de retas paralelas.

Fonte de Variação	G.L.	Desvio	p
Variedades	2	129,12	$< 0,0001$
Regressão linear	1	44,24	$< 0,0001$
Resíduo	11	8,80	
Total	14	182,16	

Pelo gráfico meio-normal de probabilidades com envelope simulado (Figura 7.4(a)), confirma-se que o preditor linear de retas paralelas é adequado, obtendo-se, então, respectivamente, as equações para o cálculo das proporções estimadas para as três variedades:

$$\text{Crispin:} \qquad \hat{\pi}_i = \frac{e^{0,3605-0,3302x_i}}{1-e^{0,3605-0,3302x_i}};$$

$$\text{Cox:} \qquad \hat{\pi}_i = \frac{e^{-1,1491-0,3302x_i}}{1-e^{-1,1491-0,3302x_i}};$$

$$\text{Golden Delicious:} \qquad \hat{\pi}_i = \frac{e^{-0,8979-0,3302x_i}}{1-e^{-0,8979-0,3302x_i}},$$

cujas curvas com as proporções observadas estão representadas na Figura 7.4(b).

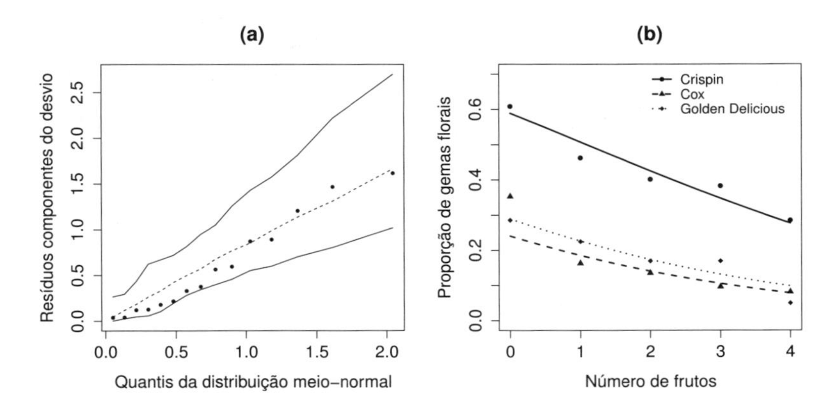

Figura 7.4 Modelo logístico para proporções de gemas florais em galhos de macieiras como função do número de frutos produzidos no ano anterior, considerando o preditor linear de retas paralelas: (a) gráfico meio-normal de probabilidades com envelope simulado; (b) curvas ajustadas com as proporções observadas.

Verifica-se que as curvas para as variedades Cox e Golden Delicious estão muito próximas e, portanto, é interessante testar se elas diferem estatisticamente. Um novo modelo foi ajustado, considerando-se os dados das variedades Cox e Golden Delicious como se fossem referentes a uma única variedade. A diferença entre os desvios residuais ($10,64 - 8,80 = 1,84$, $p = 0,1760$) indica que existem evidências de que as variedades Cox e Golden Delicious comportam-se de forma semelhante. Os resultados obtidos para a análise de desvios estão na Tabela 7.14.

Tabela 7.14 Análise de desvios para proporções de gemas florais em galhos de macieiras como função do número de frutos produzidos no ano anterior (Tabela 7.11), considerando o preditor linear de retas paralelas e agrupamento das variedades Cox e Golden Delicious.

Fonte de Variação	G.L.	Desvio	p
Variedades	1	127,17	$< 0,0001$
Regressão linear	1	44,35	$< 0,0001$
Resíduo	12	10,64	
Total	14	182,16	

Pelo gráfico meio-normal de probabilidades com envelope simulado (Figura 7.5(a)), confirma-se que o preditor linear de retas paralelas é adequado, obtendo-se, então, respectivamente, as equações para o cálculo das proporções estimadas para as "duas" variedades:

$$\text{Crispin:} \qquad \hat{\pi}_i = \frac{e^{0,3605-0,3302x_i}}{1-e^{0,3605-0,3302x_i}};$$

$$\text{Golden Delicious e Cox:} \qquad \hat{\pi}_i = \frac{e^{-1,0286-0,3302x_i}}{1-e^{-1,0286-0,3302x_i}},$$

cujas curvas com as proporções observadas estão representadas na Figura 7.5(b).

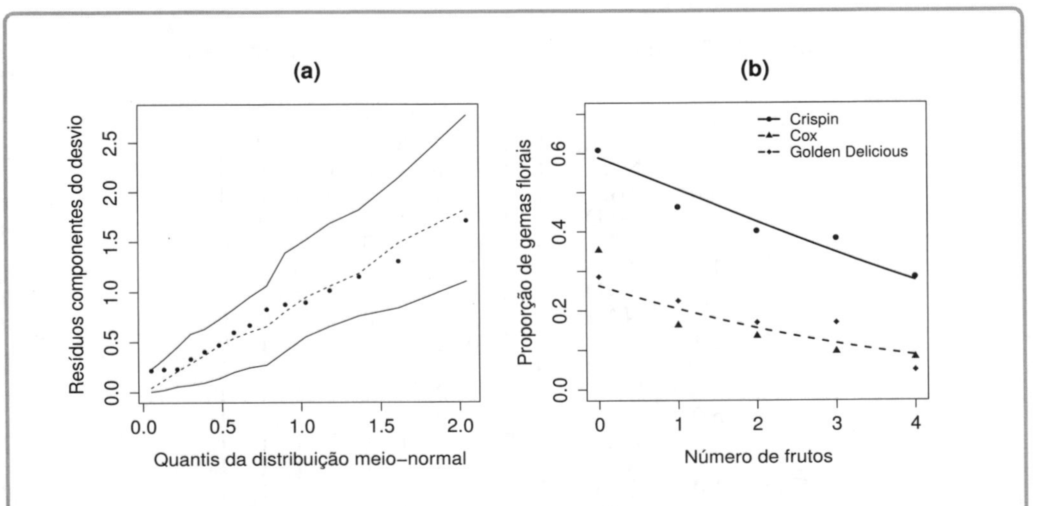

Figura 7.5 Modelo logístico para proporções de gemas florais em galhos de macieiras como função do número de frutos produzidos no ano anterior, considerando o preditor linear de retas paralelas e agrupamento das variedades Cox e Golden Delicious: (a) gráfico meio-normal de probabilidades com envelope simulado; (b) curvas ajustadas com as proporções observadas.

O resultado evidencia, portanto, que a proporção de gemas florais decresce em função do número de frutos produzidos no ano anterior e que a variedade Crispin produz mais gemas florais do que as variedades Cox e Golden Delicious. Esse é um fenômeno conhecido em Agricultura, em que muitas culturas são bienais, isto é, produzem bem a cada dois anos. O programa para as análises foi desenvolvido em R e encontra-se no Apêndice B.11.

Exemplo 7.5

Cultura de tecidos de macieiras

Os dados apresentados na Tabela 7.15 referem-se a um experimento de cultura de tecidos de macieiras. O delineamento experimental utilizado foi o casualizado em blocos com os tratamentos, no esquema fatorial $2 \times 3 \times 3$, sendo os fatores: A – dois tipos de citocinina (BAP, TDZ); B – três doses de citocinina (5,0; 1,0 e 0,1); e C – três tipos de auxina (NAA, IBA, 2-4D). Cada parcela do experimento era constituída por um recipiente em que era colocado o meio de cultura (de acordo com a combinação dos níveis dos três fatores) e o explante. O objetivo desse experimento foi verificar a influência dos fatores e se existia interação entre eles sobre a regeneração dos explantes.

Tabela 7.15 Dados de regeneração de tecidos de macieiras.

Citocinina			Blocos									
Tipo	Dose	Auxina	1	2	3	4	5	6	7	8	9	10
		NAA	1	1	0	0	1	0	1	0	1	1
	5,0	IBA	0	1	1	1	1	1	0	1	1	1
		2-4D	1	1	1	1	1	1	1	0	0	1
		NAA	0	0	0	0	0	0	0	0	0	0
BAP	1,0	IBA	1	1	1	0	0	1	1	0	1	1
		2-4D	1	0	1	1	0	1	1	1	1	1
		NAA	0	0	1	1	1	0	1	0	0	0
	0,1	IBA	0	0	0	1	1	1	1	0	1	0
		2-4D	0	0	1	1	1	1	1	0	1	1
		NAA	1	1	1	1	1	0	1	1	1	1
	5,0	IBA	1	1	1	1	1	1	1	1	1	1
		2-4D	1	0	1	1	1	1	1	1	1	1
		NAA	1	1	1	1	1	1	1	1	1	1
TDZ	1,0	IBA	1	1	1	1	1	1	1	1	1	1
		2-4D	1	1	1	1	1	1	1	1	1	0
		NAA	1	1	1	1	1	1	1	0	1	1
	0,1	IBA	1	1	1	1	1	1	0	1	1	1
		2-4D	0	0	1	0	1	1	1	1	1	1

A variável resposta, Y, é binária, isto é,

$$Y = \begin{cases} 1, & \text{se o explante regenerou após 4 semanas;} \\ 0, & \text{em caso contrário.} \end{cases}$$

Portanto, a distribuição a ser considerada é a Bernoulli (caso particular da binomial). Como função de ligação pode ser usada a logística $g(\mu) = \log[\mu/(1-\mu)]$ e como parte sistemática tem-se um delineamento casualizado em blocos com três fatores, isto é, com preditor linear:

$$\eta = \delta_l + \alpha_i + \beta_j + \gamma_k + \alpha\beta_{ij} + \alpha\gamma_{ik} + \beta\gamma_{jk} + \alpha\beta\gamma_{ijk}, \tag{7.10}$$

em que δ_l, $l = 1, 2, \ldots, 10$, representa o efeito do bloco l; α_i, $i = 1, 2, 3$, o efeito do tipo i de citocinina; β_j, $j = 1, 2$, o efeito da dose j de citocinina; γ_k, $k = 1, 2, 3$, o efeito do tipo k de auxina e os demais representam efeitos de interações duplas e tripla.

Tabela 7.16 Desvios e estatísticas X^2 residuais e respectivos números de graus de liberdade (G.L.) e níveis descritivos (p), para os dados de regeneração de tecidos de macieiras (Tabela 7.15).

Modelo	G.L.	Desvio	X^2
1	179	202,4	180,0
Bl	170	193,8	180,0
Bl+A	169	165,7	179,5
Bl+B	168	189,7	183,4
Bl+C	168	187,1	178,9
Bl+A+B	167	160,8	181,8
Bl+A+C	167	157,6	207,1
Bl+B+C	166	182,8	181,5
Bl+A*B	165	157,6	189,4
Bl+A*C	165	147,8	210,5
Bl+B*C	162	179,3	186,0
Bl+A*B+C	163	149,0	221,3
Bl+A*C+B	163	142,3	214,2
Bl+B*C+A	161	148,1	203,1
Bl+A*B+A*C	161	138,7	197,9
Bl+A*B+B*C	159	141,7	547,9
Bl+B*C+A*C	159	137,1	232,7
Bl+A*B+A*C+B*C	157	132,7	213,5
Bl+A*B*C	153	127,0	152,4

Na Tabela 7.16, são apresentados os desvios e as estatísticas X^2 residuais e seus correspondentes números de graus de liberdade (G.L.). É importante lembrar que, no caso de dados binários (Seção 4.2), o desvio residual não é informativo para verificar a adequação dos modelos, pois é apenas uma função das observações. A diferença entre desvios, porém, pode ser usada e comparada com o percentil de uma distribuição χ^2_ν com ν graus de liberdade (Seção 4.2).

Tabela 7.17 Análise de desvios para os dados de regeneração de tecidos de macieiras (Tabela 7.15), usando-se o preditor linear (7.10).

Fonte de Variação	G.L.	Desvio	p
Blocos	9	8,6	0,4702
Tipo de Citocinina (A)	1	28,1	$< 0,0001$
Dose de Citocinina (B|A)	2	4,8	0,0899
Auxina (C|A,B)	2	8,4	0,0152
AB|(A,B,C)	2	3,4	0,1804
AC|(A*B,C)	2	10,4	0,0056
BC|(A*B,A*C)	4	6,0	0,1981
ABC	4	5,6	0,2273
Resíduo	153	127,0	0,9384
Total	179	202,4	

Na Tabela 7.17, é apresentada uma sequência para análise de desvios, dentre as muitas possíveis. Verifica-se, então, que existem evidências que apenas os tipos de citocinina e de auxina têm influência significativa na regeneração de tecidos de macieiras e, além do mais, existe uma interação entre esses dois fatores, conforme mostra a Tabela 7.17, para os modelos encaixados.

Tabela 7.18 Análise de desvios para os dados de regeneração de tecidos de macieiras, usando-se o preditor linear (7.11).

Fonte de Variação	G.L.	Desvio	p
Blocos	9	8,6	0,4702
Tipo de Citocinina (A)	1	28,1	$< 0,0001$
Auxina (C|A)	2	8,1	0,0176
AC|(A,C)	2	9,7	0,0076
Resíduo	165	147,8	0,8276
Total	179	202,4	

Considera-se, então, o modelo reduzido com preditor linear:

$$\eta = \delta_l + \alpha_i + \gamma_k + \alpha\gamma_{ik} \qquad (7.11)$$

com os resultados apresentados na Tabela 7.18. Na Figura 7.6, apresenta-se o gráfico meio-normal de probabilidade com envelope simulado, mostrando bom ajuste do modelo.

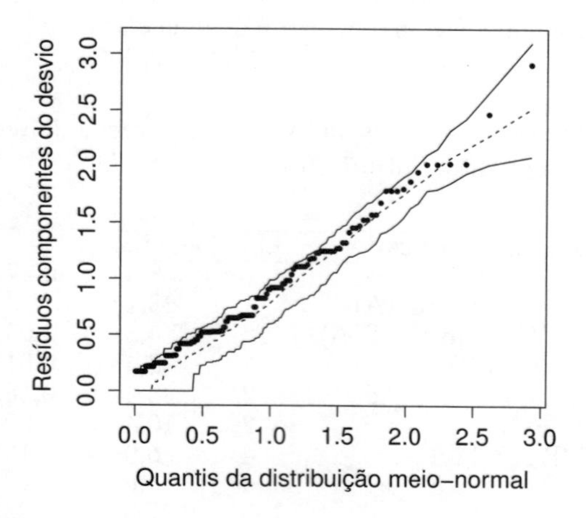

Figura 7.6 Gráfico meio-normal de probabilidades com envelope simulado para os dados de regeneração de tecidos de macieiras, usando-se o modelo logístico.

Considerando-se, então, os fatores tipo de citocinina e tipo de auxina, as proporções de regeneração de tecidos estão apresentadas na Tabela 7.19. Verifica-se que a observação da casela em negrito é responsável pela interação significativa entre os dois fatores. Na realidade, esse experimento foi repetido outras quatro vezes e não houve evidência de interação significativa. O programa para as análises foi desenvolvido em R e encontra-se no Apêndice B.12.

Tabela 7.19 Tabela de médias, considerando-se os fatores tipo de citocinina e tipo de auxina, para os dados de regeneração de tecidos de macieiras (Tabela 7.15).

Tipo de Citocinina	Tipo de Auxina		
	NAA	IBA	2-4D
BAP	**0,33**	0,67	0,77
TDZ	0,93	0,97	0,83

Exemplo 7.6

Toxicidade a dissulfeto de carbono gasoso

Os dados da Tabela 7.20 referem-se a números de insetos mortos em amostras de tamanhos m_i depois de cinco horas de exposição a diferentes doses de dissulfeto de carbono gasoso (BLISS, 1935; PREGIBON, 1980), em um delineamento inteiramente casualizado com duas repetições.

Tabela 7.20 Números de insetos mortos (y) em amostras de tamanho m depois de cinco horas de exposição a diferentes doses de dissulfeto de carbono gasoso (CS_2).

Concentração	Repetição 1		Repetição 1	
de CS_2	y	m	y	m
49.06	2	29	4	30
52.99	7	30	6	30
56.91	9	28	9	34
60.84	14	27	14	29
64.76	23	30	29	33
68.69	29	31	24	28
72.61	29	30	32	32
76.54	29	29	31	31

A variável resposta, Y_i, é o número de insetos mortos em amostras de tamanhos m_i. Portanto, inicialmente, pode-se considerar o modelo binomial com função de ligação canônica (logística). No preditor linear, inclui-se concentração como um fator com oito níveis. A seguir, faz-se o desdobramento do número de graus de liberdade de concentração (sete) usando-se polinômios ortogonais. Na Tabela 7.21, são apresentadas os desvios residuais e as estatísticas X^2, com seus correspondentes números de graus de liberdade, enquanto que na Tabela 7.22 é apresentada a análise de desvios.

Tabela 7.21 Desvios e estatísticas X^2 residuais e correspondentes números de graus de liberdade (G.L.) e níveis descritivos (p), para proporções de insetos mortos como função da concentração de dissulfeto de carbono gasoso (CS_2), considerando-se a função de ligação logística (Tabela 7.20).

Preditor linear	G.L.	Desvio	p	X^2	p
β_0	15	289,14	$< 0,0001$	241,02	$< 0,0001$
β_0 + conc $< 1 >$	14	12,51	0,5658	10,84	0,6986
β_0 + conc $< 2 >$	13	7,93	0,8483	7,36	0,8827
β_0 + Conc	8	4,94	0,7641	4,52	0,8073

Tabela 7.22 Análise de desvios para os dados de mortalidade de insetos em função de diferentes doses de dissulfeto de carbono gasoso (CS_2), considerando-se a função de ligação logística.

Fonte de Variação	G.L.	Desvio	p
Termo linear	1	276,64	$< 0,0001$
Termo quadrático	1	4,58	0,0324
Desvios de regressão	5	2,99	0,7018
(Concentraçao)	(7)	(284,20)	
Resíduos	8	4,94	
Total	15	289,14	

Verifica-se, pelas Tabelas 7.21 e 7.22, que existem evidências ao nível de 5% de significância de que o modelo logístico com preditor linear quadrático ajusta-se bem aos dados. Isso é confirmado pelo gráfico meio-normal de probabilidades com envelope simulado (Figura 7.7(a)). Note que o teste para o componente quadrático do polinômio ortogonal coincide com o teste de função de ligação, considerando-se como preditor linear uma regressão de primeiro grau.

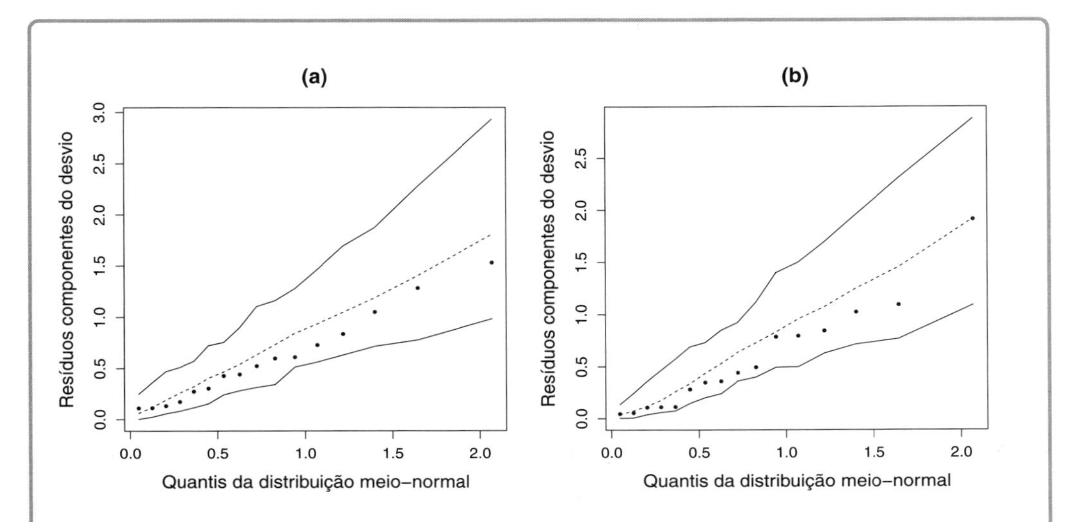

Figura 7.7 Gráfico meio-normal de probabilidade com envelope simulado para (a) o modelo logístico com preditor linear quadrático, e (b) o modelo complemento log-log com preditor linear simples, ajustados aos dados de mortalidade de insetos expostos a diferentes concentrações de dissulfeto de carbono gasoso (Tabela 7.20).

Utilizando-se, então, um modelo logístico com preditor linear dado por um polinômio de segundo grau na concentração, obtêm-se

$$\log\left(\frac{\hat{p}}{1-\hat{p}}\right) = 7.9684 - 0.5166\text{conc} + 0.0064\text{conc}^2 \tag{7.12}$$

e

$$\hat{p} = \frac{e^{7.9684-0.5166\text{conc}+0.0064\text{conc}^2}}{1 + e^{7.9684-0.5166\text{conc}+0.0064\text{conc}^2}} \tag{7.13}$$

A partir de (7.12), resolvendo-se equações de segundo grau, tem-se que as concentrações letais que matam 50% e 90% dos insetos são dadas, respectivamente, por 60,35 e 67,69.

De forma semelhante, considerando-se a função de ligação complemento log-log, obtêm-se as Tabelas 7.23 e 7.24. Verifica-se que existem evidências ao nível de 5% de significância que é suficiente um polinômio de primeiro grau como preditor linear. Isso é confirmado pelo gráfico meio-normal com envelope de simulação (Figura 7.7(b)).

Tabela 7.23 Desvios e estatísticas X^2 residuais e respectivos números de graus de liberdade e níveis descritivos (p), para proporções de insetos mortos como função da concentração de dissulfeto de carbono gasoso (CS_2), considerando-se a função de ligação complemento log-log (Tabela 7.20).

Preditor linear	G.L.	Desvio	p	X^2	p
β_0	15	289,14	$< 0,0001$	241,02	$< 0,0001$
$\beta_0 + \text{conc} < 1 >$	14	8,67	0,8515	8,62	0,8545
$\beta_0 + \text{conc} < 2 >$	13	8,30	0,8233	7,87	0,8521
$\beta_0 + \text{Conc}$	8	4,94	0,7641	4,52	0,8073

Tabela 7.24 Análise de desvios para os dados de mortalidade de insetos em função de diferentes doses de dissulfeto de carbono gasoso (CS_2), considerando-se a função de ligação complemento log-log.

Fonte de Variação	G.L.	Desvio	p
Termo linear	1	280,47	$< 0,0001$
Termo quadrático	1	0,37	0,5441
Desvios de regressão	5	3,36	0,6440
(Concentraçao)	(7)	(284,20)	
Resíduos	8	4,94	
Total	15	289,14	

Utilizando-se, então, um modelo binomial com função de ligação complemento log-log e preditor linear dado por uma regressão linear simples na concentração, obtêm-se

$$\log[\log(1 - \hat{p})] = -9.7552 + 0.1554\text{conc} \qquad (7.14)$$

e

$$\hat{p} = \exp[-\exp(-9.7552 + 0.1554\text{conc})]. \qquad (7.15)$$

A partir de (7.14), tem-se que as concentrações letais que matam 50% e 90% dos insetos são dadas, respectivamente, por 60,40 e 68,13.

Na Figura 7.8, têm-se as curvas ajustadas pelos modelos logístico e complemento log-log de equações (7.13) e (7.15) e as proporções observadas. O programa para as análises foi desenvolvido em R e encontra-se no Apêndice B.13.

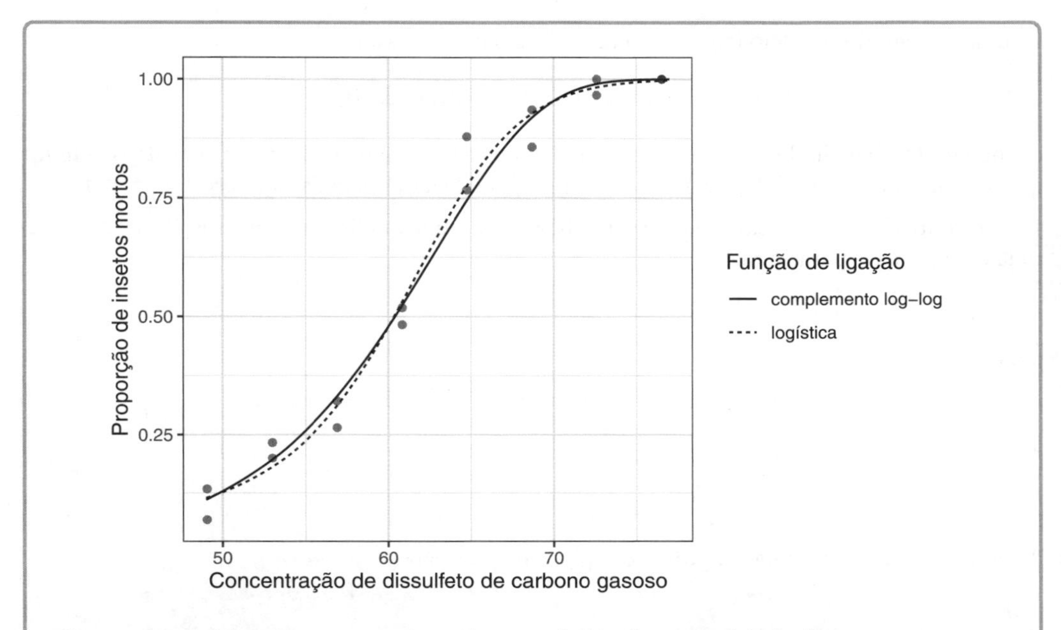

Figura 7.8 Gráfico das curvas ajustadas aos dados de mortalidade de insetos expostos a diferentes concentrações de dissulfeto de carbono gasoso (Tabela 7.20), utilizando os modelos logístico e complemento log-log.

7.2 DADOS DE CONTAGENS

7.2.1 Modelo de Poisson

A distribuição de Poisson tem um papel importante na análise de observações na forma de contagens. Se eventos ocorrem independente e aleatoriamente no tempo, com taxa média de ocorrência constante, o modelo determina o número de eventos num tempo especificado. Assim, se Y_i, $i = 1, \ldots, n$ são contagens com médias μ_i, o modelo padrão Poisson considera que $Y_i \sim \mathrm{P}(\mu_i)$ com função de variância $\mathrm{Var}(Y_i) = \mathrm{E}(Y_i) = \mu_i$. A função de ligação canônica é a logarítmica

$$g(\mu_i) = \log(\mu_i) = \eta_i.$$

No caso de períodos (ou volumes, áreas etc.) diferentes de observação, tem-se

$$Y_i \sim \mathrm{P}(t_i \lambda_i)$$

com $\mathrm{Var}(Y_i) = \mathrm{E}(Y_i) = \mu_i = t_i \lambda_i$. Tomando-se um modelo log-linear para as taxas,

$$\log(\lambda_i) = \mathbf{x}_i^T \boldsymbol{\beta}$$

resulta no seguinte modelo log-linear para as médias da Poisson

$$\log(\mu_i) = \log(t_i\lambda_i) = \log(t_i) + \mathbf{x}_i^T\boldsymbol{\beta},$$

em que $\log(t_i)$ é incluído como um termo fixo, ou *offset*, no modelo. Entretanto, pode-se admitir que, de forma mais geral, $\log(\mu_i) = \gamma\log(t_i) + \mathbf{x}_i^T\boldsymbol{\beta}$ e fazer o teste da hipótese $H_0 : \gamma = 1$.

Por outro lado, neste caso, pode-se, também, fazer uma análise de regressão Poisson ponderada com pesos t_i para as razões

$$R_i = \frac{Y_i}{t_i},$$

pois

$$\mathrm{E}[R_i] = \frac{t_i\lambda_i}{t_i} = \lambda_i = \mathrm{e}^{\mathrm{x}_\mathrm{i}^\mathrm{T}\beta} = \mu_\mathrm{i}^\mathrm{R}$$

e

$$\mathrm{Var}[R_i] = \frac{1}{t_i^2}\mathrm{Var}(Y_i) = \frac{\lambda_i}{t_i} = \frac{\mu_i^R}{t_i}.$$

A seguir, serão apresentados alguns exemplos de aplicação.

Exemplo 7.7

Armazenamento de microorganismos

Na Tabela 7.25, são apresentados valores de concentrações de bactérias (contagens por área fixa) feitas no congelamento inicial (-70^oC) e após 1, 2, 6 e 12 meses (FRANCIS; GREEN; PAYNE, 1993). Pode-se observar que é uma amostra muito pequena, mas usa-se como exemplo para ilustrar como o modelo surge a partir de um problema real.

Tabela 7.25 Contagens de bactérias por área fixa em diferentes tempos

Tempo (meses)	0	1	2	6	12
Contagem	31	26	19	15	20

Pode-se supor, inicialmente, que Y_i, o número de bactérias por área fixa, segue a distribuição de Poisson com média μ_i, isto é, $Y_i \sim \mathrm{P}(\mu_i)$. Além disso, em geral, espera-se que a contagem média decresça com o tempo, isto é,

$$\mu_i \propto \frac{1}{(\text{tempo}_i)^\gamma}$$

e, portanto, pode-se escrever

$$\log(\mu_i) = \beta_0 + \beta_1\log(\text{tempo}_i + 0,1), \tag{7.16}$$

sendo a constante 0, 1 adicionada para evitar problemas com o tempo zero.

Tabela 7.26 Desvios residuais e estatísticas X^2 e correspondentes números de graus de liberdade (G.L.) e níveis descritivos (p), para as contagens de bactérias por área fixa (Tabela 7.25).

Preditor linear	G.L.	Desvio	p	X^2	p
β_0	4	7,0672	0,1324	7,1532	0,1280
$\beta_0 + \beta_1 \log(\text{tempo}_i + 0,1)$	3	1,8338	0,6076	1,8203	0,6105

Na Tabela 7.26, são apresentados os desvios residuais e as estatísticas X^2 e seus correspondentes números de graus de liberdade e níveis descritivos (p). Observa-se que existem evidências de bom ajuste de ambos os modelos. Entretanto, o número de graus de liberdade associado aos desvios residuais é muito pequeno, o que torna duvidosa a aproximação assintótica da distribuição das estatísticas desvios residuais e das estatísticas X^2 por uma distribuição χ^2.

Tabela 7.27 Análise de desvios para as contagens de bactérias por área fixa (Tabela 7.25), usando-se o preditor linear (7.16).

Fonte de Variação	G.L.	Desvio	p
Regressão linear	1	5,2334	0,0222
Resíduo	3	1,8338	
Total	4	7,0672	

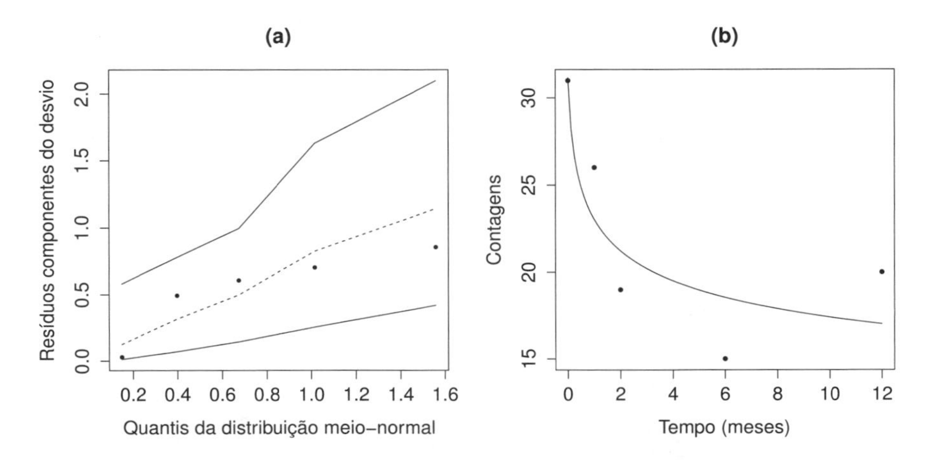

Figura 7.9 Modelo log-linear para as contagens de bactérias por área fixa (Tabela 7.25), considerando o preditor linear (7.16): (a) gráfico meio-normal de probabilidade com envelope simulado; (b) curvas ajustadas com as observações.

Adicionalmente, tem-se que, de acordo com a análise de desvios apresentada na Tabela 7.27, há evidências do efeito significativo da regressão linear. Pelo gráfico meio-normal de probabilidade com envelope simulado (Figura 7.9(a)), confirma-se que o preditor linear (7.16) é adequado, obtendo-se, então, a equação da curva ajustada

$$\hat{\mu}_i = \mathrm{e}^{3{,}1489 - 0{,}1261 \log(\text{tempo}_i + 0{,}1)},$$

que pode ser contemplada na Figura 7.9(b) juntamente com os valores observados. O programa para as análises foi desenvolvido em R e encontra-se no Apêndice B.14.

Exemplo 7.8

Número de brotos em um estudo de micropropagação de macieiras.

Os dados apresentados na Tabela 7.28 referem-se ao número de brotos produzidos por explante em um experimento de micropropagação. O delineamento experimental utilizado foi o inteiramente casualizado com os tratamentos no esquema fatorial 3 × 2, isto é, 3 meios de cultura aos quais era adicionada uma quantia de hormônio (2 níveis, X1: quantia pequena; e X2: quantia grande). As parcelas eram constituídas de recipientes com 3 explantes e os dados estão apresentados em grupos de 3 para indicar os recipientes diferentes. Inicialmente, havia 10 recipientes (portanto, 30 explantes) para cada tratamento, porém, alguns explantes morreram. No caso em que morreram todos os explantes, o recipiente foi eliminado do experimento, pois algumas dessas mortes podem decorrer da contaminação com bactérias e que não está relacionado com o tratamento. No caso em que houve uma ou duas mortes no recipiente, os dados foram considerados e usou-se * no lugar do dado faltante. O objetivo é verificar se existe interação entre meio de cultura e quantidade de hormônio, e se influenciam o número de brotos.

Tabela 7.28 Números de brotos de macieiras por explante.

Meio de Cultura	Hormônio	Número de Brotos					
A	X1	4 5 2	1 2 5	2 2 *			
A	X2	3 5 3	2 2 1	2 2 3	1 4 4	2 4 *	1 * *
		2 * *					
B	X1	4 1 4	5 4 5	5 4 3	3 4 4	2 3 2	1 0 1
		0 4 2	6 2 2	3 3 *	1 5 *		
B	X2	2 2 1	2 4 4	2 3 0	0 0 4	**12 0 4**	1 0 4
		0 8 2	2 4 *	3 1 *	10 * *		
C	X1	0 2 0	1 1 3	5 3 3	3 2 1	2 2 2	0 2 2
		2 2 2	2 0 2				
C	X2	2 2 3	**11 6 5**	5 3 4	6 4 *	4 4 *	3 3 *

Em negrito, parcelas cuja influência na análise merece ser melhor estudada.
Dados faltantes são representados por *.

A variável resposta, Y_i, é o número de brotos, e, portanto, a distribuição a ser considerada é a Poisson. Como função de ligação, pode ser usada a logarítmica $g(\mu) = \log(\mu)$ e, como parte sistemática, tem-se um delineamento inteiramente casualizado com k (= 1, 2 ou 3) plantas por parcela e como fatores, meio de cultura e quantidade de hormônio. O preditor linear inicial a ser considerado é

$$\eta = \alpha_i + \beta_j + \alpha\beta_{ij} + \xi_k, \tag{7.17}$$

para o qual é apresentada a análise de desvios na Tabela 7.29. O desvio residual, $94,76$ ($p = 0,0444$) com 73 graus de liberdade, mostra evidência marginal de bom ajuste, entre 5% e 1%, confirmada pelo gráfico meio-normal de probabilidade com envelope simulado (Figura 7.10).

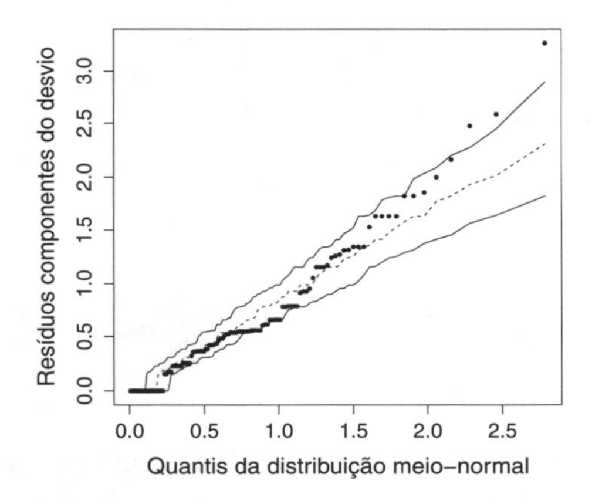

Figura 7.10 Gráfico meio-normal de probabilidade com envelope simulado para o modelo ajustado aos dados de números de brotos de macieiras por explante (Tabela 7.28).

Verifica-se que a diferença entre os desvios obtidos para "entre recipientes" e "entre plantas dentro de recipientes" ($156,76 - 94,76 = 62,0$), com ($111 - 73 = 38$) graus de liberdade, é significativa.

Tabela 7.29 Análise de desvios para o número de brotos de macieira por explante (Tabela 7.28), usando-se o preditor linear (7.17).

Fonte de Variação	G.L.	Desvio	p
Meio de cultura (M)	2	0,42	0,810
Níveis de hormônio (H)	1	5,20	0,023
Interação M x H	2	14,93	0,001
Entre recipientes	38	61,99	0,008
Entre pl. d. recipientes	73	94,70	0,044
Total	116	177,31	

Há necessidade, porém, de se utilizarem outras técnicas de diagnóstico como complementação. Observa-se, ainda, que a interação entre meios de cultura e níveis de hormônio é significativa. Ao se observar o quadro de médias apresentado na Tabela 7.30, verifica-se que a interação está sendo significativa devido ao meio de cultura C. O exame da Tabela 7.28 indica duas parcelas em destaque, cuja influência na análise mereceria ser melhor estudada. O programa para as análises foi desenvolvido em R e encontra-se no Apêndice B.15.

Tabela 7.30 Quadro de médias do número de brotos de macieiras por explante (Tabela 7.28), de acordo com os fatores "meio de cultura" e "nível de hormônio". Em negrito, o valor que faz com que a interação seja significativa.

Meio de Cultura	Nível de Hormônio Baixo	Nível de Hormônio Alto	Médias
A	2,9	2,6	2,7
B	3,0	2,9	2,9
C	**1,8**	4,3	2,8
Médias	2,5	3,2	

Exemplo 7.9

Números de espécies de plantas

Os dados da Tabela A4 (CRAWLEY, 2007) referem-se a números de espécies de plantas em parcelas com diferentes quantidades de biomassa (variável contínua) e solos com diferentes valores de pH (fator com três níveis: alto, médio e baixo). O interesse desse estudo é verificar se existe relação entre o número de espécies de plantas e a quantidade de biomassa e se essa relação é diferente para os solos com diferentes níveis de pH.

Pode-se supor que a variável resposta, número de espécies de plantas, tem distribuição Poisson com média μ_i, isto é, $Y_i \sim P(\mu_i)$, com função de ligação logarítmica. Para o preditor linear, adotam-se os modelos de retas paralelas e de retas concorrentes, isto é,

$$\text{Modelo 1}: \quad \eta_i = \beta_{1_j} + \beta_2 \text{ biomassa}_i, \quad j = 1, 2, 3;$$

$$\text{Modelo 2}: \quad \eta_i = \beta_{1_j} + \beta_{2_j} \text{ biomassa}_i, \quad j = 1, 2, 3.$$

O desvio residual para o modelo de retas paralelas é $99,24$ com 86 graus de liberdade, enquanto para o modelo de retas concorrentes é $83,20$ ($p = 0,50$) com 84 graus de liberdade, sendo $16,04$ a diferença de desvios com 2 graus de liberdade, mostrando evidência significativa ($p = 0,00033$) em favor do modelo de retas concorrentes. Além disso, existe evidência de efeito significativo do fator pH (desvio 187,23 com 2 graus de liberdade, $p < 0,001$) e de regressão linear de biomassa dentro de pH (desvio 181,92 com 3 graus de liberdade, $p < 0,001$). Por outro lado, o modelo de retas concorrentes está bem ajustado aos dados conforme mostra o gráfico meio-normal de probabilidades com envelope simulado (Figura 7.11a), obtendo-se, então, as equações das curvas ajustadas

$$\text{Solo de pH alto}: \quad \hat{\mu}_i = e^{(3,7681-0.1071\text{biomassa}_i)};$$

$$\text{Solo de pH médio}: \quad \hat{\mu}_i = e^{(3,4367-0,1390\text{biomassa}_i)};$$

$$\text{Solo de pH baixo}: \quad \hat{\mu}_i = e^{(2,9526-0,2622\text{biomassa}_i)},$$

representadas na Figura 7.11b, juntamente com os valores observados. O programa para as análises foi desenvolvido em R e encontra-se no Apêndice B.16.

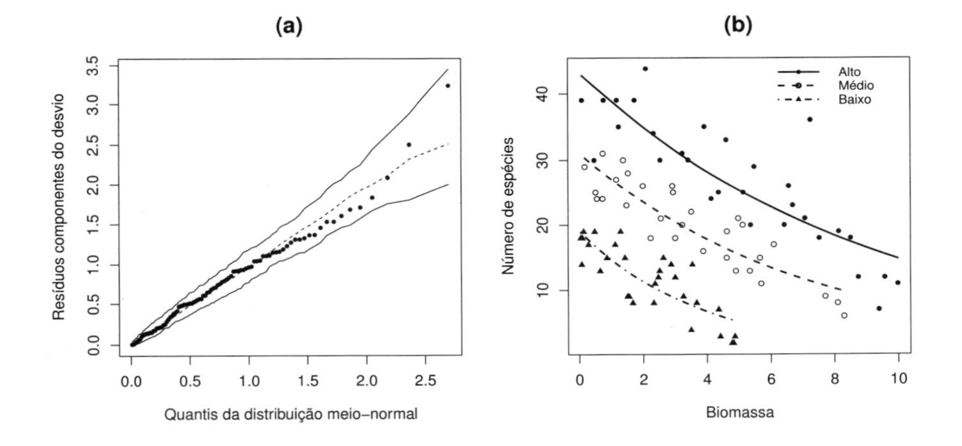

Figura 7.11 Modelo log-linear para número de espécies de plantas como função da quantidade de biomassa e diferentes valores de pH (Tabela A4), considerando o preditor linear de retas concorrentes: (a) gráfico meio-normal de probabilidade com envelope simulado; (b) curvas ajustadas com as proporções observadas.

7.2.2 Modelos log-lineares para tabelas de contingência

O modelo de Poisson desempenha na análise de dados categorizados o mesmo papel que o modelo normal na análise de dados contínuos. A diferença fundamental está em que a estrutura multiplicativa para as médias do modelo de Poisson é mais apropriada do que a estrutura aditiva do modelo normal. Ele é especialmente útil na análise de tabelas de contingência em que as observações consistem de contagens ou frequências nas caselas pelo cruzamento das variáveis resposta(s) e explanatórias e as hipóteses mais comuns podem ser expressas como modelos multiplicativos para as frequências esperadas das caselas (MCCULLAGH; NELDER, 1989; AGRESTI, 2002), conforme ilustração de um caso simples na Seção 2.2.3.

Entretanto, é importante entender como o planejamento do estudo afeta a escolha dos modelos probabilísticos a serem ajustados aos dados (DOBSON; BARNETT, 2008). Diferente dos modelos vistos até agora, os MLGs para dados categorizados podem ser definidos quando há mais de uma variável resposta, isto é, pode-se considerar o uso de um modelo univariado para análise de dados multivariados, como ilustrado a seguir.

Na Tabela 2.4 do Exemplo 2.4, que apresenta números de insetos coletados em armadilhas adesivas de duas cores e sexados, têm-se duas respostas: tipo de armadilha escolhida e sexo do inseto. Note que o total de insetos coletados não é fixado previamente. O interesse, nesse caso, é estudar se não existe associação entre tipo de armadilha escolhida e sexo do inseto (hipótese de independência), condicionado ao total $N = n$.

Na Tabela 2.5 do Exemplo 2.5, que apresenta contagens de plantas segregando para dois caracteres, ciclo (tardio ou precoce) e viriscência (normal ou viriscente), numa progênie da espécie X, fixado um total de 900 plantas, têm-se duas respostas: ciclo e viriscência. Como no exemplo anterior, o interesse é estudar se não existe associação entre as duas respostas (hipótese de independência).

Na Tabela 2.6 do Exemplo 2.6, que apresenta números de tomates sadios e com broca, de acordo com quatro inseticidas aplicados nos tomateiros, têm-se uma variável resposta (fruto sadio ou não) e uma variável explanatória (tipo de inseticida). Note que o total de tomates examinados não é fixado previamente. Nesse caso, o interesse é verificar se a proporção de tomates sadios é a mesma para todos os inseticidas (hipótese de homogeneidade), condicionando ao conhecimento dos totais de tomates examinados para cada inseticida.

De uma forma mais geral, seja, inicialmente, uma tabela de contingência com duas entradas, como mostrado na Tabela 7.31, podendo o total ($y_{..}$) ser fixado previamente ou ser aleatório, o mesmo podendo ocorrer com totais de linhas ($y_{i.}$) ou colunas ($y_{.j}$).

Tabela 7.31 Tabela de contingência com duas entradas

	B				
A	1	2	...	b	
1	y_{11}	y_{12}	...	y_{1b}	$y_{1.}$
2	y_{21}	y_{22}	...	y_{2b}	$y_{2.}$
...	...	...	...	...	...
a	y_{a1}	y_{a2}	...	y_{ab}	$y_{a.}$
	$y_{.1}$	$y_{.2}$	...	$y_{.b}$	$y_{..}$

Três situações, então, podem ocorrer:

(a) *Caso mais simples em que total geral é aleatório*

Considera-se que as variáveis aleatórias Y_{ij} são independentes com distribuição de Poisson de média μ_{ij}, isto é, $Y_{ij} \sim P(\mu_{ij})$. A distribuição conjunta dos Y_{ij} é obtida por

$$f(\mathbf{y}; \boldsymbol{\mu}) = \prod_{i=1}^{a} \prod_{j=1}^{b} \frac{\mu_{ij}^{y_{ij}} \mathrm{e}^{-\mu_{ij}}}{y_{ij}!},$$

em que $\mathrm{E}(Y_{ij}) = \mu_{ij} = y_{..}\pi_{ij}$. A função de ligação canônica para o modelo Poisson é a logarítmica.

(b) *Caso em que o total geral é (condicionalmente) fixo*

Nesse caso, tem-se a soma de variáveis aleatórias independentes com distribuição de Poisson $N = \sum_{i=1}^{a}\sum_{j=1}^{b} Y_{ij} = Y_{..} \sim P(\mu)$, em que $\mu = \sum_{i=1}^{a}\sum_{j=1}^{b} \mu_{ij}$. Portanto, a distribuição conjunta de $(Y_{11}, Y_{12}, \ldots, Y_{a,b}|N = y_{..})$ é obtida por

$$f(\mathbf{y}|N = y_{..}) = \prod_{i=1}^{a}\prod_{j=1}^{b} \frac{\mu_{ij}^{y_{ij}} e^{-\mu_{ij}}}{y_{ij}!} \frac{y_{..}!}{\mu^{y_{..}} \mathrm{e}^{-\mu}} = y_{..}! \prod_{i=1}^{a}\prod_{j=1}^{b} \left(\frac{\mu_{ij}}{\mu}\right)^{y_{ij}} \frac{1}{y_{ij}!} = y_{..}! \prod_{i=1}^{a}\prod_{j=1}^{b} \frac{\pi_{ij}^{y_{ij}}}{y_{ij}!},$$

isto é,

$$(Y_{11}, Y_{12}, \ldots, Y_{a,b}|N = y_{..}) \sim \text{Multinomial}(\pi_{11}, \pi_{12}, \ldots, \pi_{a,b}),$$

em que $0 \leq \pi_{ij} = \frac{\mu_{ij}}{\mu} \leq 1$, $\sum_{i=1}^{a}\sum_{j=1}^{b} \pi_{ij} = 1$ e

$$\mathrm{E}(Y_{ij}) = \mu_{ij} = y_{..}\pi_{ij}. \tag{7.18}$$

Sob a hipótese de independência, $H_0 : \pi_{ij} = \pi_{i.}\pi_{.j}$, a equação (7.18) reduz-se a

$$\mu_{ij} = y_{..}\pi_{i.}\pi_{.j} = \frac{1}{y_{..}}\mu_{i.}\mu_{.j}$$

e, portanto,

$$\log(\mu_{ij}) = \log(y_{..}) + \log(\pi_{i.}) + \log(\pi_{.j}) = \beta + \alpha_i + \gamma_j.$$

Por analogia, com análise de variância, o modelo maximal (nesse caso, saturado) pode ser expresso como

$$\log(\mu_{ij}) = \beta + \alpha_i + \gamma_j + \alpha\gamma_{ij},$$

correspondendo ao modelo $\mu_{ij} = y_{..}\pi_{ij}$. Assim, a hipótese de independência é equivalente à hipótese de não existência de interação, isto é,

$$H_0 : \pi_{ij} = \pi_{i.}\pi_{.j} \Leftrightarrow H_0 : \alpha\gamma_{ij} = 0, \forall i, j.$$

O modelo minimal, nesse caso, é o modelo nulo

$$\log(\mu_{ij}) = \beta,$$

dado que apenas o total geral é fixado.

(c) *Caso em que os totais de linhas (ou colunas) são (condicionalmente) fixos*

A distribuição para cada linha (ou coluna) é multinomial e as linhas (ou colunas) são supostamente independentes. Assumindo, então, totais de linhas fixos, a distribuição conjunta dos $(Y_{11}, Y_{12}, \ldots, Y_{a,b}|Y_{1.} = y_{1.}, \ldots, Y_{a.} = y_{a.})$ é obtida por

$$\begin{aligned} f(\mathbf{y}|Y_{1.} = y_{1.}, \ldots, Y_{a.} = y_{a.}) &= \prod_{i=1}^{a} \frac{y_{i.}!}{\mu_{i.}^{y_{i.}} \mathrm{e}^{-\mu_{i.}}} \prod_{j=1}^{b} \frac{\mu_{ij}^{y_{ij}} \mathrm{e}^{-\mu_{ij}}}{y_{ij}!} \\ &= \prod_{i=1}^{a} y_{i.}! \prod_{j=1}^{b} \left(\frac{\mu_{ij}}{\mu_{i.}}\right)^{y_{ij}} \frac{1}{y_{ij}!} = \prod_{i=1}^{a} y_{i.}! \prod_{j=1}^{b} \frac{\pi_{ij}^{y_{ij}}}{y_{ij}!}, \end{aligned} \tag{7.19}$$

isto é,

$$(Y_{11}, \ldots, Y_{a,b}|Y_{1.} = y_{1.}, Y_{2.} = y_{2.}, \ldots, Y_{a.} = y_{a.}) \sim \text{Produto multinomial}(\pi_{11}, \pi_{12}, \ldots, \pi_{a,b}),$$

em que $0 \leq \pi_{ij} = \frac{\mu_{ij}}{\mu_{i.}} \leq 1$, $\sum_{j=1}^{b} \pi_{ij} = 1$ e

$$\mathrm{E}(Y_{ij}) = \mu_{ij} = y_{i.}\pi_{ij}. \tag{7.20}$$

Sob a hipótese de homogeneidade, $H_0 : \pi_{ij} = \pi_{.j}, \forall j$, a equação (7.20) reduz-se a

$$\mu_{ij} = y_{i.}\pi_{.j} = \frac{1}{y_{..}} y_{i.}\mu_{.j} \Leftrightarrow \frac{\mu_{ij}}{\mu_{.j}} = \frac{1}{y_{..}} y_{i.}$$

e, portanto,

$$\log(\mu_{ij}) = -\log(y_{..}) + \log(y_{i.}) + \log(\mu_{.j}) = \beta + \alpha_i + \gamma_j.$$

Novamente, por analogia com análise de variância, o modelo maximal (saturado) pode ser escrito como

$$\log(\mu_{ij}) = \beta + \alpha_i + \gamma_j + \alpha\gamma_{ij},$$

correspondendo ao modelo com $\mu_{ij} = y_{i.}\pi_{ij}$ Assim, a hipótese de homogeneidade é equivalente à hipótese de não existência de interação, isto é,

$$H_0 : \pi_{ij} = \pi_{.j} \Leftrightarrow H_0 : \alpha\gamma_{ij} = 0, \forall j.$$

O modelo minimal, nesse caso, é

$$\log(\mu_{ij}) = \beta + \alpha_i,$$

dado que os totais marginais de linhas são fixados.

É importante notar que, nos dois últimos casos, os modelos aditivos obtidos sob as hipóteses de nulidade permitem que os totais observados das tabelas sejam reproduzidos. De forma geral, verificou-se que as hipóteses mais comuns para dados dispostos em tabelas de contingência podem ser expressas como modelos multiplicativos para as frequências esperadas das caselas (MCCULLAGH; NELDER, 1989; AGRESTI, 2002; PAULINO; SINGER, 2006) e que a média μ_{ij} é obtida como um produto de outras médias marginais. Assim, uma transformação logarítmica do valor esperado lineariza essa parte do modelo (decorre a terminologia de modelo log-linear). A seguir, serão apresentados alguns casos particulares.

Modelos log-lineares para tabelas 2×2

Considere o caso particular de uma tabela de contingência 2×2, como mostrado na Tabela 7.32, em que os y_{ij} são contagens associadas aos fatores A e B. Tem-se que o total geral da tabela pode ser aleatório (Exemplo 2.4) ou fixo (Exemplo 2.5). Entretanto, em ambos os casos, o interesse está em verificar se existe associação entre os fatores A e B, condicionado ao total $N = y_{..}$.

Tabela 7.32 Tabela 2×2 de contingência

	B		
A	1	2	
1	y_{11}	y_{12}	$y_{1.}$
2	y_{21}	y_{22}	$y_{2.}$
	$y_{.1}$	$y_{.2}$	$y_{..}$

Uma forma de se medir a associação entre dois fatores A e B é por meio da razão de chances. A chance de um evento é expressa pela razão entre a probabilidade de sucesso e a probabilidade de insucesso, isto é, $\frac{\pi}{1-\pi}$, enquanto a razão de chances entre dois eventos é expressa por $\psi = \frac{\pi_2(1-\pi_1)}{\pi_1(1-\pi_2)} = \frac{\mu_{11}\,\mu_{22}}{\mu_{12}\,\mu_{21}}$, que, para a Tabela 7.32, é estimada por

$$\hat{\psi} = \frac{y_{11} \times y_{22}}{y_{12} \times y_{21}}.$$

O interesse está em se saber se as chances são iguais para ambos os eventos, isto é, testar a hipótese $H_0 : \psi = 1$. Isso corresponde ao teste de independência para tabelas de contingência, como será mostrado a seguir. Por outro lado, como já foi mostrado, pode-se usar um modelo log-linear com preditores lineares para o modelo de independência e o modelo saturado.

(i) **Modelo de independência**: representado simbolicamente por $A + B$

Como descrito, o preditor linear para o modelo sob independência dos fatores A e B pode ser expresso por

$$\log(\mu_{ij}) = \beta + \alpha_i + \gamma_j = \lambda + \lambda_i^A + \lambda_j^B, \quad i, j = 1, 2, \tag{7.21}$$

com $\lambda_1^A = \lambda_1^B = 0$, isto é, com preditor linear resumido na Tabela 7.33.

Tabela 7.33 Preditor linear para tabela 2×2 de contingência, sob independência

	B	
A	1	2
1	λ	$\lambda + \lambda_2^B$
2	$\lambda + \lambda_2^A$	$\lambda + \lambda_2^A + \lambda_2^B$

Portanto, sob independência, o logaritmo da razão das chances teórica é igual 0, isto é,

$$\begin{aligned} \log(\psi) &= \log(\mu_{11}) + \log(\mu_{22}) - \log(\mu_{12}) - \log(\mu_{21}) \\ &= (\lambda + \lambda_2^A + \lambda_2^B) + \lambda - (\lambda + \lambda_2^B) - (\lambda + \lambda_2^A) = 0, \end{aligned}$$

e a razão das chances é $\psi = 1$.

A partir do preditor linear dado pela equação (7.21), definem-se a matriz $\mathbf{X}$ e o vetor $\boldsymbol{\beta}$ por

$$\mathbf{X} = \begin{bmatrix} 1 & 0 & 0 \\ 1 & 0 & 1 \\ 1 & 1 & 0 \\ 1 & 1 & 1 \end{bmatrix}, \quad \boldsymbol{\beta} = \begin{bmatrix} \lambda \\ \lambda_2^A \\ \lambda_2^B \end{bmatrix}.$$

Usando-se a equação (3.7), as estimativas de λ, λ_2^A e λ_2^B são obtidas a partir de

$$y_{..} = \hat{\mu}_{..} = e^{\hat{\lambda}} + e^{\hat{\lambda}+\hat{\lambda}_2^A} + e^{\hat{\lambda}+\hat{\lambda}_2^B} + e^{\hat{\lambda}+\hat{\lambda}_2^A+\hat{\lambda}_2^B} = e^{\hat{\lambda}}(1 + e^{\hat{\lambda}_2^A})(1 + e^{\hat{\lambda}_2^B}), \tag{7.22}$$

$$y_{2.} = \hat{\mu}_{2.} = e^{\hat{\lambda}+\hat{\lambda}_2^A} + e^{\hat{\lambda}+\hat{\lambda}_2^A+\hat{\lambda}_2^B} = e^{\hat{\lambda}+\hat{\lambda}_2^A}(1 + e^{\hat{\lambda}_2^B}), \tag{7.23}$$

e

$$y_{.2} = \hat{\mu}_{.2} = e^{\hat{\lambda}+\hat{\lambda}_2^B} + e^{\hat{\lambda}+\hat{\lambda}_2^A+\hat{\lambda}_2^B} = e^{\hat{\lambda}+\hat{\lambda}_2^B}(1 + e^{\hat{\lambda}_2^A}). \tag{7.24}$$

Dividindo-se (7.22) por (7.24), (7.22) por (7.23) e (7.22) pelo produto de (7.23) e (7.24), após algumas operações algébricas, obtêm-se

$$\hat{\lambda} = \log\left(\frac{y_{1.}y_{.1}}{y_{..}}\right), \quad \hat{\lambda}_2^A = \log\left(\frac{y_{2.}}{y_{1.}}\right) \quad \text{e} \quad \hat{\lambda}_2^B = \log\left(\frac{y_{.2}}{y_{.1}}\right).$$

Além disso, a partir de (7.22), tem-se

$$\log y_{..} = \hat{\lambda} + \log\left(1 + \frac{y_{2.}}{y_{1.}}\right) + \log\left(1 + \frac{y_{.2}}{y_{.1}}\right) = \hat{\lambda} + \log\left(\frac{y_{..}}{y_{1.}}\right) + \log\left(\frac{y_{..}}{y_{1.}}\right)$$

implicando em

$$\hat{\lambda} = \log\left(y_{..}\frac{y_{1.}}{y_{..}}\frac{y_{.1}}{y_{..}}\right) = \log\left(\frac{y_{1.}y_{.1}}{y_{..}}\right),$$

isto é,

$$e^{\hat{\lambda}} = \hat{\mu}_{11} = y_{..}\frac{y_{1.}}{y_{..}}\frac{y_{.1}}{y_{..}} = y_{..}\hat{\pi}_{1.}\hat{\pi}_{.1},$$

confirmando a hipótese de independência. De forma semelhante, obtém-se

$$\hat{\mu}_{12} = e^{\hat{\lambda}+\hat{\lambda}_2^B} = e^{\hat{\lambda}}e^{\hat{\lambda}_2^B} = y_{..}\frac{y_{1.}}{y_{..}}\frac{y_{.1}}{y_{..}}\frac{y_{.2}}{y_{.1}} = y_{..}\frac{y_{1.}}{y_{..}}\frac{y_{.2}}{y_{..}} = y_{..}\hat{\pi}_{1.}\hat{\pi}_{.2}.$$

(ii) **Modelo saturado ou de interação**: representado simbolicamente por A*B ≡ A+B+A.B

O preditor linear, nesse caso, é expresso como

$$\log(\mu_{ij}) = \beta + \alpha_i + \gamma_j + \alpha\gamma_{ij} = \lambda + \lambda_i^A + \lambda_j^B + \lambda_{ij}^{AB}, \quad i, j = 1, 2, \tag{7.25}$$

com $\lambda_1^A = \lambda_1^B = \lambda_{1j}^{AB} = \lambda_{i1}^{AB} = 0$, isto é, o preditor linear $\log(\mu_{ij})$ conforme o quadro que se segue

	B	
A	1	2
1	λ	$\lambda + \lambda_2^B$
2	$\lambda + \lambda_2^A$	$\lambda + \lambda_2^A + \lambda_2^B + \lambda_{22}^{AB}$

A partir do preditor linear dado pela equação (7.25), definem-se a matriz $\mathbf{X}$ e o vetor $\boldsymbol{\beta}$ por

$$\mathbf{X} = \begin{bmatrix} 1 & 0 & 0 & 0 \\ 1 & 0 & 1 & 0 \\ 1 & 1 & 0 & 0 \\ 1 & 1 & 1 & 1 \end{bmatrix}, \quad \boldsymbol{\beta} = \begin{bmatrix} \lambda \\ \lambda_2^A \\ \lambda_2^B \\ \lambda_{22}^{AB} \end{bmatrix}.$$

Usando-se a equação (3.7), pode-se mostrar que

$$\hat{\lambda} = \log(y_{11}), \quad \hat{\lambda}_2^A = \log\left(\frac{y_{21}}{y_{11}}\right), \quad \hat{\lambda}_2^B = \log\left(\frac{y_{12}}{y_{11}}\right) \quad \text{e} \quad \hat{\lambda}_{22}^{AB} = \log\left(\frac{y_{22}y_{11}}{y_{12}y_{21}}\right) = \log(\hat{\psi}).$$

Tem-se, portanto, que o logaritmo da razão de chances corresponde ao parâmetro de interação e testar a hipótese $H_0 : \psi = 1 \Rightarrow \log(\psi) = 0$ é o mesmo que testar o efeito da interação no modelo log-linear, isto é, $H_0 : \alpha\gamma_{ij} = 0$.

Exemplo 7.10

Coletas de insetos em armadilhas adesivas

Considere os dados descritos na Tabela 2.4, do Exemplo 2.4, em que os insetos de uma determinada espécie, coletados em armadilhas adesivas de duas cores, são sexados, tendo como objetivo verificar se há influência da cor da armadilha sobre a atração de machos e fêmeas. Tem-se

$$\text{razão de chances observada} = \hat{\psi} = \frac{246 \times 32}{458 \times 17} = 1,01.$$

Na Tabela 7.34, apresentam-se os desvios e as estatísticas X^2 residuais e seus correspondentes números de graus de liberdade (G.L.), considerando-se o modelo log-linear.

Tabela 7.34 Desvios e estatísticas X^2 e correspondentes números de graus de liberdade (G.L.) e níveis descritivos (p) para o número de insetos coletados em armadilhas adesivas, considerando-se o modelo log-linear.

Modelo	G.L.	Desvio	X^2
Cor da armadilha + sexo	1	0,001254	0,001252
Cor da armadilha * sexo	0	0	

Observa-se que existem evidências de que o modelo de independência ajusta-se bem aos dados. Como esperado, o modelo de interação (saturado) tem desvio e estatística X^2 iguais a zero. As estimativas dos parâmetros do modelo saturado (associação) e o modelo de independência estão na Tabela 7.35.

Tabela 7.35 Estimativas e correspondes erros-padrão (e.p.) para os modelos de associação e de efeitos principais (independência)

Parâmetro	Estimativa	e.p.	Estimativa	e.p.
Intercepto	5,505	0,0638	5,505	0,0624
Cor(2)	0,622	0,0790	0,622	0,0764
Sexo(2)	-2,672	0,2508	2,665	0,1478
Cor:Sexo(2)	**0,011**	0,3104		

É importante notar que o modelo saturado reproduz os dados e que o logaritmo da razão de chances ajustada é $\log(\hat{\psi}) = 0,011$, resultando em $\hat{\psi} = \exp(0,011) = 1,01$. Nota-se que, para o modelo de independência, o logaritmo da razão de chances é zero. Pela Tabela 7.34, tem-se que a diferença de desvios é $0,00125$ ($p = 0,9117$), não significativa, isto é, existem evidências para não se rejeitar a hipótese que a razão de chances é igual a 1, isto é, não há associação entre sexo do inseto e preferência por cor de armadilha adesiva. O programa para as análises foi desenvolvido em R e encontra-se no Apêndice B.17.

Modelos log-lineares para tabelas $a \times b$

De uma forma mais geral, seja a tabela de contingência com duas entradas, como mostrado na Tabela 7.31. Assume-se que os níveis de A são combinações de níveis de variáveis explanatórias e que os níveis de B são b categorias de uma variável resposta. A distribuição para cada linha é multinomial e, portanto, com $(b-1)$ categorias independentes, pois $\sum_{j=1}^{b} \pi_{ji} = 1, \forall i$. Como as linhas da Tabela 7.31 são supostamente independentes, a distribuição conjunta dos Y_{ji} é produto multinomial, semelhante à dada pela equação 7.19 com $\pi_{ji} = \frac{\mu_{ji}}{\mu_{j.}}$ e $\mu_{ji} = y_{.i}\pi_{ji}$, sendo que $Y_{ji}|y_{.i} \sim P(\pi_{ji})$. Usando-se reparametrização como foi feito no Exemplo 1.11, têm-se $b-1$ logitos multinomiais

$$\theta_{ji} = \log\left(\frac{\pi_{ji}}{\pi_{1i}}\right) = \log\left(\frac{\mu_{ji}}{\mu_{1i}}\right), j = 2, \ldots, b,$$

usando-se a categoria 1 como referência. Entretanto, não há enhuma restrição real em usar a primeira categoria, desde que

$$\theta_{ji} - \theta_{ki} = \log\left(\frac{\pi_{ji}}{\pi_{1i}}\right) - \log\left(\frac{\pi_{ki}}{\pi_{1i}}\right) = \log\left(\frac{\pi_{ji}}{\pi_{ki}}\right).$$

Tem-se, então, que para a observações multinomiais $\mathbf{y}_i = (y_{1i}, y_{2i}, \ldots, y_{ki})^T$ com variáveis explanatórias $\mathbf{x}_i$ têm-se modelos logísticos multinomiais (AITKIN et al., 2009)

$$\theta_{ji} = \log\left(\frac{\mu_{ji}}{\mu_{1i}}\right) = \mathbf{x}_i^T \boldsymbol{\beta}_j, \tag{7.26}$$

com $j = 2, \ldots, b$ (categorias) and $i = 1, \ldots, a$ (observações).

Logo, as contagens individuais y_{ji} podem ser analisadas, usando-se distribuição Poisson condicionada aos totais marginais de linhas, com preditor linear

$$\log(\mu_{ji}) = \log(\mu_{1i}) + \mathbf{x}_i^T \boldsymbol{\beta}_j = \delta_i + \mathbf{x}_i^T \boldsymbol{\beta}_j,$$

em que $\boldsymbol{\beta}_1 = 0$ and $\delta_i = \log(\mu_{1i})$ são parâmetros de incômodo (*nuisance*).

De forma geral, para o ajuste de dados multinomiais usando-se modelos log-lineares, podem-se seguir os passos

1. incluir um modelo completo para os fatores de classificação para se terem os parâmetros de incômodo (*nuisance*) δ_i e se reproduzirem os totais multinomiais marginais;
2. incluir um fator resposta (b níveis) para reproduzir o padrão geral da resposta; e
3. $\boldsymbol{\beta}_j$ são os coeficientes da *interação* do j-ésimo nível da resposta com as variáveis explanatórias $\mathbf{x}$.

Como vantagens de se usar o modelo Poisson para a análise de dados provenientes de tabelas de contingência, podem ser citadas:

1. um problema multivariado é convertido em um univariado; e
2. *softwares* para modelos log-lineares padrões podem ser usados.

Entretanto,como desvantagens, podem ser citadas

1. requer estimação de muitos parâmetros de incômodo (*nuisance*); e
2. pode ser lento para tabelas de dimensões grandes.

Exemplo 7.11

Pneumoconiose em mineiros de carvão

Os dados da Tabela 7.36 referem-se a números de mineiros classificados por exame radiológico em três categorias de pneumoconiose (normal, média, severa), causada por período de tempo passado em minas de carvão (ASHFORD, 1959).

Tabela 7.36 Número de mineiros de carvão classificados em três categorias de pneumoconiose de acordo com o tempo de exposição (pontos médios do intervalo de classe)

Anos	Normal (n)	Média (m)	Severa (s)	Total (t)
5,8	98	0	0	98
15,0	51	2	1	54
21,5	34	6	3	43
27,5	35	5	8	48
33,5	32	10	9	51
39,5	23	7	8	38
46,0	12	6	10	28
51,5	4	2	5	11
Total	289	38	44	371

Uma análise exploratória das proporções de mineiros com pneumoconiose em cada categoria ($n_i/t_i, m_i/t_i$ e s_i/t_i) versus ano$_i$, em que $t_i = n_i+m_i+s_i$, mostra que a proporção de indivíduos sem pneumoconiose diminui rapidamente com o número de anos de exposição, enquanto as proporções aumentam para as outras duas categorias (Figura 7.12a).

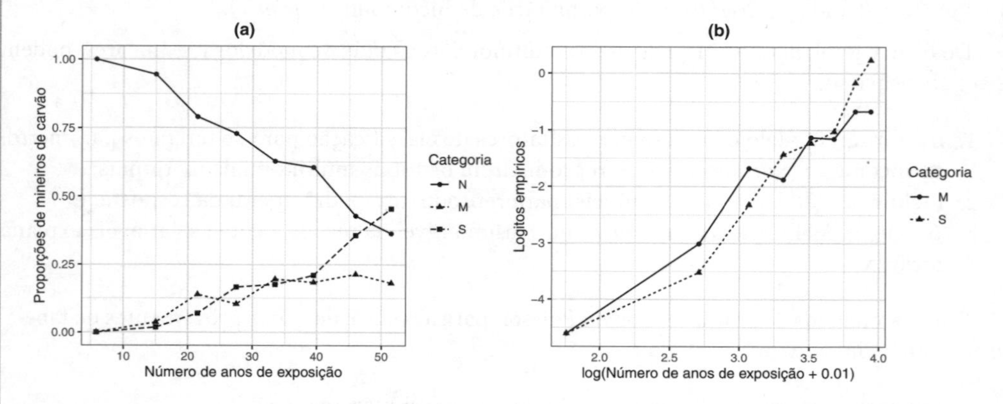

Figura 7.12 (a) Proporções de mineiros de carvão afetados por pneumoconiose normal (sem pneumoconiose), moderada e severa versus tempo de exposição. (b) Logitos empíricos versus logítmo do tempo de exposição, tendo-se como referência a categoria normal.

Usando-se como referência a categoria "normal", podem-se obter os logitos empíricos $\log(m_i/n_i)$, $\log(s_i/n_i)$ que plotados versus $\log(\text{ano}_i)$ indicam uma relação aproximadamente linear (Figura 7.12b). Deseja-se, então, ajustar, simultaneamente, os dois logitos multinomiais,

$$\theta_{2i} = \log\left(\frac{\mu_{2i}}{\mu_{1i}}\right) = \beta_{20} + \beta_{21}\log(\text{ano}_i)$$

$$\theta_{3i} = \log\left(\frac{\mu_{3i}}{\mu_{1i}}\right) = \beta_{30} + \beta_{31}\log(\text{ano}_i),$$

o que pode ser feito usando-se a relação entre a distribuição multinomial e a Poisson, como já descrito. Então, a partir da equação (7.26), tem-se

$$\log(\mu_{2i}) = \log(\mu_{1i}) + \beta_{20} + \beta_{21}\log(\text{ano}_i) = \delta_i + \beta_{20} + \beta_{21}\log(\text{ano}_i);$$

$$\log(\mu_{3i}) = \log(\mu_{1i}) + \beta_{30} + \beta_{31}\log(\text{ano}_i) = \delta_i + \beta_{30} + \beta_{31}\log(\text{ano}_i).$$

Portanto, para ajustar esse modelo, há necessidade de transformar uma observação multinomial em um vetor do tipo

$$\mathbf{y} = (\mathbf{n}^T, \mathbf{m}^T, \mathbf{s}^T)^T$$

com os respectivos vetores para os fatores envolvidos e o fator categoria. Inicialmente, ajusta-se o modelo (minimal) Poisson com categoria e ano como fatores no preditor linear, isto é,

$$\log(\mu_{ji}) = \delta_i + \beta_{j0},$$

em que $\delta_i, i = 1, \ldots, 8$, é o efeito do nível i do fator ano e β_{j0} é o efeito da categoria j. Esse é o modelo nulo multinomial e reproduz os totais marginais da tabela de contingência. Observa-se que existem evidências de que o modelo minimal (independência) não se ajusta (desvio residual de 101,64 com 14 graus de liberdade), o que é confirmado pelo gráfico meio-normal de probabilidades com envelope de simulação (Figura 7.13a).

A seguir, ajusta-se o modelo de Poisson com preditor linear

$$\log(\mu_{ji}) = \delta_i + \beta_{j0} + \beta_{j1}\log(\text{ano}_i),$$

em que $\delta_i, i = 1, \ldots, 8$, é o efeito do nível i do fator ano, β_{j0} é o efeito da categoria j e $\beta_{j1}, j = 2, 3$, é o coeficiente angular para a categoria j, considerando tempo de exposição como variável quantitativa. Verifica-se que existem evidências de bom ajuste (desvio residual de 5,35 com 12 graus de liberdade), o que é confirmado pelo gráfico meio-normal de probabilidades com envelope de simulação (Figura 7.13b).

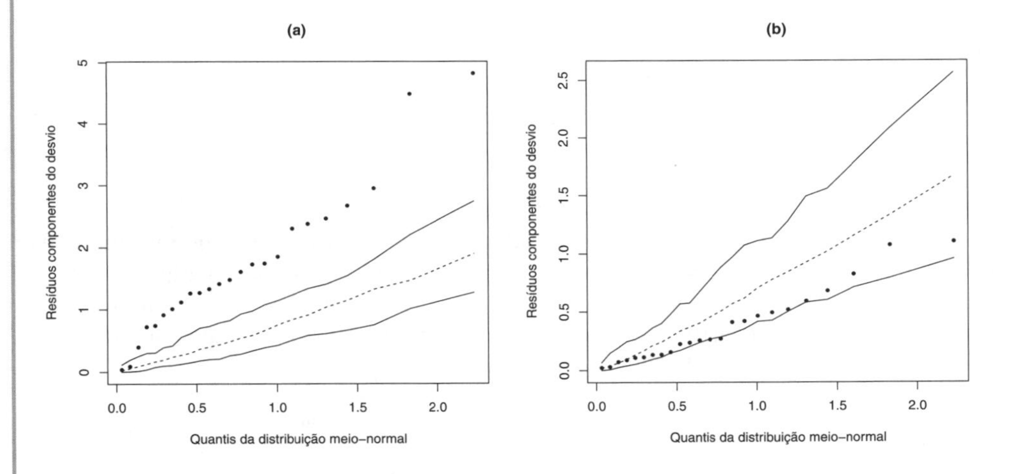

Figura 7.13 Gráfico meio-normal de probabilidades com envelope simulado para (a) o modelo multinomial nulo e (b) o modelo multinomial com associação

A diferença dos desvios entre os modelos considerados é de 96,29, associada a 2 graus de liberdade, mostrando evidência de efeito significativo da associação entre tempo de exposição e severidade da doença.

As equações obtidas para os logitos multinomiais para o modelo nulo, considerando como referência a categoria normal, são dadas por

$$\theta_{2i} = \log\left(\frac{\pi_{2i}}{\pi_{1i}}\right) = -2,029$$

$$\theta_{3i} = \log\left(\frac{\pi_{3i}}{\pi_{1i}}\right) = -1,882,$$

enquanto que as equações das curvas ajustadas são dadas por

$$\begin{aligned} p_{1i} &= \frac{1}{1+\exp(\theta_{2i})+\exp(\theta_{3i})} = \frac{y_{.1}}{y_{..}} = \frac{289}{371} = 0,7790; \\ p_{2i} &= p_{1i}\exp(\theta_{2i}) = \frac{y_{.2}}{y_{..}} = \frac{38}{371} = 0,1024; \\ p_{3i} &= p_{1i}\exp(\theta_{3i}) = \frac{y_{.3}}{y_{..}} = \frac{44}{371} = 0,1186. \end{aligned}$$

As equações obtidas para os logitos multinomiais para o modelo com interação, considerando como referência a categoria normal, são dadas por

$$\begin{aligned} \theta_{2i} = \log\left(\frac{\pi_{2i}}{\pi_{1i}}\right) &= -8,936 + 2,165\log(\text{ano}_i) \\ \theta_{3i} = \log\left(\frac{\pi_{3i}}{\pi_{1i}}\right) &= -11.98 + 3,067\log(\text{ano}_i), \end{aligned}$$

enquanto as equações das curvas ajustadas são dadas por

$$\begin{aligned} p_{1i} &= \frac{1}{1+\exp(\theta_{2i})+\exp(\theta_{3i})}; \\ p_{2i} &= p_{1i}\exp(\theta_{2i}); \\ p_{3i} &= p_{1i}\exp(\theta_{3i}). \end{aligned}$$

A Figura 7.14 apresenta as curvas ajustadas obtidas a partir do modelo multinomial nulo e do modelo com interação. O programa para as análises foi desenvolvido em R e encontra-se no Apêndice B.18. Entretanto, note que para esse ajuste não foi levada em conta a dependência decorrente das categorias ordenadas. Uma modelagem alternativa pode ser vista em Aitkin et al. (2009).

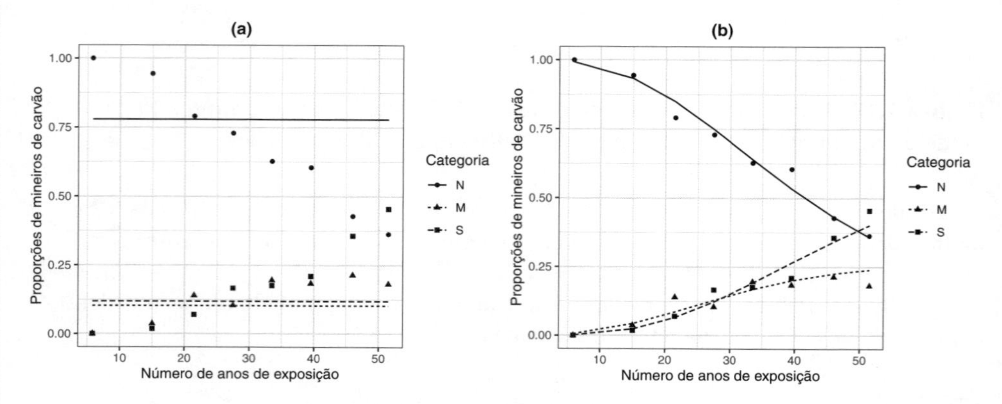

Figura 7.14 Gráfico das curvas ajustadas aos dados de mineiros de carvão para diferentes categorias de pneumoconiose obtidas a partir de (a) modelo nulo multinomial e (b) modelo multinomial com associação.

7.3 EXERCÍCIOS

1. Use o método delta para estimar as doses efetivas θ_p de uma droga correspondente ao valor $100p\%$ da taxa de mortalidade para os modelos probito e complemento-log-log.

2. Calcule a matriz de covariância assintótica das estimativas de máxima verossimilhança de β_0 e β_1 no modelo (7.1), considerando para $g(\cdot)$ as funções de ligação: logito, probito e complemento log-log. Apresente as equações de estimação dos modelos descritos.

3. Apresente as fórmulas da razão de verossimilhanças para construir intervalos de confiança para a dose efetiva θ_p nos modelos logito, probito e complemento log-log.

4. Aranda-Ordaz (1981) propôs o seguinte modelo para representar a probabilidade de sucesso
$$\pi(x) = 1 - (1 + \lambda e^{\beta_0+\beta_1 x})^{-1/\lambda}$$
para $\lambda e^{\beta_0+\beta_1 x} > 1$. Pede-se:

   (a) Estimar os parâmetros β_0, β_1 e λ por máxima verossimilhança.
   (b) Usar o método delta para construir os intervalos de confiança para a dose efetiva θ_p.

APÊNDICE A

Conjuntos de dados

Tabela A1 Medidas de diâmetro a 4,5 pés acima do solo (D, polegadas) e de altura (H, pés) de 31 cerejeiras (*black cherry*) em pé e de volume (V, pés cúbicos) de árvores derrubadas (RYAN; JOINER; JR., 1976, p. 329).

Amostra	D	H	V	Amostra	D	H	V
1	8,3	70	10,3	17	12,9	85	33,8
2	8,6	65	10,3	18	13,3	86	27,4
3	8,8	63	10,2	19	13,7	71	25,7
4	10,5	72	16,4	20	13,8	64	24,9
5	10,7	81	18,8	21	14,0	78	34,5
6	10,8	83	19,7	22	14,2	80	31,7
7	11,0	66	15,6	23	14,5	74	36,3
8	11,0	75	18,2	24	16,0	72	38,3
9	11,1	80	22,6	25	16,3	77	42,6
10	11,2	75	19,9	26	17,3	81	55,4
11	11,3	79	24,2	27	17,5	82	55,7
12	11,4	76	21,0	28	17,9	80	58,3
13	11,4	76	21,4	29	18,0	80	51,5
14	11,7	69	21,3	30	18,0	80	51,0
15	12,0	75	19,1	31	20,6	87	77,0
16	12,9	74	22,2				

Tabela A2 Medidas de diâmetro a 1,30 m do solo (D, centímetros), de altura (H, metros) e de volume (V, metros cúbicos) de árvores de acácia negra (*Acacia mearnsii*) derrubadas em três diferentes povoamentos florestais.

Povoamento florestal: piratini

D	H	V	D	H	V
19,58	19,7	0,27	17,83	18,4	0,22
7,48	14,9	0,03	6,05	11,6	0,02
16,07	18,2	0,16	6,37	12,1	0,02
9,23	15,7	0,06	12,41	16,2	0,09
9,39	11,8	0,05	14,64	17,4	0,13
5,41	12	0,01	10,82	16,2	0,07
8,44	12	0,03	13,37	16,6	0,11
10,19	18,5	0,08	11,46	15,5	0,08
18,94	18,8	0,25	12,41	17,3	0,11
20,37	20,4	0,29	17,83	17,8	0,19
13,21	18,3	0,12	15,44	16,7	0,15
13,69	17,9	0,13	6,68	11,7	0,02
17,51	18,1	0,2	15,6	16,4	0,14
15,92	18,1	0,18	15,6	18,7	0,18
13,85	18	0,13	10,5	14,9	0,06
17,51	17,3	0,18	14,96	18,2	0,15
14,48	18,7	0,16	14,8	18	0,15
8,12	11,9	0,03	9,07	14,3	0,04
10,35	15	0,06	7,8	13,2	0,03
17,19	18,2	0,2	16,07	17,9	0,16
11,46	13,6	0,07	22,12	19,3	0,35
17,51	19,6	0,21	14,96	17,7	0,16
16,07	19,3	0,17	15,44	18,2	0,16
12,57	17,8	0,11	15,28	16	0,14
16,55	18,4	0,2	17,03	18,7	0,22

Povoamento florestal: encruzilhada

D	H	V	D	H	V
19,74	20,2	0,28	12,25	16,5	0,1
15,12	19,1	0,16	13,37	18,9	0,14
12,89	17,3	0,11	13,05	18	0,12
11,62	16,9	0,09	8,91	15,6	0,05
16,55	20,5	0,22	12,41	16,3	0,11
19,1	21,9	0,28	8,75	13,6	0,04
14,32	18,4	0,13	11,3	16,5	0,08
15,12	19,3	0,16	12,41	18	0,11
11,94	16,7	0,09	3,82	7,7	0,01
15,28	19,5	0,18	9,55	14,2	0,06
16,23	18,3	0,17	10,66	15,4	0,07
15,12	19,3	0,16	7,32	11,5	0,03
20,53	19,5	0,33	14,32	17,8	0,15
13,21	18,4	0,12	12,73	17,8	0,11
8,75	14,4	0,04	14,64	18,1	0,13
13,05	18	0,12	12,1	17,2	0,1
16,23	19,6	0,19	14,32	18,8	0,16
12,25	17,9	0,11	17,19	15,7	0,18
7,64	9,9	0,03	17,51	19	0,22
15,44	19,2	0,18	9,39	14	0,05
17,35	19,3	0,22	11,46	17,5	0,1
11,14	15,6	0,07	6,68	11,4	0,02
11,46	17,4	0,09	9,55	15,1	0,06
13,85	18,2	0,14	10,98	15,8	0,08
6,68	10,4	0,02	12,25	16,5	0,1
14,48	17,5	0,14	10,03	15,1	0,06
9,39	14,5	0,05	12,73	17,6	0,12
10,66	13,2	0,05	14,64	17,7	0,16
12,73	15,5	0,1	12,73	18,2	0,12
12,57	15,8	0,11	7,32	11,7	0,03
10,66	15,7	0,07	18,3	19,5	0,24

Povoamento florestal: cristal

D	H	V	D	H	V
12,57	16,45	0,11	12,57	16,6	0,11
7,48	10,2	0,03	10,5	14,5	0,07
5,57	8	0,01	11,62	16,4	0,09
9,55	12,5	0,05	10,66	16,2	0,08
15,76	17,5	0,17	7	12,85	0,03
7,64	12,3	0,03	14,8	18,2	0,16
9,71	13,6	0,05	12,41	18,6	0,11
17,19	17,9	0,22	12,57	17,8	0,12
16,55	17,9	0,19	12,41	17,4	0,1
7,64	11,7	0,03	15,76	18,6	0,19
12,89	15,8	0,11	15,92	18,7	0,19
10,98	16	0,08	17,03	19,1	0,24
12,1	17	0,1	5,89	9,4	0,02
5,89	9,15	0,01	12,42	18,5	0,12
8,91	11,7	0,04	19,26	20,8	0,32
15,44	18,3	0,18	9,23	15	0,04
9,87	14,3	0,05	9,23	15,7	0,06
16,07	19,2	0,19	9,55	13,8	0,05
19,1	21,3	0,27	15,92	19,3	0,18
12,41	17,1	0,11	8,12	11,4	0,03
12,25	15,1	0,08	12,1	17,7	0,1
20,69	19,6	0,33	5,25	8,35	0,01
19,74	16,7	0,23	13,53	18,5	0,13
17,98	18,25	0,23	13,37	19,5	0,13
19,42	19,8	0,29	13,37	19,4	0,16
14,16	17,9	0,14	11,94	18,4	0,12
18,94	19,3	0,25	12,1	13,5	0,1
6,02	10,25	0,02	14,32	18,7	0,15
12,73	17	0,11			

Tabela A3 Dados de assinaturas de TV a cabo: Número de assinantes (em milhares) de TV a cabo (y) em 40 áreas metropolitanas, número de domicílios (em milhares) na área (x_1), renda per capita (em US$) por domicílio com TV a cabo (x_2), taxa de instalação (x_3), custo médio mensal de manutenção (x_4), número de canais a cabo disponíveis na área (x_5) e número de canais não pagos com sinal de boa qualidade disponíveis na área (x_6) (RAMANTHAN, 1993).

y	x_1	x_2	x_3	x_4	x_5	x_6
105,000	350,000	9839	14,95	10,00	16	13
90,000	255,631	10606	15,00	7,50	15	11
14,000	31,000	10455	15,00	7,00	11	9
11,700	34,840	8958	10,00	7,00	22	10
46,000	153,434	11741	25,00	10,00	20	12
11,217	26,621	9378	15,00	7,66	18	8
12,000	18,000	10433	15,00	7,50	12	8
6,428	9,324	10167	15,00	7,00	17	7
20,100	32,000	9218	10,00	5,60	10	8
8,500	28,000	10519	15,00	6,50	6	6
1,600	8,000	10025	17,50	7,50	8	6
1,100	5,000	9714	15,00	8,95	9	9
4,355	15,204	9294	10,00	7,00	7	7
78,910	97,889	9784	24,95	9,49	12	7
19,600	93,000	8173	20,00	7,50	9	7
1,000	3,000	8967	9,95	10,00	13	6
1,650	2,600	10133	25,00	7,55	6	5
13,400	18,284	9361	15,50	6,30	11	5
18,708	55,000	9085	15,00	7,00	16	6
1,352	1,700	10067	20,00	5,60	6	6
170,000	270,000	8908	15,00	8,75	15	5
15,388	46,540	9632	15,00	8,73	9	6
6,555	20,417	8995	5,95	5,95	10	6
40,000	120,000	7787	25,00	6,50	10	5
19,900	46,390	8890	15,00	7,50	9	7
2,450	14,500	8041	9,95	6,25	6	4
3,762	9,500	8605	20,00	6,50	6	5
24,882	81,980	8639	18,00	7,50	8	4
21,187	39,700	8781	20,00	6,00	9	4
3,487	4,113	8551	10,00	6,85	11	4
3,000	8,000	9306	10,00	7,95	9	6
42,100	99,750	8346	9,95	5,73	8	5
20,350	33,379	8803	15,00	7,50	8	4
23,150	35,500	8942	17,50	6,50	8	5
9,866	34,775	8591	15,00	8,25	11	4
42,608	64,840	9163	10,00	6,00	11	6
10,371	30,556	7683	20,00	7,50	8	6
5,164	16,500	7924	14,95	6,95	8	5
31,150	70,515	8454	9,95	7,00	10	4
18,350	42,040	8429	20,00	7,00	6	4

Tabela A4 Números de espécies (Y) de plantas em parcelas com diferentes quantidades de biomassa e solos com diferentes pH (CRAWLEY, 2007).

pH	Biomassa	Y	pH	Biomassa	Y	pH	Biomassa	Y
high	0,469	30	mid	0,176	29	low	0,101	18
high	1,731	39	mid	1,377	30	low	0,139	19
high	2,090	44	mid	2,551	21	low	0,864	15
high	3,926	35	mid	3,000	18	low	1,293	19
high	4,367	25	mid	4,906	13	low	2,469	12
high	5,482	29	mid	5,343	13	low	2,367	11
high	6,685	23	mid	7,700	9	low	2,629	15
high	7,512	18	mid	0,554	24	low	3,252	9
high	8,132	19	mid	1,990	26	low	4,417	3
high	9,572	12	mid	2,913	26	low	4,781	2
high	0,087	39	mid	3,216	20	low	0,050	18
high	1,237	35	mid	4,980	21	low	0,483	19
high	2,532	30	mid	5,659	15	low	0,653	13
high	3,408	30	mid	8,100	8	low	1,555	9
high	4,605	33	mid	0,740	31	low	1,672	8
high	5,368	20	mid	1,527	28	low	2,870	14
high	6,561	26	mid	2,232	18	low	2,511	13
high	7,242	36	mid	3,885	16	low	3,498	4
high	8,504	18	mid	4,627	19	low	3,679	8
high	9,391	7	mid	5,121	20	low	4,832	2
high	0,765	39	mid	8,300	6	low	0,290	17
high	1,176	39	mid	0,511	25	low	0,078	14
high	2,325	34	mid	1,478	23	low	1,429	15
high	3,223	31	mid	2,935	25	low	1,121	17
high	4,136	24	mid	3,505	22	low	1,508	9
high	5,137	25	mid	4,618	15	low	2,326	8
high	6,422	20	mid	5,697	11	low	2,996	12
high	7,066	21	mid	6,093	17	low	3,538	14
high	8,746	12	mid	0,730	24	low	4,365	7
high	9,982	11	mid	1,158	27	low	4,871	3

APÊNDICE B

Programas em R

Neste Apêndice, apresentamos todos os códigos em R para reproduzir as tabelas e figuras do livro. Todos os códigos também estão disponíveis em <https://github.com/rafamoral/LivroGLM>.

B.1 ALGORITMO DE ESTIMAÇÃO, PASSO A PASSO, PARA O EXEMPLO 2.1

```
# Entrando com os dados
d <- c(0.0, 2.6, 3.8, 5.1, 7.7, 10.2) # doses
m <- c(49, 50, 48, 46, 49, 50) # números de insetos que receberam as doses
y <- c(0, 6, 16, 24, 42, 44) # números de insetos mortos

# Modelo binomial -- Y ~ Bin(m, pi) -- com preditor linear
# eta = logit(pi) = beta1 + beta2*dose

# Primeira iteração - beta^{(1)}
y[1] <- .1                  # Para prevenir problemas numéricos
mu <- y                     # mu = y
eta <- log(y/(m-y))         # eta = logit(mu) = logit(y)
vy <- y*(m-y)/m             # V(mu) = (mu/m)*(m - mu) = (y/m)*(m - y)
glinha.y <- m/(y*(m-y))     # g'(mu) = g'(y)
w <- 1/(vy*glinha.y^2)      # w = 1/(V(mu) * g'(mu)^2) = 1/(V(y) * g'(y)^2)
W <- diag(w)                # W = diag(w)
X <- model.matrix(~ d)      # matriz de delineamento

beta <- solve(t(X) %*% W %*% X) %*% t(X) %*% W %*% eta # beta^{(2)}

# Da segunda iteração em diante:
i <- 1
crit <- 1
solucoes <- data.frame(beta)

while(crit > 1e-16 & i < 20) {
  eta <- beta[1] + d*beta[2]                                  # preditor linear
  mu <- m*exp(eta)/(1 + exp(eta))                             # mu
  glinha <- m/(mu*(m-mu))                                     # g'(mu)
  z <- eta + (y - mu)*glinha                                  # z
  vmu <- mu*(m-mu)/m                                          # V(mu)
  w <- 1/(vmu * glinha^2)                                     # w
  W <- diag(w)                                                # W = diag(w)
 beta.novo <- solve(t(X) %*% W %*% X) %*% t(X) %*% W %*% z # beta da próxima iteração
```

```
    i <- i + 1
    crit <- sum(((beta.novo - beta)/beta)^2)          # critério de convergência
    cat("iteracao", i, ": conv =", crit, "\n")
    solucoes <- data.frame(solucoes, beta.novo)
    beta <- beta.novo                                       # atualizando beta
  }

  names(solucoes) <- paste("iter", 1:i, sep = "")

  solucoes # valores dos betas para cada iteração

  # Utilizando o comando glm()
  y[1] <- 0
  glm(cbind(y, m-y) ~ d, family = binomial) # a função de ligação logit é a
  # padrão quando se usa family = binomial
```

B.2 PROGRAMA R PARA OS DADOS DO EXEMPLO 2.5: ROTENONA

```
library(tidyverse)
library(ggplot2)

rotenone <- tibble(dose = c(0,2.6,3.8,5.1,7.7,10.2),
                   y = c(0,6,16,24,42,44),
                   m = c(49,50,48,46,49,50))

# Modelo nulo
fit0 <- glm(cbind(y, m - y) ~ 1, family = binomial, data = rotenone)
gl.0 <- fit0$df.residual
X2.0 <- sum(resid(fit0, type = "pearson")^2)
dev0 <- deviance(fit0)

# Modelo de regressão linear
fit1 <- glm(cbind(y, m - y) ~ dose, family = binomial, data = rotenone)
gl.1 <- fit1$df.residual
X2.1 <- sum(resid(fit1, type = "pearson")^2)
dev1 <- deviance(fit1)

Tabela4.3 <- data.frame("Modelo" = c("Nulo", "Reg. linear"),
                        "g.l." = c(gl.0, gl.1),
                        "Deviance" = c(dev0, dev1),
                        "X2" = c(X2.0, X2.1))

# Valores da Tabela 4.4
anova(fit1, test = "Chisq")

# Figura 4.1
fit1.probit <- update(fit1, family = binomial(link = "probit"))
fit1.cloglog <- update(fit1, family = binomial(link = "cloglog"))

rotenone_pred <- tibble(x = seq(0, 10, length = 30),
                        Logit = predict(fit1, data.frame(dose = x), type = "response"),
```

```
                    Probit = predict(fit1.probit, data.frame(dose = x), type = "response"),
                    `Complemento log-log` = predict(fit1.cloglog, data.frame(dose = x),
                            type = "response"))

pdf("Rotenonefit.pdf", w = 7, h = 5)
rotenone_pred %>%
  pivot_longer(2:4,
             names_to = "Função de ligação",
             values_to = "pred") %>%
  ggplot(aes(x = x, y = pred)) +
  theme_bw() +
  geom_point(data = rotenone, aes(x = dose, y = y/m),
           alpha = .5) +
  geom_line(aes(lty = `Função de ligação`)) +
  xlab("Dose") +
  ylab("Proporção de insetos mortos")
dev.off()
```

B.3 PROGRAMA R PARA OS DADOS DO EXEMPLO 6.1: CEREJEIRAS

```
#########################################################################
## 6.1 Cerejeiras
#########################################################################
require(hnp)

## Fig 6.1 - cerejeiras
data(trees, package = "datasets")
names(trees) <- c("D","H","V")

pdf("trees_disp.pdf", w = 9, h = 6)
par(mfrow=c(2,3), cex.lab = 1.2, cex.axis = 1.2)
plot(V ~ D, trees)
plot(V ~ H, trees)
plot(D ~ H, trees)
plot(log(V) ~ log(D), trees)
plot(log(V) ~ log(H), trees)
plot(log(D) ~ log(H), trees)
dev.off()

## Fig. 6.2
mod1 <- lm(V ~ H + D, data = trees)
mod2 <- lm(log(V) ~ log(H) + log(D), data = trees)
mod3 <- glm(V ~ log(H) + log(D), family = gaussian(link = log), data=trees)

par(mfrow = c(1,3), cex.lab = 1.2)
plot(trees$V, fitted(mod1), main = "M1", xlab = "", ylab = "", pch = 16, cex = .7)
lines(loess.smooth(trees$V, fitted(mod1)))
abline(0, 1, lty = 2)
plot(fitted(mod1), rstudent(mod1), main = "M1", xlab = "", ylab = "",
pch = 16, cex = .7)
lines(loess.smooth(fitted(mod1), rstudent(mod1)))
```

```
abline(h = 0, lty = 2)
hnp(mod1, half = FALSE, xlab = "", ylab = "", main = "M1", resid.type = "student",
pch = 16, cex = .7)

par(mfrow = c(1,3), cex.lab = 1.2)
plot(log(trees$V), fitted(mod2), main = "M2", xlab = "", ylab = "Valores ajustados",
pch = 16, cex = .7)
lines(loess.smooth(log(trees$V), fitted(mod2)))
abline(0, 1, lty = 2)
plot(fitted(mod2), rstudent(mod2), main = "M2", xlab = "", ylab = "Resíduos", pch = 16,
cex = .7)
lines(loess.smooth(fitted(mod2), rstudent(mod2)))
abline(h = 0, lty = 2)
hnp(mod2, half = FALSE, xlab = "", ylab = "Resíduos", main = "M2", resid.type =
"student", pch = 16, cex = .7)

par(mfrow = c(1,3), cex.lab = 1.2)
plot(trees$V, fitted(mod3), main = "M3", xlab = "Valores observados", ylab = "",
pch = 16, cex = .7)
lines(loess.smooth(trees$V, fitted(mod3)))
abline(0, 1, lty = 2)
plot(fitted(mod3), resid(mod3, type = "deviance"), main = "M3", xlab =

"Valores ajustados", ylab = "",
  pch = 16, cex = .7)
lines(loess.smooth(fitted(mod3), resid(mod3, type = "deviance")))
abline(h = 0, lty = 2)
hnp(mod3, half = FALSE, xlab = "Quantis teóricos", ylab = "", main = "M3",
resid.type = "student",  pch = 16, cex = .7)

## Figs. 6.3 e 6.4
m1.hnp <- hnp(mod1, half = FALSE, plot = FALSE, resid.type = "student")
m2.hnp <- hnp(mod2, half = FALSE, plot = FALSE, resid.type = "student")
m3.hnp <- hnp(mod3, half = FALSE, plot = FALSE, resid.type = "student")

pdf("fig63.pdf", w = 9, h = 9)
par(mfrow = c(2,2), cex.lab = 1.4, cex.axis = 1.2)
plot(trees$V, fitted(mod1), main = "", xlab = "Valores observados de volumes",
ylab = "Valores ajustados",
  pch = 16, cex = .7)
text(trees$V[c(2,31)], fitted(mod1)[c(2,31)], c("1,2,3","31"), pos = c(4,1))
lines(loess.smooth(trees$V, fitted(mod1)))
abline(0, 1, lty = 2)
plot(abs(dffits(mod1)), main = "", xlab = "Índices", ylab =
"Valores absolutos de DFFitS", pch = 16, cex = .7,
  ylim = c(0,1.5))
abline(h = 3*sqrt(length(coef(mod1))/nrow(trees)), lty=2)
text(31, abs(dffits(mod1))[31], "31", pos = 1)
plot(m1.hnp, pch = 16, xlab = "Quantis teóricos", ylab = "Resíduos estudentizados")
text(m1.hnp$x[c(1,31)], m1.hnp$residuals[c(1,31)], names(m1.hnp$residuals)[c(1,31)],
pos = 1)
with(trees, boxcox(V ~ H + D, ylab = "log(função de verossimilhança)"))
dev.off()

pdf("fig64.pdf", w = 9, h = 9)
```

```
par(mfrow = c(2,2), cex.lab = 1.4, cex.axis = 1.2)
plot(log(trees$V), fitted(mod2), main = "", xlab =
"log(Valores observados de volumes)",
ylab = "Valores   ajustados", pch = 16, cex = .7)
lines(loess.smooth(log(trees$V), fitted(mod2)))
text(log(trees$V)[c(2,31)], fitted(mod2)[c(2,31)], c("1,2,3","31"), pos = c(4,2))
abline(0, 1, lty = 2)
plot(abs(dffits(mod2)), main = "", xlab = "Índices", ylab =
"Valores absolutos de DFFitS", pch = 16, cex = .7,
  ylim = c(0,1.5))
text(18, abs(dffits(mod2))[18], "18", pos = 1)
abline(h=3*sqrt(length(coef(mod2))/nrow(trees)), lty = 2)
plot(m2.hnp, pch = 16, xlab = "Quantis teóricos", ylab = "Resíduos estudentizados")
text(m2.hnp$x[c(1,31)], m2.hnp$residuals[c(1,31)], names(m2.hnp$residuals)[c(1,31)],
pos = c(1,3))
with(trees, boxcox(log(V) ~ log(H) + log(D), ylab = "log(função de verossimilhança)"))
dev.off()

pdf("fig65.pdf", w = 9, h = 9)
par(mfrow = c(2,2), cex.lab = 1.4, cex.axis = 1.2)
plot(trees$V, fitted(mod3), main = "", xlab = "log(Valores observados de volumes)",
ylab = "Valores ajustados", pch = 16, cex = .7)
lines(loess.smooth(trees$V, fitted(mod3)))
text(trees$V[c(2,31)], fitted(mod3)[c(2,31)], c("1,2,3","31"), pos = c(4,2))
abline(0, 1, lty = 2)
plot(abs(dffits(mod3)), main = "", xlab = "Índices", ylab =
"Valores absolutos de DFFitS", pch = 16, cex = .7, ylim = c(0,1.5))
text(18, abs(dffits(mod3))[18], "18", pos = 1)
abline(h=3*sqrt(length(coef(mod3))/nrow(trees)), lty = 2)
plot(m3.hnp, pch = 16, xlab = "Quantis teóricos", ylab = "Resíduos estudentizados")
text(m3.hnp$x[c(1,31)], m3.hnp$residuals[c(1,31)], names(m3.hnp$residuals)[c(1,31)],
pos = c(1,3))
with(trees, boxcox(log(V) ~ log(H) + log(D), ylab = "log(função de verossimilhança)"))
dev.off()
```

B.4 PROGRAMA R PARA OS DADOS DO EXEMPLO 6.2: GORDURA NO LEITE

```
##########################################################################
## 6.2 Gordura no leite
##########################################################################
library(tidyverse)
library(ggplot2)
require(hnp)

leite <- tibble(gordura = c(0.31,0.39,0.50,0.58,0.59,0.64,0.68,0.66,0.67,0.70,
                  0.72,0.68,0.65,0.64,0.57,0.48,0.46,0.45,0.31,0.33,0.36,0.30,
                      0.26,0.34,0.29,0.31,0.29,0.20,0.15,0.18,0.11,0.07,0.06,
                         0.01,0.01),
                semana = 1:35)
```

```
## Modelo normal para log(gordura)
mod1 <- lm(log(gordura) ~ semana + log(semana), data = leite)
summary(mod1)
anova(mod1)

plot(leite$semana, leite$gordura, xlab = "Semanas", ylim = c(0,.9), type = "n",
     ylab = "Produção de gordura (kg/dia) no leite")
x.grid <- seq(1, 35, length = 100)
lines(x.grid, exp(predict(mod1, data.frame(semana = x.grid))))
points(leite$semana, leite$gordura, pch = 21, bg = "lightgray", cex = .85, data = leite)

hnp(mod1, pch = 16, xlab = "Quantis teóricos", half = FALSE,
    ylab = "Resíduos estudentizados", resid.type = "student")

## Modelo normal com função de ligação logarítmica
mod2 <- glm(gordura ~ semana + log(semana),
            family = gaussian(link = "log"),
            data = leite)
summary(mod2)
anova(mod2, test = "F")

plot(leite$semana, leite$gordura, xlab = "Semanas", ylim=c(0,.9), type = "n",
     ylab = "Produção de gordura (kg/dia) no leite")
x.grid <- seq(1, 35, length = 100)
lines(x.grid, exp(predict(mod2, data.frame(semana = x.grid))))
points(leite$semana, leite$gordura, pch = 21, bg = "lightgray", cex = .85)

dfun <- function(obj) rstudent(obj)
sfun <- function(n, obj) {
  dp <- sqrt(summary(obj)$deviance/summary(obj)$df.residual)
  rnorm(n, obj$fit, dp)
}
ffun <- function(y.) glm(y. ~ semana + log(semana),
                         family = gaussian(link = "log"),
                         start = coef(mod2),
                         data = leite)
hnp(mod2, newclass = TRUE, diagfun=dfun, simfun=sfun, fitfun=ffun,
    pch = 16, xlab = "Quantis teóricos", half = FALSE,
    ylab = "Resíduos estudentizados")

## Gráficos
leite_pred <- tibble(x = seq(1, 35, length = 100),
                     ‘Transformação logarítmica‘ = exp(predict(mod1,
                     data.frame(semana = x))),
                   ‘Ligação logarítmica‘ = predict(mod2, data.frame(semana = x),
                     type = "response"))

pdf("fat.pdf", w = 7, h = 5)
leite_pred %>%
  pivot_longer(2:3,
               names_to = "modelo",
               values_to = "pred") %>%
  ggplot(aes(x = x, y = pred)) +
  theme_bw() +
```

```
  geom_point(data = leite, aes(x = semana, y = gordura),
             alpha = .5) +
  geom_line(aes(lty = modelo)) +
  xlab("Semanas") +
  ylab("Produção de gordura (kg/dia) no leite")
dev.off()

pdf("fat_hnp.pdf", w = 12, h = 6)
par(mfrow = c(1,2), cex.lab = 1.4, cex.axis = 1.2, cex.main = 1.4)
hnp(mod1, pch = 16, xlab = "Quantis teóricos", half = FALSE,
    ylab = "Resíduos estudentizados", resid.type = "student", main = "(a)")
hnp(mod2, newclass = TRUE, diagfun = dfun, simfun = sfun, fitfun = ffun,
    pch = 16, xlab = "Quantis teóricos", half = FALSE,
    ylab = "Resíduos estudentizados", main = "(b)")
dev.off()
```

B.5 PROGRAMA R PARA OS DADOS DO EXEMPLO 6.3: DADOS DE ACÁCIA NEGRA

```
########################################################################
## 6.3 Acácia Negra
########################################################################

require(hnp)
require(tidyverse)
require(gridExtra)

acacia <- read.csv2("dados_volume.csv", header = TRUE)

# análise exploratória
ac1 <- acacia %>%
  ggplot(aes(x = d, y = v)) +
  theme_bw() +
  facet_wrap(~ local) +
  geom_point() +
  xlab("DAP") +
  ylab("Volume de madeira")

ac2 <- acacia %>%
  ggplot(aes(x = h, y = v)) +
  theme_bw() +
  facet_wrap(~ local) +
  geom_point() +
  xlab("Altura") +
  ylab("Volume de madeira")

ac3 <- acacia %>%
  ggplot(aes(x = h, y = d)) +
  theme_bw() +
  facet_wrap(~ local) +
  geom_point() +
```

```
  xlab("Altura") +
  ylab("DAP")

pdf("acacia_exp.pdf", w = 10, h = 10)
grid.arrange(ac1, ac2, ac3)
dev.off()

# ajuste do modelo normal com função de ligação logarítmica
mod_normal <- glm(v ~ local * (log(h) + log(d)),
                  family = gaussian(link = log),
                  data = acacia)

dfun <- function(obj) rstudent(obj)
sfun <- function(n, obj) simulate(obj)$sim_1
ffun <- function(resp) glm(resp ~ local * (log(h) + log(d)),
                           family = gaussian(link = log),
                           data = acacia,
                           start = coef(mod_normal))

set.seed(2022)
hnp_normal <- hnp(mod_normal, newclass = TRUE,
                  diagfun = dfun, simfun = sfun, fitfun = ffun)

# ajuste do modelo normal com função de ligação logarítmica
mod_gama <- glm(v ~ local * (log(h) + log(d)),
                family = Gamma(link = "log"),
                data = acacia)

set.seed(2022)
hnp_gama <- hnp(mod_gama, resid.type = "deviance")

pdf("acacia_hnp.pdf", w = 12, h = 6)
par(mfrow = c(1,2))
plot(hnp_normal, pch = 16, xlab = "Quantis da distribuição meio-normal",
     ylab = "Resíduos estudentizados", main = "(a)")
plot(hnp_gama, pch = 16, xlab = "Quantis da distribuição meio-normal",
     ylab = "Resíduos componentes do desvio", main = "(b)")
dev.off()

# testando interações duplas
drop1(mod_gama, test = "F")

# testando efeitos principais
mod_gama2 <- glm(v ~ local + log(h) + log(d),
                 family = Gamma(link = "log"),
                 data = acacia)
drop1(mod_gama2, test = "F")

# gráficos de diagnósticos
pdf("acacia_diag.pdf", w = 9, h = 9)
par(mfrow = c(2,2))
plot(acacia$v, fitted(mod_normal), main = "Modelo normal", xlab =
"Valores observados",
     ylab = "Valores ajustados", pch = 16, cex = .7)
lines(loess.smooth(acacia$v, fitted(mod_normal)))
```

```
abline(0, 1, lty = 2)
plot(fitted(mod_normal), rstudent(mod_normal), main = "Modelo normal", xlab =
"Valores ajustados",
     ylab = "Resíduos estudentizados", pch = 16, cex = .7)
lines(loess.smooth(fitted(mod_normal), rstudent(mod_normal)))
abline(h = 0, lty = 2)
plot(acacia$v, fitted(mod_gama), main = "Modelo gama", xlab = "Valores observados",
     ylab = "Valores ajustados", pch = 16, cex = .7)
lines(loess.smooth(acacia$v, fitted(mod_gama)))
abline(0, 1, lty = 2)
plot(fitted(mod_gama), resid(mod_gama, type = "deviance"), main = "Modelo gama",
xlab = "Valores ajustados",
     ylab = "Resíduos componentes do desvio", pch = 16, cex = .7)
lines(loess.smooth(fitted(mod_gama), resid(mod_gama, type = "deviance")))
abline(h = 0, lty = 2)
dev.off()
```

B.6 PROGRAMA R PARA OS DADOS DO EXEMPLO 6.4: TEMPOS DE SOBREVIVÊNCIA DE RATOS

```
########################################################################
## 6.4 Sobrevivência de ratos
########################################################################
library(tidyverse)
library(ggplot2)
require(hnp)

rato.dat <- read.table("rato.txt", header = TRUE) %>% as_tibble
rato.dat$tipo <- as.factor(rato.dat$tipo)
rato.dat$trat <- as.factor(rato.dat$trat)

plot(y ~ tipo : trat, rato.dat)

rato.dat <- rato.dat %>%
  mutate(y_inv = 1/y,
         y_3_4 = y^(-3/4))

pdf("Fig-Rato-boxplot.pdf", w = 12, h = 4)
rato.dat %>%
  pivot_longer(c(1,4,5),
               names_to = "transformacao",
               values_to = "y") %>%
  mutate(transformacao = recode_factor(transformacao,
                           "y" = "Y", "y_inv" = "1/Y", "y_3_4" = "Y^(-3/4)")) %>%
  ggplot(aes(y = y, x = tipo : trat)) +
  theme_bw() +
  geom_boxplot() +
  facet_wrap(~ transformacao) +
  xlab("Tipos de venenos e tratamentos") +
  ylab("Tempo de sobrevivência")
```

```
dev.off()

pdf("Fig-Rato-boxcox.pdf", w = 12, h = 4)
par(mfrow = c(1,3), cex.lab = 1.5, cex.axis = 1.3)
boxcox(y ~ tipo * trat, data = rato.dat,
       ylab = "Log(função de verossimilhança)")
title(expression(Y), cex.main = 2.2)
boxcox(1/y ~ tipo * trat, data = rato.dat,
       ylab = "Log(função de verossimilhança)")
title(expression(1/Y), cex.main = 2.2)
boxcox(y^{-3/4} ~ tipo * trat, data = rato.dat,
       ylab = "Log(função de verossimilhança)")
title(expression(Y^{-3/4}), cex.main = 2.2)
dev.off()

## Ajuste dos modelos
mod1 <- lm(y ~ tipo * trat, data = rato.dat)
mod2 <- lm(1/y ~ tipo * trat, data = rato.dat)
mod3 <- lm(y^{-3/4} ~ tipo * trat, data = rato.dat)

m1hnp <- hnp(mod1, half = FALSE)
m2hnp <- hnp(mod2, half = FALSE)
m3hnp <- hnp(mod3, half = FALSE)

pdf("Fig-Rato-todos.pdf", w = 12, h = 12)
par(mfrow = c(3,3), cex = .8, cex.main = 2, cex.lab = 1.5, cex.axis = 1.3)
plot(fitted(mod1) ~ rato.dat$y, xlab = "Valores observados",
     ylab = "Valores ajustados", main = expression(Y))
plot(fitted(mod2) ~ 1/rato.dat$y, xlab = "1/(Valores observados)",
     ylab = "Valores ajustados", main = expression(1/Y))
plot(fitted(mod3) ~ I(rato.dat$y^{-3/4}), xlab = "(Valores observados)^(-3/4)",
     ylab = "Valores ajustados", main = expression(Y^{-3/4}))
plot(rstudent(mod1) ~ fitted(mod1), xlab = "Valores ajustados",
     ylab = "Resíduos"); abline(h = 0, lty = 2)
plot(rstudent(mod2) ~ fitted(mod2), xlab = "Valores ajustados",
     ylab = "Resíduos"); abline(h = 0, lty = 2)
plot(rstudent(mod3) ~ fitted(mod3), xlab = "Valores ajustados",
     ylab = "Resíduos"); abline(h = 0, lty = 2)
plot(m1hnp, pch = 16, xlab = "Resíduos", ylab = "Quantis teóricos", cex = .85)
plot(m2hnp, pch = 16, xlab = "Resíduos", ylab = "Quantis teóricos", cex = .85)
plot(m3hnp, pch = 16, xlab = "Resíduos", ylab = "Quantis teóricos", cex = .85)
dev.off()
```

B.7 PROGRAMA R PARA OS DADOS DO EXEMPLO 6.5: DADOS DE ASSINATURAS DE TV A CABO

```
#########################################################################
## 6.5 Assinaturas de TV a cabo
#########################################################################

require(hnp)
```

```
tvcabo <- read.table("tv-cabo.txt", header = TRUE)
# y = número de assinantes de TV a cabo (em milhares)
# x1 = número de domicílios na área
# x2 = renda per capita por domicílio
# x3 = taxa de instalação
# x4 = custo médio mensal de manutenção
# x5 = número de canais disponíveis
# x6 = número de canais não pagos

# Gráficos de dispersão
pdf("Fig-tv-disp.pdf", w = 9, h = 12)
par(mfrow = c(4,3), cex.main = 2, cex.lab = 1.6, cex.axis = 1.4)
plot(y ~ x1, data = tvcabo, xlab = expression(x[1]))
plot(y ~ x2, data = tvcabo, xlab = expression(x[2]))
plot(y ~ x3, data = tvcabo, xlab = expression(x[3]))
plot(y ~ x4, data = tvcabo, xlab = expression(x[4]))
plot(y ~ x5, data = tvcabo, xlab = expression(x[5]))
plot(y ~ x6, data = tvcabo, xlab = expression(x[6]))
plot(y ~ log(x1), data = tvcabo, xlab = expression(log(x[1])))
plot(y ~ log(x2), data = tvcabo, xlab = expression(log(x[2])))
plot(y ~ log(x3), data = tvcabo, xlab = expression(log(x[3])))
plot(y ~ log(x4), data = tvcabo, xlab = expression(log(x[4])))
plot(y ~ log(x5), data = tvcabo, xlab = expression(log(x[5])))
plot(y ~ log(x6), data = tvcabo, xlab = expression(log(x[6])))
dev.off()

# Potência máxima de Box-Cox
pdf("Fig-tv-boxcox.pdf", w = 6, h = 6)
par(mfrow = c(1,1), cex.lab = 1.6, cex.axis = 1.4)
with(tvcabo, boxcox(y ~ log(x1) + log(x2) + log(x3) + log(x4) + log(x5) + log(x6),
                    ylab = "Log(função de verossimilhança"))
dev.off()

# Modelo M1
m1 <- lm(y ~ log(x1) + log(x2) + log(x3) + log(x4) + log(x5) + log(x6),
         data = tvcabo)
summary(m1)

# Modelo M2
m2 <- lm(log(y) ~ log(x1) + log(x2) + log(x3) + log(x4) + log(x5) + log(x6),
         data = tvcabo)
summary(m2)
dropterm(m2, test = "F")

m2semx3 <- lm(log(y) ~ log(x1) + log(x2) + log(x4) + log(x5) + log(x6),
              data = tvcabo)
summary(m2semx3)

## Gráficos
m2semx3hnp <- hnp(m2semx3, half = F)
xx <- m2semx3hnp$x
names(xx) <- names(m2semx3hnp$residuals)

pdf("Fig-tv-fit.pdf", w = 9, h = 3)
```

```
par(mfrow = c(1,3), cex.lab = 1.5, cex.axis = 1.3, cex.main = 2)
plot(fitted(m2semx3) ~ log(tvcabo$y), xlab = "Log(Valores observados)",
     ylab = "Valores ajustados", main = "(a)", cex = .9)
text(log(tvcabo$y)[c(11,14,26)], fitted(m2semx3)[c(11,14,26)],
     c(11,14,26), cex = 1.2, pos = c(1,1,3))
abline(0, 1, lty = 2)
plot(rstudent(m2semx3) ~ fitted(m2semx3), xlab = "Valores ajustados",
     ylab = "Resíduos", main = "(b)", cex = .9)
text(fitted(m2semx3)[c(11,14,26)], rstudent(m2semx3)[c(11,14,26)],
     c(11,14,26), cex = 1.2, pos = c(3,1,3))
abline(h = 0, lty = 2)
plot(m2semx3hnp, xlab = "Quantis teóricos", ylab = "Resíduos",
     pch = 16, main = "(c)", cex = .9)
text(xx[c("11","14","26")], m2semx3hnp$residuals[c("11","14","26")],
     c(11,14,26), cex = 1.2, pos = c(4,3,1))
dev.off()
```

B.8 PROGRAMA R PARA OS DADOS DO EXEMPLO 7.1: ROTENONA

```
#######################################################################
## 7.1 Rotenone
#######################################################################
library(tidyverse)
library(ggplot2)

rotenone <- data.frame(dose = c(0,2.6,3.8,5.1,7.7,10.2),
                       y = c(0,6,16,24,42,44),
                       m = c(49,50,48,46,49,50))

fit <- glm(cbind(y, m-y) ~ dose, family = binomial, data = rotenone)
# Dose letal 50
(d50 <- - coef(fit)[1]/coef(fit)[2])

# Encontrando a dose letal utilizando o pacote MASS
require(MASS)
(v <- vcov(fit)) # matriz de variâncias e covariâncias

dose.p(fit) ## p=0.5
dose.p(fit, p = 0.9)  ## p=0.9

# Doses LD25, LD50, LD75
dose.p(fit, p = 1:3/4)

# Obtendo os intervalos de confiança para a DL50
source("ic_dose_letal.R")
confint(dose.p(fit))
Fieller(fit)
# gráfico do perfil de deviance
LR_confint(fit, profile = TRUE, xlab = expression(theta))
```

B.9 PROGRAMA R PARA OS DADOS DO EXEMPLO 7.2: CIPERMETRINA

```
##########################################################################
## 7.2 Cipermetrina
##########################################################################
# Collett (1991), página 75
## Pacotes necessários
require(hnp)
require(latticeExtra)

## Função para extrair a estatística X2
X2 <- function(obj) sum(resid(obj, type="pearson")^2)

## Carregando conjunto de dados
cyper <- data.frame(y = c(1,4,9,13,18,20,0,2,6,10,12,16),
                    m = 20,
                    dose = c(1,2,4,8,16,32),
                    sexo = gl(2, 6, labels=c("Macho","Fêmea")))
cyper$ldose <- log(cyper$dose, 2)

## Gráfico exploratório
cyper %>%
  ggplot(aes(x = log(dose, 2), y = y/m)) +
  theme_bw() +
  geom_point(aes(pch = sexo)) +
  geom_line(aes(lty = sexo)) +
  xlab("log(dose)") +
  ylab("Proporção de insetos mortos")

## Ajustando modelos utilizando dose como fator qualitativo
mod1 <- glm(cbind(y, m-y) ~ 1, family = binomial, data = cyper) # constante
mod2 <- glm(cbind(y, m-y) ~ sexo, family = binomial, data = cyper) # sexo
mod3 <- glm(cbind(y, m-y) ~ factor(dose), family = binomial, data = cyper) # dose
mod4 <- glm(cbind(y, m-y) ~ sexo + factor(dose), family = binomial, data = cyper)
# sexo + dose|sexo
mod5 <- glm(cbind(y, m-y) ~ factor(dose) + sexo, family = binomial, data = cyper)
# dose + sexo|dose

## Tabela 7.2
Modelo <- g.l. <- Desvios <- X.2 <- NULL
for(i in 1:4) {
  obj <- get(paste("mod", i, sep = ""))
  Modelo[i] <- as.character(formula(obj))[3]
  g.l.[i] <- obj$df.residual
  Desvios[i] <- deviance(obj)
  X.2[i] <- X2(obj)
}

tabela7.2 <- data.frame(Modelo, g.l., Desvios = round(Desvios, 2),
                       p = round(pchisq(Desvios, g.l., lower = FALSE), 4), X.2 =
                         round(X.2, 2),
                         p. = round(pchisq(X.2, g.l., lower = FALSE), 4))
```

```
tabela7.2

## Tabela 7.3
s.d <- anova(mod4, test = "Chisq")
d.s <- anova(mod5, test = "Chisq")
tabela7.3 <- rbind(rbind(s.d, d.s)[c(2,5,6,3),-(3:4)],
                   c("Df" = s.d[3,3], "Deviance" = s.d[3,4],
                     "Pr(>Chi)" = pchisq(s.d[3,4], s.d[3,3], lower = FALSE)),
                   c("Df" = mod4$df.null, "Deviance" = mod4$null.deviance, NA))
tabela7.3$Deviance <- round(tabela7.3$Deviance, 2)
tabela7.3[,3] <- round(tabela7.3[,3], 4)
row.names(tabela7.3) <- c("Sexo","Sexo|Dose","Dose","Dose|Sexo","Resíduo","Total")
tabela7.3

## Ajustando modelos utilizando dose como fator quantitativo (na escala log)
m1 <- glm(cbind(y, m-y) ~ 1, family = binomial, data = cyper) # modelo nulo
m2 <- glm(cbind(y, m-y) ~ sexo, family = binomial, data = cyper)
# retas paralelas ao eixo x
m3 <- glm(cbind(y, m-y) ~ ldose, family = binomial, data = cyper)
# retas coincidentes
m4 <- glm(cbind(y, m-y) ~ sexo + ldose, family = binomial, data = cyper)
# retas paralelas
m5 <- glm(cbind(y, m-y) ~ ldose / sexo, family = binomial, data = cyper)
# retas com intercepto comum
m6 <- glm(cbind(y, m-y) ~ ldose * sexo, family = binomial, data = cyper)
# retas concorrentes

## Testes para modelos encaixados
anova(m1, m2, m4, m6, test = "Chisq")
anova(m1, m3, m4, m6, test = "Chisq")
anova(m1, m3, m5, m6, test = "Chisq")

## Tabela 7.4
Modelo <- g.l. <- Desvios <- X.2 <- NULL
for(i in c(1,3,4,5,6)) {
  obj <- get(paste("m", i, sep = ""))
  Modelo[i] <- as.character(formula(obj))[3]
  g.l.[i] <- obj$df.residual
  Desvios[i] <- deviance(obj)
  X.2[i] <- X2(obj)
}

tabela7.4 <- data.frame(Modelo, g.l., Desvios = round(Desvios, 2),
                        p = round(pchisq(Desvios, g.l., lower = FALSE), 4),
                        X.2 = round(X.2, 2),
                        p. = round(pchisq(X.2, g.l., lower = FALSE), 4))[-2,]
tabela7.4

## Tabela 7.5
am4 <- anova(m4, test = "Chisq")
tabela7.5 <- rbind(am4[c(2,3),-(3:4)],
                   c("Df" = am4[3,3], "Deviance" = am4[3,4],
                     "Pr(>Chi)" = pchisq(am4[3,4], am4[3,3], lower = FALSE)),
                   c("Df" = mod4$df.null, "Deviance" = mod4$null.deviance, NA))
tabela7.5$Deviance <- round(tabela7.5$Deviance, 2)
```

```
tabela7.5[,3] <- round(tabela7.5[,3], 4)
row.names(tabela7.5) <- c("Sexo","Regressão linear","Resíduo","Total")
tabela7.5

## Doses letais (LD50)
require(MASS)
m4.2 <- glm(cbind(y, m-y) ~ sexo + ldose - 1, family = binomial, data = cyper)
v <- vcov(m4.2)
coefi <- coef(m4.2)

## Utilizando o pacote rootSolve
require(rootSolve)
uniroot.all(males <- function(x, p = 0.5) {
  coefi[1] + coefi[3]*log(x, 2) - log(p/(1-p))
}, c(0, 10))

uniroot.all(females <- function(x, p = 0.5) {
  coefi[2] + coefi[3]*log(x, 2) - log(p/(1-p))
}, c(0, 10))

## Utilizando -beta0/beta1
thetam <- -coefi[1]/coefi[3]
thetaf <- -coefi[2]/coefi[3]
2^thetaf
2^thetam

## Erros-padrões
sqrt(sigma2m <- (v[1,1] + thetam^2*v[3,3] + 2*thetam*v[1,3])/coefi[3]^2) ## fêmea
sqrt(sigma2f <- (v[2,2] + thetaf^2*v[3,3] + 2*thetaf*v[2,3])/coefi[3]^2) ## macho

source("ic_dose_letal.R")
## Método delta
confint(dose.p(m4.2, cf = c(1,3)))
confint(dose.p(m4.2, cf = c(2,3)))
2^confint(dose.p(m4.2, cf = c(1,3)))
2^confint(dose.p(m4.2, cf = c(2,3)))

## Fieller
Fieller(m4.2, cf = c(1,3))
Fieller(m4.2, cf = c(2,3))
2^Fieller(m4.2, cf = c(1,3))
2^Fieller(m4.2, cf = c(2,3))

## Perfil de verossimilhanças
LR_confint(m4.2, cf = c(1,3))
LR_confint(m4.2, cf = c(2,3))
2^LR_confint(m4.2, cf = c(1,3))
2^LR_confint(m4.2, cf = c(2,3))

## Figura 7.1
cyper.pred <- expand.grid(ldose = seq(0, 5, length = 100),
                          sexo = levels(cyper$sexo))
cyper.pred$pred <- predict(m4, cyper.pred, type = "response")

par(mfrow = c(1,2))
```

```
hnp(m4, xlab = "Quantis da distribuição meio-normal",
    ylab = "Resíduos componentes do desvio", main = "(a)", pch = 16, cex = .7)
plot(y/m ~  log(dose, 2), data = cyper, col = 1, main = "(b)",
     pch = rep(16:17, each = 6), xlab = expression(log[2](dose)),
     ylab = "Proporção de insetos mortos", cex = .8)
lines(pred ~ ldose, lwd=2, data=subset(cyper.pred, cyper.pred$sexo=="Macho"))
lines(pred ~ ldose, lwd=2, lty=2, data=subset(cyper.pred, cyper.pred$sexo=="Fêmea"))
legend("bottomright", c("Machos","Fêmeas"), cex=.8,
       pch=16:17, lty=1:2, col=1, inset=.01, bty="n", lwd=1, y.intersp=1.5)
```

B.10 PROGRAMA R PARA OS DADOS DO EXEMPLO 7.3: MORTALIDADE DO BESOURO DA FARINHA

```
#############################################################################
## 7.3 Mortalidade do besouro da farinha
#############################################################################
# Collett(2002) - pág. 103
# Entrada dos dados
tribolium <- data.frame(y = c(3,5,19,19,24,35,2,14,20,27,41,40,28,37,46,48,48,50),
                        m = c(50,49,47,50,49,50,50,49,50,50,50,50,50,50,50,50,50,50),
                        inseticida = gl(3, 6, labels = c("DDT","BHC","mistura")),
                        dose = c(2.00,2.64,3.48,4.59,6.06,8.00))
tribolium$ldose <- log(tribolium$dose)
tribolium$prop <- with(tribolium, y/m)

# Gráficos exploratórios
tribolium %>%
  ggplot(aes(x = dose, y = prop)) +
  theme_bw() +
  geom_point(aes(colour = inseticida)) +
  xlab("Dose") +
  ylab("Proporções de insetos mortos") +
  ggtitle("Usando dose")

tribolium %>%
  ggplot(aes(x = ldose, y = prop)) +
  theme_bw() +
  geom_point(aes(colour = inseticida)) +
  xlab("log(dose)") +
  ylab("Proporções de insetos mortos") +
  ggtitle("Usando log(dose)")

# Ajuste dos modelos usando dose como fator qualitativo (modelo1 -- modelo4)

modelo1 <- glm(cbind(y, m-y) ~ 1, family = binomial, data = tribolium)
modelo2 <- glm(cbind(y, m-y) ~ factor(dose), family = binomial, data = tribolium)
modelo3 <- glm(cbind(y, m-y) ~ inseticida, family = binomial, data = tribolium)
modelo4 <- glm(cbind(y, m-y) ~ factor(dose) + inseticida, family = binomial,
data = tribolium)

deviance(modelo1); pchisq(deviance(modelo1), df.residual(modelo1),
```

```
lower.tail = FALSE)
deviance(modelo2); pchisq(deviance(modelo2), df.residual(modelo2),
lower.tail = FALSE)
deviance(modelo3); pchisq(deviance(modelo3), df.residual(modelo3),
lower.tail = FALSE)
deviance(modelo4); pchisq(deviance(modelo4), df.residual(modelo4),
lower.tail = FALSE)

X2 <- function(obj) sum(resid(obj, type="pearson")^2)
X2(modelo1); pchisq(X2(modelo1), df.residual(modelo1), lower.tail = FALSE)
X2(modelo2); pchisq(X2(modelo2), df.residual(modelo2), lower.tail = FALSE)
X2(modelo3); pchisq(X2(modelo3), df.residual(modelo3), lower.tail = FALSE)
X2(modelo4); pchisq(X2(modelo4), df.residual(modelo4), lower.tail = FALSE)

anova(modelo1, modelo2, modelo4, test="Chisq")
anova(modelo1, modelo3, modelo4, test="Chisq")

# Ajuste dos modelos usando dose como fator quantitativo (mod1 -- mod6)

## Modelo nulo
mod1 <- glm(cbind(y, m-y) ~ 1, family = binomial, data = tribolium)
summary(mod1)
pchisq(deviance(mod1), df.residual(mod1), lower.tail = FALSE)
X2.m1 <- sum(residuals(mod1, "pearson")^2)
pchisq(X2.m1, df.residual(mod1), lower.tail = FALSE)

## Modelo de retas coincidentes
mod2 <- glm(cbind(y, m-y) ~ dose, family = binomial, data=tribolium)
summary(mod2)
pchisq(deviance(mod2), df.residual(mod2), lower.tail = FALSE)
X2.m2 <- sum(residuals(mod2, "pearson")^2)
pchisq(X2.m2, df.residual(mod2), lower.tail = FALSE)

## Modelo de retas paralelas ao eixo x
mod3 <- glm(cbind(y, m-y) ~ inseticida, family = binomial, data = tribolium)
summary(mod3)
pchisq(deviance(mod3), df.residual(mod3), lower.tail = FALSE)
X2.m3 <- sum(residuals(mod3, "pearson")^2)
pchisq(X2.m3, df.residual(mod3), lower.tail = FALSE)

## Modelo de retas paralelas
mod4 <- glm(cbind(y, m-y) ~ inseticida + dose, family = binomial, data = tribolium)
summary(mod4)
pchisq(deviance(mod4), df.residual(mod4), lower.tail = FALSE)
X2.m4 <- sum(residuals(mod4, "pearson")^2)
pchisq(X2.m4, df.residual(mod4), lower.tail = FALSE)
anova(mod4)

## Modelo de retas com intercepto comum
mod5 <- glm(cbind(y, m-y) ~ inseticida : dose, family = binomial, data = tribolium)
summary(mod5)
pchisq(deviance(mod5), df.residual(mod5), lower.tail = FALSE)
X2.m5 <- sum(residuals(mod5, 'pearson')^2)
pchisq(X2.m5, df.residual(mod5), lower.tail = FALSE)
```

```
## Modelo de retas concorrentes
mod6 <- glm(cbind(y, m-y) ~ inseticida * dose, family = binomial, data = tribolium)
summary(mod6)
pchisq(deviance(mod6), df.residual(mod6), lower.tail = FALSE)
X2.m6 <- sum(residuals(mod6, "pearson")^2)
pchisq(X2.m6, df.residual(mod6), lower.tail = FALSE)

## Testes para modelos encaixados
anova(mod1, mod2, mod4, mod6, test = "Chisq")
anova(mod1, mod2, mod5, mod6, test = "Chisq")
anova(mod1, mod3, mod4, mod6, test = "Chisq")

# Ajuste dos modelos usando log(dose) (mod7 -- mod10)

## Modelo de retas coincidentes
mod7 <- glm(cbind(y, m-y) ~ ldose, family = binomial, data = tribolium)
summary(mod7)
deviance(mod7)
pchisq(deviance(mod7), df.residual(mod7), lower.tail = FALSE)
X2(mod7)
pchisq(X2(mod7), df.residual(mod7), lower.tail = FALSE)

## Modelo de retas paralelas
mod8 <- glm(cbind(y, m-y) ~ inseticida + ldose, family = binomial, data = tribolium)
summary(mod8)
deviance(mod8)
pchisq(deviance(mod8), df.residual(mod8), lower.tail = FALSE)
X2(mod8)
pchisq(X2(mod8), df.residual(mod8), lower.tail = FALSE)
anova(mod8, test="Chisq")

## Modelo de retas com intercepto comum
mod9 <- glm(cbind(y, m-y) ~ inseticida : ldose, family = binomial, data = tribolium)
summary(mod9)
deviance(mod9)
pchisq(deviance(mod9), df.residual(mod9), lower.tail = FALSE)
X2(mod9)
pchisq(X2(mod9), df.residual(mod9), lower.tail = FALSE)

## Modelo de retas concorrentes
mod10 <- glm(cbind(y, m-y) ~ inseticida * ldose, family = binomial, data = tribolium)
summary(mod10)
deviance(mod10)
pchisq(deviance(mod10), df.residual(mod10), lower.tail = FALSE)
X2(mod10)
pchisq(X2(mod10), df.residual(mod10), lower.tail = FALSE)

## Testes para modelos encaixados
anova(mod1, mod3, mod8, mod10, test = "Chisq")
anova(mod1, mod7, mod8, mod10, test = "Chisq")
anova(mod1, mod7, mod9, mod10, test = "Chisq")

# Half-normal plots com envelope de simulação
require(hnp)
hnp(mod1, print = TRUE)
```

```
hnp(mod2, print = TRUE)
hnp(mod3, print = TRUE)
hnp(mod4, print = TRUE)
hnp(mod5, print = TRUE)
hnp(mod6, print = TRUE)
hnp(mod7, print = TRUE)
hnp(mod8, print = TRUE)
hnp(mod9, print = TRUE)
hnp(mod10, print = TRUE)

## Valores preditos

pred <- expand.grid(dose = seq(2, 8, length = 30),
                    inseticida = levels(tribolium$inseticida))
predlog <- expand.grid(ldose = log(seq(2, 8, length = 30)),
                       inseticida = levels(tribolium$inseticida))

pred$pi <- predict(mod4, pred, type = "response")
predlog$pi <- predict(mod8, predlog, type = "response")

## Curvas
par(mfrow = c(1,2))
hnp(mod8, xlab = "Quantis da distribuição meio-normal",
    ylab = "Resíduos componentes do desvio", main = "(a)", pch = 16, cex = .7)
plot(prop ~ ldose, data = tribolium, col = 1, cex = .8, main = "(b)",
     xlab = "log(dose)", ylab = "Proporções de insetos mortos",
     pch = rep(c(16,1,17), each = 6))
lines(pi ~ ldose, data = subset(predlog, predlog$inseticida == "DDT"), lwd = 2)
lines(pi ~ ldose, data = subset(predlog, predlog$inseticida == "BHC"), lty = 3,
lwd = 2)
lines(pi ~ ldose, data = subset(predlog, predlog$inseticida == "mistura"), lty = 4,
lwd = 2)
legend("bottomright", c("DDT","BHC","Mistura"), col = 1, pch = c(16,1,17),
       cex = .8, inset = .01, bty = "n", lty = c(1,3,4), y.intersp = 1.5)

# Agrupando DDT e BHC
levels(tribolium$inseticida)
tribolium$inseticida2 <- tribolium$inseticida
levels(tribolium$inseticida2) <- c(1, 1, 2)

mod11 <- glm(cbind(y, m-y) ~ inseticida2 + ldose, family = binomial, data = tribolium)
anova(mod11, mod8, test = "Chisq")

##### Doses letais e intervalos de confiança

## Doses letais
mod8b <- glm(cbind(y, m-y) ~ inseticida + ldose - 1, family = binomial,
data = tribolium)
coefi <- coef(mod8b)
dl_DDT <- -coefi[1]/coefi[4]
dl_BHC <- -coefi[2]/coefi[4]
dl_mistura <- -coefi[3]/coefi[4]
exp(dl_DDT)
exp(dl_BHC)
exp(dl_mistura)
```

```
source("ic_dose_letal.R")
## Método delta
mod8b <- glm(cbind(y, m-y) ~ inseticida + ldose - 1, family = binomial,
data = tribolium)
coef(mod8b)
confint(dose.p(mod8b, cf = c(1,4)))
confint(dose.p(mod8b, cf = c(2,4)))
confint(dose.p(mod8b, cf = c(3,4)))
exp(confint(dose.p(mod8b, cf = c(1,4))))
exp(confint(dose.p(mod8b, cf = c(2,4))))
exp(confint(dose.p(mod8b, cf = c(3,4))))

## Método de Fieller
Fieller(mod8b, cf = c(1,4))
Fieller(mod8b, cf = c(2,4))
Fieller(mod8b, cf = c(3,4))
exp(Fieller(mod8b, cf = c(1,4)))
exp(Fieller(mod8b, cf = c(2,4)))
exp(Fieller(mod8b, cf = c(3,4)))

## Perfil de verossimilhanças
par(mfrow=c(1,3))
LR_confint(mod8b, cf = c(1,4), profile = TRUE)
LR_confint(mod8b, cf = c(2,4), profile = TRUE)
LR_confint(mod8b, cf = c(3,4), profile = TRUE)
exp(LR_confint(mod8b, cf = c(1,4)))
exp(LR_confint(mod8b, cf = c(2,4)))
exp(LR_confint(mod8b, cf = c(3,4)))
```

B.11 PROGRAMA R PARA OS DADOS DO EXEMPLO 7.4: PROPORÇÕES DE GEMAS FLORAIS DE MACIEIRAS

```
########################################################################
## 7.4 Proporções de gemas florais de macieiras
########################################################################
## Pacotes necessários
require(hnp)
X2 <- function(obj) sum(resid(obj, type="pearson")^2)

## Entrada dos dados
gema <- data.frame(variedade = gl(3, 5, labels = c("Crispin","Cox",
"Golden Delicious")),
                   frutos = 0:4,
            total.gemas = c(69,93,147,149,151,34,92,133,146,111,21,89,118,124,81),
                  gemas.florais = c(42,43,59,57,43,12,15,18,14,9,6,20,20,21,4))
gema$proporcao <- with(gema, gemas.florais/total.gemas)

resp <- with(gema, cbind(gemas.florais, total.gemas-gemas.florais))

## Gráficos exploratórios
```

```
gema %>%
  ggplot(aes(x = frutos, y = proporcao)) +
  theme_bw() +
  geom_point(aes(pch = variedade)) +
  geom_line(aes(lty = variedade)) +
  xlab("Número de frutos") +
  ylab("Proporção de gemas florais")

## Ajustes dos modelos
m1 <- glm(resp ~ 1, family = binomial, data = gema)
deviance(m1)
pchisq(deviance(m1), df.residual(m1), lower.tail = FALSE)
X2(m1)
pchisq(X2(m1), df.residual(m1), lower.tail = FALSE)

m2 <- glm(resp ~ frutos, family = binomial, data = gema)
deviance(m2)
pchisq(deviance(m2), df.residual(m2), lower.tail = FALSE)
X2(m2)
pchisq(X2(m2), df.residual(m2), lower.tail = FALSE)

m3 <- glm(resp ~ variedade, family = binomial, data = gema)
deviance(m3)
pchisq(deviance(m3), df.residual(m3), lower.tail = FALSE)
X2(m3)
pchisq(X2(m3), df.residual(m3), lower.tail = FALSE)

m4 <- glm(resp ~ frutos / variedade, family = binomial, data = gema)
deviance(m4)
pchisq(deviance(m4), df.residual(m4), lower.tail = FALSE)
X2(m4)
pchisq(X2(m4), df.residual(m4), lower.tail = FALSE)

m5 <- glm(resp ~ frutos + variedade, family = binomial, data = gema)
deviance(m5)
pchisq(deviance(m5), df.residual(m5), lower.tail = FALSE)
X2(m5)
pchisq(X2(m5), df.residual(m5), lower.tail = FALSE)

m6 <- glm(resp ~ frutos * variedade, family = binomial, data = gema)
deviance(m6)
pchisq(deviance(m6), df.residual(m6), lower.tail = FALSE)
X2(m6)
pchisq(X2(m6), df.residual(m6), lower.tail = FALSE)

## Testes para modelos encaixados
anova(m1, m2, m4, m6, test = "Chisq")
anova(m1, m2, m5, m6, test = "Chisq")
anova(m1, m3, m5, m6, test = "Chisq")

## Half-normal plots
hnp(m1, print = TRUE)
hnp(m2, print = TRUE)
hnp(m3, print = TRUE)
hnp(m4, print = TRUE)
```

```
hnp(m5, print = TRUE)
hnp(m6, print = TRUE)

## Curvas preditas
gema.pred <- expand.grid(frutos = seq(0, 4, length = 100),
                         variedade = levels(gema$variedade))
gema.pred$pred <- predict(m5, gema.pred, type = "response")

gema %>%
  ggplot(aes(x = frutos, y = proporcao)) +
  theme_bw() +
  geom_point(aes(pch = variedade)) +
  geom_line(data = gema.pred, aes(y = pred, lty = variedade)) +
  xlab("Número de frutos") +
  ylab("Proporção de gemas florais")

## Testando diferença entre Cox e Golden Delicious
gema$variedade2 <- gema$variedade
levels(gema$variedade2) <- c(1,2,2)
m5.2 <- glm(resp ~ variedade2 + frutos, family = binomial, data = gema)
anova(m5.2, m5, test = "Chisq")
anova(m5.2, test = "Chisq")
hnp(m5.2, print = TRUE)
coef(update(m5.2, . ~ . - 1))

## Novas curvas preditas
gema.pred2 <- expand.grid(frutos = seq(0, 4, length = 100),
                          variedade2 = levels(gema$variedade2))
gema.pred2$pred <- predict(m5.2, gema.pred2, type = "response")

gema %>%
  ggplot(aes(x = frutos, y = proporcao)) +
  theme_bw() +
  geom_point(aes(pch = variedade2)) +
  geom_line(data = gema.pred2, aes(y = pred, lty = variedade2)) +
  xlab("Número de frutos") +
  ylab("Proporção de gemas florais")

# Gráficos do livro
par(mfrow=c(1,2))
hnp(m5, xlab="Quantis da distribuição meio-normal", ylab=
"Resíduos componentes do desvio",
  main="(a)", pch=16, cex=.7)
plot(proporcao ~ frutos, data=gema, pch=rep(16:18, each=5), cex=.9, ylim=c(0,.7),
     xlab="Número de frutos", ylab="Proporção de gemas florais", main="(b)")
legend(2,.72, c("Crispin","Cox","Golden Delicious"), inset=.01,
       bty="n", col=1, lwd=2, lty=1:3, pch=16:18, y.intersp=1.5, cex=.8)
lines(pred ~ frutos, data=subset(gema.pred, gema.pred$variedade=="Crispin"),
      col=1, lwd=2, lty=1)
lines(pred ~ frutos, data=subset(gema.pred, gema.pred$variedade=="Cox"),
      col=1, lwd=2, lty=2)
lines(pred ~ frutos, data=subset(gema.pred, gema.pred$variedade==
"Golden Delicious"),
      col=1, lwd=2, lty=3)
```

```
par(mfrow=c(1,2))
hnp(m5.2, xlab="Quantis da distribuição meio-normal", ylab=
"Resíduos componentes do desvio",
  main="(a)", pch=16, cex=.7)
plot(proporcao ~ frutos, data=gema, pch=rep(16:18, each=5), cex=.9, ylim=c(0,.7),
     xlab="Número de frutos", ylab="Proporção de gemas florais", main="(b)")
legend(2,.72, c("Crispin","Cox","Golden Delicious"), inset=.01,
       bty="n", col=1, lwd=2, lty=c(1,2,2), pch=16:18, y.intersp=1.5, cex=.8)
lines(pred ~ frutos, data=subset(gema.pred2, gema.pred2$variedade=="1"),
      col=1, lwd=2, lty=1)
lines(pred ~ frutos, data=subset(gema.pred2, gema.pred2$variedade=="2"),
      col=1, lwd=2, lty=2)
```

B.12 PROGRAMA R PARA OS DADOS DO EXEMPLO 7.5: CULTURA DE TECIDOS DE MACIEIRAS

```
######################################################################
## 7.5 Cultura de tecidos de macieiras
######################################################################
## Entrada dos dados
cult <- data.frame(tipo = gl(2, 90, labels = c("BAP","TDZ")),
                   nivel = gl(3, 30, labels = c("5.0","1.0","0.1")),
                   auxina = gl(3, 10, labels = c("NAA","IBA","2-4D")),
                   bloco = gl(10, 1),
                   regen = c(1,1,0,0,1,0,1,0,1,1,
                             0,1,1,1,1,1,0,1,1,1,
                             1,1,1,1,1,1,1,0,0,1,
                             0,0,0,0,0,0,0,0,0,0,
                             1,1,1,0,0,1,1,0,1,1,
                             1,0,1,1,0,1,1,1,1,1,
                             0,0,1,1,1,0,1,0,0,0,
                             0,0,0,1,1,1,1,0,1,0,
                             0,0,1,1,1,1,1,0,1,1,
                             1,1,1,1,1,0,1,1,1,1,
                             1,1,1,1,1,1,1,1,1,1,
                             1,0,1,1,1,1,1,1,1,1,
                             1,1,1,1,1,1,1,1,1,1,
                             1,1,1,1,1,1,1,1,1,1,
                             1,1,1,1,1,1,1,1,1,0,
                             1,1,1,1,1,1,1,0,1,1,
                             1,1,1,1,1,1,0,1,1,1,
                             0,0,1,0,1,1,1,1,1,1))

## Ajuste dos modelos

m1 <- glm(regen ~ 1, family = binomial, data = cult)
m2 <- glm(regen ~ bloco, family = binomial, data = cult)
m3 <- glm(regen ~ bloco + tipo, family = binomial, data = cult)
m4 <- glm(regen ~ bloco + nivel, family = binomial, data = cult)
m5 <- glm(regen ~ bloco + auxina, family = binomial, data = cult)
m6 <- glm(regen ~ bloco + tipo + nivel, family = binomial, data = cult)
```

```
m7 <- glm(regen ~ bloco + tipo + auxina, family = binomial, data = cult)
m8 <- glm(regen ~ bloco + nivel + auxina, family = binomial, data = cult)
m9 <- glm(regen ~ bloco + tipo * nivel, family = binomial, data = cult)
m10 <- glm(regen ~ bloco + tipo * auxina, family = binomial, data = cult)
m11 <- glm(regen ~ bloco + nivel * auxina, family = binomial, data = cult)
m12 <- glm(regen ~ bloco + tipo * nivel + auxina, family = binomial, data = cult)
m13 <- glm(regen ~ bloco + tipo * auxina + nivel, family = binomial, data = cult)
m14 <- glm(regen ~ bloco + nivel * auxina + tipo, family = binomial, data = cult)
m15 <- glm(regen ~ bloco + tipo * nivel + tipo * auxina, family = binomial,
data = cult)
m16 <- glm(regen ~ bloco + tipo * nivel + nivel * auxina, family = binomial,
data = cult)
m17 <- glm(regen ~ bloco + nivel * auxina + tipo * auxina, family = binomial,
data = cult)
m18 <- glm(regen ~ bloco + (nivel + tipo + auxina)^2, family = binomial, data = cult)
m19 <- glm(regen ~ bloco + tipo * nivel * auxina, family = binomial, data = cult)

## g.l., desvios e X^2 (Tabela 7.16)
cv <- g.l. <- Desvios <- X2 <- NULL
for(i in 1:19) {
  modelo <- get(paste("m", i, sep = ""))
  cv[i] <- as.character(formula(modelo))[3]
  g.l.[i] <- modelo$df.residual
  Desvios[i] <- round(deviance(modelo), 2)
  X2[i] <- round(sum(resid(modelo, type = "pearson")^2),1)
}

tabela7.16 <- data.frame(cv, g.l., Desvios, X2)
tabela7.16

## Análises de desvios
anova(m19, test = "Chisq")
anova(m10, test = "Chisq")

## Análise de resíduos
require(hnp)
hnp(m10, xlab = "Quantis da distribuição meio-normal",
    ylab = "Resíduos componentes do desvio", pch = 16, cex = .7)
```

B.13 PROGRAMA R PARA OS DADOS DO EXEMPLO 7.6: TOXICIDADE A DISSULFETO DE CARBONO GASOSO

```
##########################################################################
## 7.6 Toxicidade a dissulfeto de carbono gasoso
##########################################################################
# Pacotes necessários
require(hnp)

# Entrada dos dados
# Collett (1991), página 109
```

```
y <- c(2,4,7,6,9,9,14,14,23,29,29,24,29,32,29,31)
m <- c(29,30,30,30,28,34,27,29,30,33,31,28,30,32,29,31)
dose <- rep(c(49.06,52.99,56.91,60.84,64.76,68.69,72.61,76.54), each = 2)

plot(y/m ~ dose, xlab = "Dose", ylab = "Proporção de insetos mortos")
resp <- cbind(y, m-y)

## Função de ligação logística
## regressão quadrática + desvios de regressão
modl <- glm(resp ~ poly(dose, 2) + factor(dose), family = binomial)
anova(modl, test="Chisq")

## Modelo nulo
mod1l <- glm(resp ~ 1, family = binomial)
pchisq(deviance(mod1l), df.residual(mod1l), lower.tail = FALSE)
print(sum(residuals(mod1l, 'pearson')^2)) # estatística X2

## Modelo linear
mod2l <- glm(resp ~ dose, family = binomial)
pchisq(deviance(mod2l), df.residual(mod2l), lower.tail = FALSE)
print(sum(residuals(mod2l, 'pearson')^2))

## Modelo quadrático
mod3l <- glm(resp ~ poly(dose, 2), family = binomial)
pchisq(deviance(mod3l), df.residual(mod3l), lower.tail = FALSE)
print(sum(residuals(mod3l, 'pearson')^2))

## Considerando dose como fator qualitativo
mod4l <- glm(resp ~ factor(dose), family = binomial)
pchisq(deviance(mod4l), df.residual(mod4l), lower.tail = FALSE)
print(sum(residuals(mod4l, 'pearson')^2))

## Testes para modelos encaixados
anova(mod1l, mod2l, mod3l, mod4l, test = "Chisq")

## Teste para função de ligação
LP2 <- predict(mod2l)^2
mod5l <- update(mod2l , . ~ . + LP2, family = binomial)
anova(mod5l, test="Chisq")

## Cálculo da concentração letal para o modelo logístico
coef_logistico <- coef(glm(resp ~ dose + I(dose^2), family = binomial))
round(polyroot(coef_logistico)[2], 4) ## CL50
coef_logistico2 <- coef_logistico
coef_logistico2[1] <- coef_logistico2[1] - qlogis(.9)
round(polyroot(coef_logistico2)[2], 4) ## CL90

## Função de ligação complemento log-log
modc <- glm(resp ~ poly(dose, 2) + factor(dose),
            family = binomial(link = "cloglog"))
anova(modc, test="Chisq")

## Modelo nulo
mod1c <- glm(resp ~ 1, family = binomial(link = "cloglog"))
pchisq(deviance(mod1c), df.residual(mod1c), lower.tail = FALSE)
```

```
print(sum(residuals(mod1c, 'pearson')^2))

## Modelo linear
mod2c <- glm(resp ~ dose, family = binomial(link = "cloglog"))
pchisq(deviance(mod2c), df.residual(mod2c), lower.tail = FALSE)
print(sum(residuals(mod2c, 'pearson')^2))

## Modelo quadrático
mod3c <- glm(resp ~ poly(dose,2), family=binomial(link = "cloglog"))
pchisq(deviance(mod3c), df.residual(mod3c), lower.tail = FALSE)
print(sum(residuals(mod3c, 'pearson')^2))

## Considerando dose como fator qualitativo
mod4c <- glm(resp ~ factor(dose), family=binomial(link = "cloglog"))
pchisq(deviance(mod4c), df.residual(mod4c), lower.tail = FALSE)
print(sum(residuals(mod4c, 'pearson')^2))

## Testando modelos encaixados
anova(mod1c, mod2c, mod3c, mod4c, test = "Chisq")

pdf("cs2_hnp_ambos.pdf", w = 12, h = 6)
par(mfrow = c(1,2))
hnp(mod3l, xlab = "Quantis da distribuição meio-normal",
    ylab = "Resíduos componentes do desvio", main = "(a)",
    pch = 16, cex = .7, cex.axis = 1.2, cex.lab = 1.4, cex.main = 1.6)
hnp(mod2c, xlab = "Quantis da distribuição meio-normal",
    ylab = "Resíduos componentes do desvio", main = "(b)",
    pch = 16, cex = .7, cex.axis = 1.2, cex.lab = 1.4, cex.main = 1.6)
dev.off()

## Cálculo da concentração letal para o modelo complemento log-log
dose.p(mod2c, p = c(.5, .9))

## Teste para função de ligação
LP2c <- predict(mod2c)^2
mod5c <- update(mod2c, . ~ . + LP2c, family = binomial(link = "cloglog"))
anova(mod5c, test="Chisq")

## Curvas ajustadas
pred <- expand.grid(dose = seq(49, 77, 0.1))
pred$plogit <- predict(mod3l, pred, type = "response")
pred$pcloglog <- predict(mod2c, pred, type = "response")

dados <- tibble(y = y,
                m = m,
                dose = dose)
names(pred)[2:3] <- c("logística","complemento log-log")

pdf("CS2_curvas_ajustadas.pdf", w = 6, h = 4)
dados %>%
  ggplot(aes(x = dose, y = y/m)) +
  theme_bw() +
  geom_point(alpha = .5) +
  geom_line(data = pred %>%
              pivot_longer(cols = 2:3,
```

```
                         names_to = "Função de ligação",
                         values_to = "pred"),
            aes(y = pred, lty = 'Função de ligação')) +
    xlab("Concentração de dissulfeto de carbono gasoso") +
    ylab("Proporção de insetos mortos")
```

B.14 PROGRAMA R PARA OS DADOS DO EXEMPLO 7.7: ARMAZENAMENTO DE MICROORGANISMOS

```
########################################################################
## 7.7 Armazenamento de microorganismos
########################################################################
# Pacotes necessários
require(hnp)

# Entrada dos dados
bac <- data.frame(tempo = c(0,1,2,6,12),
                  contagem = c(31,26,19,15,20))

fit <- glm(contagem ~ log(tempo + .1), family = poisson, data = bac)

x <- seq(0, 12, length = 100)
pred <- predict(fit, data.frame(tempo = x), type = "response")

par(mfrow = c(1,2))
hnp(fit, xlab = "Quantis da distribuição meio-normal", ylab =
"Resíduos componentes do desvio",
  main = "(a)", pch = 16, cex = .7)
plot(contagem ~ tempo, data = bac, xlab = "Tempo (meses)", ylab = "Contagens",
     main = "(b)", pch = 16, cex = .8)
lines(x, pred)

## Ajustes
X2 <- function(obj) sum(resid(obj, type = "pearson")^2)

mod1 <- glm(contagem ~ 1, family = poisson, data = bac)
deviance(mod1)
pchisq(deviance(mod1), df.residual(mod1), lower.tail = FALSE)
X2(mod1)
pchisq(X2(mod1), df.residual(mod1), lower.tail = FALSE)

mod2 <- glm(contagem ~ log(tempo + .1), family = poisson, data = bac)
deviance(mod2)
pchisq(deviance(mod2), df.residual(mod2), lower.tail = FALSE)
X2(mod2)
pchisq(X2(mod2), df.residual(mod2), lower.tail = FALSE)

anova(mod2, test = "Chisq")
```

B.15 PROGRAMA R PARA OS DADOS DO EXEMPLO 7.8: NÚMERO DE BROTOS EM UM ESTUDO DE MICROPROPAGAÇÃO DE MACIEIRAS

```
########################################################################
## 7.8 Número de brotos em um estudo de micropropagação de macieiras
########################################################################
micro.dat <- read.table("microprop.dat", header = TRUE)
for(j in 3:4) micro.dat[[j]] <- as.factor(micro.dat[[j]])

mod1 <- glm(Brotos ~ Meio * Hormonio, family = poisson, data = micro.dat)
1 - pchisq(deviance(mod1), df.residual(mod1))
anova(mod1, test="Chisq")

mod2 <- update(mod1, . ~ . + Erecip)
1 - pchisq(deviance(mod2), df.residual(mod2))
anova(mod1, mod2, test="Chisq")

require(hnp)
m1hnp <- hnp(mod1)
m2hnp <- hnp(mod2)

pdf("Fig-brotos-hnp.pdf", w = 6, h = 6)
plot(m2hnp, xlab = "Quantis da distribuição meio-normal", cex.lab = 1.5,
cex.axis = 1.3,
     ylab = "Resíduos componentes do desvio", main = "", pch = 16, cex = .7)
dev.off()
```

B.16 PROGRAMA R PARA OS DADOS DO EXEMPLO 7.9: NÚMERO DE ESPÉCIES DE PLANTAS

```
########################################################################
## 7.9 Número de espécies de plantas
########################################################################
species <- read.table("especies.txt", header = TRUE)
levels(species$pH) <- c("Alto","Baixo","Médio")

spp <- with(species, split(Species, pH))
bio <- with(species, split(Biomass, pH))

species %>%
  ggplot(aes(x = Biomass, y = Species)) +
  theme_bw() +
  geom_point(aes(colour = pH)) +
  xlab("Biomassa") +
  ylab("Número de espécies")

model1 <- glm(Species ~ pH * Biomass, family = poisson, data = species)
```

```
deviance(model1)
pchisq(deviance(model1), df.residual(model1), lower.tail = FALSE)
model2 <- glm(Species ~ pH + Biomass, family = poisson, data = species)
deviance(model2)
pchisq(deviance(model2), df.residual(model2), lower.tail = FALSE)
model3 <- glm(Species ~ Biomass, family = poisson, data = species)
deviance(model3)
model4 <- glm(Species ~ 1, family = poisson, data = species)
deviance(model4)
anova(model4, model3, model2, model1, test = "Chisq")

anova(model1, test = "Chisq")
coef(update(model1, . ~ . - 1 - Biomass))

require(hnp)

par(mfrow = c(1,2), cex.axis = .8, cex.lab = .8)
hnp(model1, xlab = "Quantis da distribuição meio-normal",
    ylab = "Resíduos componentes do desvio", main = "(a)", pch = 16, cex = .7)
with(species, plot(Biomass, Species, type = "n", xlab = "Biomassa",
                   ylab = "Número de espécies", main = "(b)"))
with(species, points(bio[[1]], spp[[1]], pch = 16, cex = .8))
with(species, points(bio[[2]], spp[[2]], pch = 17, cex = .8))
with(species, points(bio[[3]], spp[[3]], pch = 1, cex = .8))
legend("topright", c("Alto","Médio", "Baixo"), pch = c(16,1,17), bty = "n",
       col = 1, cex = .7, inset = .01, lty = c(1,2,4), lwd = 2, y.intersp = 1.5)
bio.x1 <- seq(0.087, 9.982, length = 30)
lines(bio.x1, predict(model1, data.frame(Biomass = bio.x1, pH = factor("Alto")),
                      type = "response"), lwd = 2)
bio.x2 <- seq(0.176, 8.3, length = 30)
lines(bio.x2, predict(model1, data.frame(Biomass = bio.x2, pH = factor("Médio")),
                      type = "response"), lty = 2, lwd = 2)
bio.x3 <- seq(0.05, 4.871, length = 30)
lines(bio.x3, predict(model1, data.frame(Biomass = bio.x3, pH = factor("Baixo")),
                      type = "response"), lty = 4, lwd = 2)
```

B.17 PROGRAMA R PARA OS DADOS DO EXEMPLO 7.10: COLETA DE INSETOS EM ARMADILHAS ADESIVAS

```
########################################################################
## 7.10 Coleta de insetos em armadilhas adesivas
########################################################################
y <- c(246, 17, 458, 32)
armcor <- factor(c(1, 1, 2, 2))
sexo <- factor(c(1, 2, 1, 2))

count.dat <- data.frame(armcor, sexo, y)

# razão de chances observada
246*32/(17*458)
```

```
# ajuste do modelo loglinear
mod1 <- glm(y ~ armcor * sexo, family = poisson)
print(sum(residuals(mod1, 'pearson')^2))
anova(mod1, test = "Chisq")
summary(mod1)

# Note que este modelo reproduz os dados
# Também a razão de chances ajustada na escala log é 0.01098
exp(mod1$coef[4])

# A interação não é significativa, então não podemos rejeitar
# a hipótese de que a razão de chances é 1, isto é,
# cor de armadilha e sexo são independentes.

# Ajustando o modelo adequado -- mais simples
mod2 <- glm(y ~ armcor + sexo, family = poisson)
print(sum(residuals(mod1, 'pearson')^2))
anova(mod2, test = "Chisq")
1-pchisq(deviance(mod2), df.residual(mod2))
summary(mod2)
```

B.18 PROGRAMA R PARA OS DADOS DO EXEMPLO 7.11: PNEUMOCONIOSE EM MINEIROS DE CARVÃO

```
########################################################################
## 7.11 Pneumoconiose em mineiros de carvão
########################################################################
miners <- scan("Miners.dat", what = list(N = 0, M = 0, S = 0)) %>% as_tibble

miners <- miners %>%
  mutate(MS = M + S,
         Total = N + M + S,
         Ano_fator = factor(1:8),
         Ano = c(5.8,15,21.5,27.5,33.5,39.5,46,51.5))

miners_long <- miners %>%
  pivot_longer(1:3,
               names_to = "Categoria",
               values_to = "Contagens") %>%
  mutate(Categoria = factor(Categoria, levels = c("N","M","S")))

plot1 <- miners_long %>%
  ggplot(aes(x = Ano, y = Contagens/Total)) +
  theme_bw() +
  geom_point(aes(pch = Categoria)) +
  geom_line(aes(lty = Categoria)) +
  xlab("Número de anos de exposição") +
  ylab("Proporções de mineiros de carvão") +
  ggtitle("(a)") +
  theme(plot.title = element_text(hjust = 0.5, face = "bold"))
```

```
plot2 <- miners %>%
  pivot_longer(2:3,
               names_to = "Categoria",
               values_to = "Contagens") %>%
  ggplot(aes(x = log(Ano), y = log(Contagens/N + .01))) +
  theme_bw() +
  geom_point(aes(pch = Categoria)) +
  geom_line(aes(lty = Categoria)) +
  xlab("log(Número de anos de exposição + 0.01)") +
  ylab("Logitos empíricos") +
  ggtitle("(b)") +
  theme(plot.title = element_text(hjust = 0.5, face = "bold"))

library(gridExtra)
pdf("Fig_mineiros_exploratorio.pdf", w = 10, h = 4)
grid.arrange(plot1, plot2, ncol = 2)
dev.off()

# modelo nulo multinomial (reproduz totais marginais de ano e categoria)
mod1 <- glm(Contagens ~ Ano_fator + Categoria,
            family = poisson,
            data = miners_long) # mod indep.
summary(mod1)

mod2 <- glm(Contagens ~ Ano_fator + Categoria * log(Ano),
            family = poisson,
            data = miners_long)
anova(mod1, mod2, test = "Chisq")
summary(mod2)

library(hnp)
set.seed(1234)
hnp1 <- hnp(mod1)
hnp2 <- hnp(mod2)

pdf("mineiros_hnp.pdf", w = 12, h = 6)
par(mfrow = c(1,2))
plot(hnp1, xlab = "Quantis da distribuição meio-normal",
    ylab = "Resíduos componentes do desvio", main = "(a)", pch = 16, cex = .7)
plot(hnp2, xlab = "Quantis da distribuição meio-normal",
     ylab = "Resíduos componentes do desvio", main = "(b)", pch = 16, cex = .7)
dev.off()

## curvas preditas
miners_long$pred1 <- predict(mod1, type = "response")/miners_long$Total
miners_long$pred2 <- predict(mod2, type = "response")/miners_long$Total

plot1_pred <- miners_long %>%
  ggplot(aes(x = Ano, y = Contagens/Total)) +
  theme_bw() +
  geom_point(aes(pch = Categoria)) +
  geom_line(aes(y = pred1, lty = Categoria)) +
  xlab("Número de anos de exposição") +
  ylab("Proporções de mineiros de carvão") +
  ggtitle("(a) Modelo nulo multinomial") +
```

```
  theme(plot.title = element_text(hjust = 0.5, face = "bold"))

plot2_pred <- miners_long %>%
  ggplot(aes(x = Ano, y = Contagens/Total)) +
  theme_bw() +
  geom_point(aes(pch = Categoria)) +
  geom_line(aes(y = pred2, lty = Categoria)) +
  xlab("Número de anos de exposição") +
  ylab("Proporções de mineiros de carvão") +
  ggtitle("(b) Modelo com interação") +
  theme(plot.title = element_text(hjust = 0.5, face = "bold"))

library(gridExtra)
pdf("Fig_mineiros_predito.pdf", w = 10, h = 4)
grid.arrange(plot1_pred, plot2_pred, ncol = 2)
dev.off()
```

Referências

AGRESTI, A. *Categorical Data Analysis.* 2nd. ed. New York: John Wiley & Sons, 2002.

AITKIN, M. et al. *Statistical modelling in R.* Oxford: Oxford University Press, 2009.

AKAIKE, H. A new look at the statistical model identification. *IEEE Trans. Auto Cntl AC-19,* v. 6, p. 716–723, 1974.

ANDREWS, D. F.; PREGIBON, D. Finding the outliers that matter. *Journal of the Royal Statistical Society B,* v. 40, p. 87–93, 1978.

ANSCOMBE, F. J. Contribution to the discussion of h. hotelling's paper. *J. R. Statist. Soc. B,* v. 15, p. 229–230, 1953.

ANSCOMBE, F. J. Normal likelihood functions. *Ann. Inst. Statist. Math.,* v. 16, p. 1–19, 1964.

ARANDA-ORDAZ, F. On the families of transformations to additivity for binary response data. *Biometrika,* v. 68, p. 357–363, 1981.

ASHFORD, J. A. An approach to the analysis of data for semi-quantal responses in biological assay. *Biometrics,* v. 15, p. 573–581, 1959.

ASHTON, W. D. *The Logit Transformation with Special Reference to its Uses in Bioassay.* London: Griffin, 1972.

ATKINSON, A. C. Robustness, transformations and two graphical displays for outlying and influential observations in regression. *Biometrika,* v. 68, p. 13–20, 1981.

ATKINSON, A. C. *Transformations and Regression.* Oxford: Oxford University Press, 1985.

ATKINSON, A. C. et al. *Model Checking.* London: Imperial College, 1989.

ATKINSON, A. C.; RIANI, M. *Robust diagnostic regression analysis.* [S.l.]: Springer, 2000.

BARNDORFF-NIELSEN, O. E. *Information and exponencial families in statistical theory.* New York: John Wiley & Sons, 1978.

BELSLEY, D. A.; KUH, E.; WELSCH, R. E. *Regression diagnostics: identifying influential data and sources of collinearity.* New York: John Wiley, 1980.

BERKSON, J. Application of the logistic function to bioassay. *J. R. Statist. Soc. B,* v. 39, p. 357–365, 1944.

BIRCH, M. W. Maximum likelihood in three-way contingency tables. *J. R. Statist. Soc. B,* v. 25, p. 220–233, 1963.

BLISS, C. I. The calculator of the dosage-mortality curve. *Ann. Appl. Biol.,* v. 22, p. 134–167, 1935.

BOX, G. E. P.; COX, D. R. An analysis of transformation. *J. R. Statist. Soc. B,* v. 26, p. 211–252, 1964.

BOX, G. E. P.; TIDWELL, P. W. Transformations of the independent variables. *Technometrics,* v. 4, p. 531–550, 1962.

BUSE, A. The likelihood ratio, wald and lagrange multiplier tests: An expository note. *The American Statistician,* v. 36, p. 153–157, 1982.

COLLET, D. *Modelling binary data.* 2nd. ed. London: Chapman and Hall, 2002.

COOK, R. D. Assessment of local influence. *Journal of the Royal Statistical Society Series B*, v. 48, p. 133–169, 1986.

COOK, R. D.; WEISBERG, S. *Residuals and influence in regression.* London: Chapman and Hall, 1982.

CORDEIRO, G. M. Improved likelihood ratio statistics for generalized linear models. *J. Roy. Statist. Soc. B*, v. 45, p. 401–413, 1983.

CORDEIRO, G. M. *Modelos lineares generalizados.* UNICAMP: VII SINAPE, 1986.

CORDEIRO, G. M. On the corrections to the likelihood ratio statistics. *Biometrika*, v. 74, p. 265–274, 1987.

CORDEIRO, G. M. Bartlett corrections and bias correction for two heteroscedastic regression models. *Communications in Statistics, Theory and Methods*, v. 22, p. 169–188, 1993.

CORDEIRO, G. M. Performance of a bartlett-type modification for the deviance. *Journal of Statistical Computation and Simulation*, v. 51, p. 385–403, 1995.

CORDEIRO, G. M. *Introdução à teoria assintótica.* IMPA: 22° Colóquio Brasileiro de Matemática, 1999.

CORDEIRO, G. M. Corrected likelihood ratio tests in symmetric nonlinear regression models. *Journal of Statistical Computation and Simulation*, v. 74, p. 609–620, 2004.

CORDEIRO, G. M. On pearson's residuals in generalized linear models. *Statistics and Probability Letters*, v. 66, p. 213–219, 2004.

CORDEIRO, G. M. Second-order covariance matrix of maximum likelihood estimates in generalized linear models. *Statistics and Probability Letters*, v. 66, p. 153–160, 2004.

CORDEIRO, G. M.; BARROSO, L. P. A third-order bias corrected estimate in generalized linear models. *Test*, v. 16, p. 76–89, 2007.

CORDEIRO, G. M. et al. Bartlett corrections for one-parameter exponential family models. *Journal of Statistical Computation and Simulation*, v. 53, p. 211–231, 1995.

CORDEIRO, G. M.; MCCULLAGH, P. Bias correction in generalized linear models. *J. Roy. Statist. Soc. B*, v. 53, p. 629–643, 1991.

COX, D. R. *Analysis of binary data.* London: Chapman and Hall, 1970.

COX, D. R. Regression models and life tables (with discussion). *J. R. Statist. Soc. B*, v. 74, p. 187–220, 1972.

COX, D. R.; HINKLEY, D. V. *Theoretical Statistics.* Cambridge: University Press, 1986.

COX, D. R.; SNELL, E. J. A general definition of residual (with discussion). *J. R. Statist. Soc. B*, v. 30, p. 248–275, 1968.

CRAWLEY, M. J. *The R Book.* Sussex: John Wiley, 2007.

DAVISON, A. C. *Statistical Models.* Cambridge: Cambridge University Press, 2008.

DEMÉTRIO, C. G. B. *Modelos Lineares Generalizados em Experimentação Agronômica.* Piracicaba: ESALQ/USP, 2001.

DEMÉTRIO, C. G. B.; HINDE, J.; MORAL, R. A. Models for overdispersed data in entomology. In: FERREIRA, C. P.; GODOY, W. A. C. (Ed.). *Ecological models applied to entomology.* [S.l.]: Springer, 2014. p. 219–259.

DEY, D. K.; GELFAND, A. E.; PENG, F. Overdispersion generalized linear models. *Journal of Statistical Planning and Inference*, v. 68, p. 93–107, 1997.

DOBSON, A. J.; BARNETT, A. G. *An Introduction to Generalized Linear Models.* 3rd. ed. London: Chapman & Hall/CRC, 2008.

DUNN, K. P.; SMYTH, G. K. Randomized quantile residuals. *Journal of Computational and Graphical Statistics*, v. 5, p. 1–10, 1996.

DYKE, G. V.; PATTERSON, H. D. Analysis of factorial arrangements when the data are proportions. *Biometrics*, v. 8, p. 1–12, 1952.

FAHRMEIR, L.; KAUFMANN, H. Consistency and asymptotic normality of the maximum likelihood estimator in generalized linear models. *The Annals of Statistics*, v. 13, p. 342–368, 1985.

FAHRMEIR, L.; TUTZ, G. *Multivariate Statistical Modelling based on Generalized Linear Models.* New York: Springer-Verlag, 1994.

FEIGL, P.; ZELEN, M. Estimation of exponential survival probabilities with concomitant information. *Biometrics*, v. 21, p. 826–838, 1965.

FIRTH, D. Generalized linear models. In: HINKLEY, D.; REID, N.; SNELL, E. (Ed.). *Statistical Theory and Modelling.* [S.l.]: Chapman & Hall, 1991. p. 55–82.

FISHER, R. A. On the mathematical foundations of theoretical statistics. *Philosophical Transactions of the Royal Society*, v. 222, p. 309–368, 1922.

FISHER, R. A. The case of zero survivors (appendix to bliss, c.i. (1935)). *Ann. Appl. Biol.*, v. 22, p. 164–165, 1935.

FISHER, R. A.; YATES, F. *Statistical Tables for Biological, Agricultural and Medical Research.* Edinburgh: Oliver and Boyd, 1970.

FRANCIS, B.; GREEN, M.; PAYNE, C. *The GLIM system generalized linear iteractive modelling.* Oxford: Oxford University Press, 1993.

GASSER, M. Exponential survival with covariance. *Journal of the American Statistical Association*, v. 62, p. 561–568, 1967.

GELFAND, A. E.; DALAL, S. R. A note on overdispersed exponencial families. *Biometrika*, v. 77, p. 55–64, 1990.

HABERMAN, S. *The general log-linear model. PhD dissertation.* Chicago, Illinois: Univ. of Chicago Press, 1970.

HABERMAN, S. *The analysis of frequence data.* Chicago, Illinois: Univ. of Chicago Press, 1974.

HABERMAN, S. *Analysis of quantitative data.* New York: Academic Press, 1978. v. 1.

HARDIN, J. W.; HILBE, J. M. *Generalized Linear Models and Extensions.* 2nd. ed. Texas: Stata, 2007.

HINDE, J.; DEMÉTRIO, C. G. B. *Overdispersion: Models and Estimation.* São Paulo: XIII SINAPE, 1998.

HINDE, J.; DEMÉTRIO, C. G. B. Overdispersion: Models and estimation. *Computational Statistics and Data Analysis*, v. 27, p. 151–170, 1998.

HYNDMAN, R.; ATHANASOPOULOS, G. *Forecasting: Principles and practice.* 3rd. ed. [S.l.]: OTexts, 2018.

JUDGE, G. G. et al. *The theory and practice of Econometrics.* New York: John Wiley & Sons, 1985.

JøRGENSEN, B. Exponencial dispersion models (with discussion). *J. R. Statist. Soc. B*, v. 49, p. 127–162, 1987.

JøRGENSEN, B. Generalized linear models. *Encyclopedia of Environmetrics*, 2013.

LARSEN, W. A.; MCCLEARY, S. J. The use of partial residual plots in regression analysis. *Technometrics*, v. 14, p. 781–790, 1972.

LEE, Y.; NELDER, J. A.; PAWITAN, Y. *Generalized Linear Models with Random Effects. Unified Analysis via H-likelihood.* London: Chapman & Hall/CRC, 2006.

MALLOWS, C. L. *Choosing a subset regression.* Los Angeles: Presented at Annual A.S.A. Meetings, 1966.

MANTEL, N.; HAENSZEL, W. Statistical aspects of the analysis of data from retrospective studies of disease. *J. Nat. Cancer Inst.*, v. 22, p. 719–748, 1959.

MARTIN, J. T. The problem of the evaluation of rotenone-containing plants. vi: The toxicity of 1-elliptone and of poisons applied jointly, with further observations on the rotenone equivalent method of assessing the toxicity of derris root. *Annals of Applied Biology*, v. 29, p. 69–81, 1942.

MCCULLAGH, P.; NELDER, J. A. *Generalized Linear Models.* 2nd. ed. London: Chapman and Hall, 1989.

MCCULLOCH, C. E.; SEARLE, S. R. *Generalized, Linear, and Mixed Models.* New York: John Wiley & Sons, 2000.

MENDENHALL, P.; SCHEAFFER, R. L.; WACKERLY, D. D. *Mathematical Statistics with Applications.* Boston: Duxbury, 1981.

MOLENBERGHS, G.; VERBEKE, G. *Models for discrete longitudinal data.* New York: Springer-Verlag, 2005.

MORAL, R. A.; HINDE, J.; DEMÉTRIO, C. G. B. Half-normal plots and overdispersed models in r: the hnp package. *Journal of Statistical Software*, v. 81, p. 1–23, 2017.

MORGAN, C. N. *Analysis of Quantal Response Data.* London: Chapman and Hall, 1992.

MORRIS, C. N. Natural exponential families with quadratic variance functions: statistical theory. *Annals of Statistics*, v. 11, p. 515–529, 1982.

MYERS, R. H.; MONTGOMERY, D. C.; VINING, G. G. *Generalized Linear Models: With Applications in Engineering and the Sciences.* New York: John Willey, 2010.

NELDER, J. A. Inverse polynomials, a useful group of multifactor response functions. *Biometrics*, v. 22, p. 128–141, 1966.

NELDER, J. A.; PREGIBON, D. An extended quasi-likelihood function. *Biometrika*, v. 74, p. 221–232, 1987.

NELDER, J. A.; WEDDERBURN, R. W. M. Generalized linear models. *Journal of the Royal Statistical Society, A*, v. 135, p. 370–384, 1972.

NETO, S. S. et al. *Manual de Ecologia dos Insetos.* São Paulo: Ed. Agronômica 'Ceres', 1976.

PAULA, G. A. *Modelos de Regressão com Apoio Computacional.* São Paulo: IME/USP, 2004.

PAULINO, C. D.; SINGER, J. M. *Análise de dados categorizados.* São Paulo: Editora Edgard Blücher, 2006.

PHELPS, K. Use of the complementary log-log function to describe dose response relationship in inseticide evaluation field trials. In: *GLIM 82: Proceedings of the International Conference on Generalized Linear Models. Lecture notes in Statistics.* New York: Springer-Verlag, 1982. v. 14, p. 155–163.

PIERCE, D. A.; SCHAFER, D. W. Residual in generalized linear models. *Journal of the American Statistical Association*, v. 81, p. 977–986, 1986.

PREGIBON, D. *Data analytic methods for generalized linear models. PhD Thesis.* Toronto: University of Toronto, 1979.

PREGIBON, D. Goodness of link tests for generalized linear models. *Appl. Statist.*, v. 29, p. 15–24, 1980.

PREGIBON, D. Logistic regression diagnostics. *Annals of Statistics*, v. 9, p. 705–724, 1981.

R Core Team. *R: A Language and Environment for Statistical Computing*. Vienna, Austria, 2021. Disponível em <https://www.R-project.org/>.

RAMANTHAN, R. *Statistical methods in econometrics*. New York: Academic Press, 1993.

RAO, C. R. *Linear statistical inference and its applications*. New York: John Wiley, 1973.

RASCH, G. *Probabilistic Models for Some Intelligence and Attainment Tests*. Copenhagen: Danmarks Paedogogiske Institut, 1960.

RIDOUT, M. S. *Using Generalized Linear Models to Analyze Data from Agricultural, and Horticultural Experiments*. Piracicaba (não publicado): Departamento de Matemática e Estatística da ESALQ/USP, 1990.

RIDOUT, M. S.; DEMÉTRIO, C. G. B. Generalized linear models for positive count data. *Revista de Matemática e Estatística*, v. 10, p. 139–148, 1992.

RIDOUT, M. S.; DEMÉTRIO, C. G. B.; HINDE, J. Models for count data with many zeros. *Proceedings of XIXth International Biometrics Conference, Cape Town, Invited Papers*, p. . 179–192, 1998.

RIDOUT, M. S.; FENLON, J. *Statistics in Microbiology*. East Malling (Notes for workshop): Horticultural Station, 1998.

RIDOUT, M. S.; HINDE, J.; DEMÉTRIO, C. G. B. A score test for testing a zero-inflated poisson regression model against zero-inflated negative binomial alternatives. *Biometrics*, v. 57, p. 219–223, 2001.

RIGBY, R. A.; STASINOPOULOS, D. M. An example of overdispersed proportions. *Applied Statistics*, v. 54, p. 507–554, 2005.

RYAN, B. F.; JOINER, B. L.; JR., T. A. R. *Minitab Student Handbook*. New York: Duxbury Press, 1976.

SCHWARZ, G. Estimating the dimension of a model. *Annals of Statistics*, v. 6, p. 461–464, 1978.

SEARLE, S. *Linear models*. New York: John Wiley, 1982.

SILVEY, S. *Statistical Inference*. 2nd. ed. London: Chapman and Hall', 1975.

SMYTH, G. Generalized linear models with varying dispersion. *Journal of the Royal Statistical Society B*, v. 51, p. 47–60, 1989.

STASINOPOULOS, M. et al. *Flexible regression and smoothing: using GAMLSS in R*. [S.l.]: CRC Press, 2017.

THEIL, H. The analysis of disturbances in regression analysis. *Journal of the American Statistical Association*, v. 60, p. 1067–1079, 1965.

TUKEY, J. One degree of freedom for non-additivity. *Biometrics*, v. 5, p. 232–242, 1949.

VIEIRA, A.; HINDE, J.; DEMÉTRIO, C. Zero-inflated proportion data models applied to a biological control assay. *Journal of Applied Statistics*, v. 27, p. 373–389, 2000.

WALD, A. Tests of statistical hypotheses concerning several parameters when the number of observations is large. *Trans. Amer. Math. Soc.*, v. 54, p. 426–482, 1943.

WANG, P. Adding a variable in generalized linear models. *Technometrics*, v. 27, p. 273–276, 1985.

WANG, P. Residual plots for detecting nonlinearity in generalized linear models. *Technometrics*, v. 29, p. 435–438, 1987.

WEDDERBURN, R. Quasi-likelihood functions, generalized linear models and the gauss-newton method. *Biometrika*, v. 61, p. 439–477, 1974.

WEISBERG, S. *Applied linear regression*. 3rd. ed. New York: John Wiley, 2005.

WILKS, S. The large sample distribution of the likelihood ratio for testing composite hypotheses. *Ann. Math. Statist.*, v. 9, p. 60–62, 1937.

WILLIAMS, D. Generalized linear model diagnostics using the deviance and single-case deletions. *Applied Statistics*, v. 36, p. 181–191, 1987.

ZIPPIN, C.; ARMITAGE, P. Use of concomitant variables and incomplete survival information in the estimation of an exponential survival parameter. *Biometrics*, v. 22, p. 665–672, 1966.